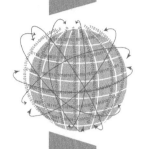

AR 开发权威指南
基于 AR Foundation

汪祥春◎编著

人民邮电出版社
北京

图书在版编目（CIP）数据

AR开发权威指南：基于AR Foundation / 汪祥春编著. -- 北京：人民邮电出版社，2020.10（2023.4重印）
ISBN 978-7-115-54479-7

Ⅰ. ①A… Ⅱ. ①汪… Ⅲ. ①虚拟现实－程序设计－指南 Ⅳ. ①TP391.98-62

中国版本图书馆CIP数据核字(2020)第127461号

内 容 提 要

本书第1章介绍AR技术原理和AR Foundation概况，讲述用Unity开发AR应用的环境配置及调试方法，第2章对AR Foundation体系架构及关键组件、核心功能技术进行深入探讨，第3章讲述平面检测识别及参考点相关知识，第4章介绍2D图像与3D物体的检测识别跟踪知识，第5章介绍人脸检测、人脸表情捕捉、人脸特效实现的相关技术，第6章介绍光照估计、环境光反射、AR阴影生成的相关知识，第7章讨论云锚点、持久化存储、AR多人体验共享的相关知识，第8章介绍摄像头图像获取及自定义渲染管线的相关知识，第9章讨论2D、3D人体姿态估计及人形遮挡的相关知识，第10章讲述摄像机及手势操作的相关知识，第11章讨论在AR应用中使用3D音、视频的相关知识，第12章讲述开发AR应用的设计原则与设计指南，第13章讨论AR开发时的性能问题排查及优化技术。

本书适合AR Foundation初学者、Unity开发人员阅读，也可以作为大专院校相关专业师生的学习用书以及培训学校的教材。

◆ 编　著　汪祥春
　　责任编辑　张　涛
　　责任印制　王　郁　焦志炜
◆ 人民邮电出版社出版发行　北京市丰台区成寿寺路 11 号
　邮编　100164　电子邮件　315@ptpress.com.cn
　网址　https://www.ptpress.com.cn
　北京七彩京通数码快印有限公司印刷
◆ 开本：787×1092　1/16
　印张：19.25　　　　2020 年 10 月第 1 版
　字数：482 千字　　2023 年 4 月北京第 5 次印刷

定价：89.00 元

读者服务热线：(010)81055410　印装质量热线：(010)81055316
反盗版热线：(010)81055315
广告经营许可证：京东市监广登字 20170147 号

前　　言

　　自 2017 年以来，增强现实（Augmented Reality，AR）技术发展迅速，已从实验室的科研转变为消费型的大众技术，并呈现爆发态势。在计算机视觉与人工智能技术的推动下，AR 无论是在跟踪精度、设备性能，还是人机交互自然性上都有了很大提高。据权威机构预测，AR 会成为下个十年改变人们生活、工作的最重要的技术之一，并在 5G 通信技术的助力下出现需求爆发。

　　AR 技术是一种将虚拟信息与真实世界融合展示的技术，它广泛运用了人工智能、三维建模、实时跟踪注册、虚实融合、智能交互、传感计算等多种技术手段，将计算机生成的文字、图像、三维模型、音频、视频、动画等虚拟信息模拟仿真后应用到现实世界中。AR 技术同时考虑了现实世界与虚拟信息的相互关系，虚实信息互为补充，从而实现对现实世界的增强。借助于 AR Foundation，我们不再单独需要昂贵的设备就可以体验到 AR 带来的奇妙体验，使移动手机具备了另一种崭新的应用形式。

　　AR Foundation 是 Unity 构建的跨平台、开放式 AR 开发架构，这个平台架构于 ARKit、ARCore、SenseAR 和其他第三方 AR SDK 插件之上，其目的就是利用 Unity 的跨平台能力构建一种与平台无关的 AR 开发环境，提供给开发者一致的开发界面，并按照指定的发布平台自动选择合适的底层 SDK 版本。AR Foundation 的一次开发多平台部署模式极大地降低了 AR 应用的开发成本，也降低了开发人员的学习成本，并且更重要的是由于其开放性，将来可以纳入除手机之外的各类可穿戴便携设备（如手环、眼镜等）AR 开发 SDK 中，形成一个完整的 AR 开发、测试、部署环境。

　　AR 是一门前沿技术，AR Foundation 处于高速发展中，当前可供开发者参考的技术资料非常匮乏，更没有成体系的完整学习指南。本书旨在为 AR Foundation 技术开发人员提供相对完善的、成体系的学习材料，解决 AR 发展早期参考资料缺乏的问题。

　　本书关注 AR Foundation 技术的应用，但在讲解技术点的同时，对其原理、技术背景进行了较深入的探究，采取循序渐进的方式，使读者知其然更能知其所以然，一步一步地将读者带入 AR 开发的殿堂。

前置知识

　　本书面向 AR Foundation 初学者与程序员，尽力采用通俗易懂的语言，但仍希望读者能具备以下前置知识。

　　（1）有一定的编程经验。尽管 Unity 有良好的代码封装集成机制，但仍然需要编写代码去实现特定功能和效果。学习过 C#、Java 之类高级语言的读者会更加容易理解接口及方法调用，同时，如果读者有一定的 Shader 语言基础，学习效果更佳，但这不是必需的。

　　（2）对 Unity 引擎操作界面比较熟悉，对 Unity 的基础操作比较熟练，如创建场景、脚本、挂载组件等。

（3）有一定的数学基础。数字三维空间就是用数学精确描述的虚拟世界，如果读者对坐标系、向量及基本的代数运算有所了解，会对理解 AR Foundation 工作原理、渲染管线有很大的帮助，但本书中没有直接用到复杂数学计算，读者不用太担心。

预期读者

本书属于技术类图书，预期读者包括：
（1）对 AR 技术有兴趣的科技工作者；
（2）向 AR 方向转型的程序员、工程师；
（3）研究或讲授 AR 技术的教师；
（4）渴望利用新技术的自由职业者或者其他行业人员。

本书特色

（1）结构清晰。本书分 3 个部分，第一部分为基础篇，包括第 1 章和第 2 章，基础篇从 AR 技术原理入手，详述了 AR Foundation 体系架构及其关键组件核心功能；第二部分为功能技术篇，包括第 3 章至第 11 章，对 AR Foundation 各个功能技术点进行全面深入的剖析；第三部分为提高篇，包括第 12 章和第 13 章，主要从更高层次对 AR 开发中的原则及性能优化进行讲解，提升读者对 AR 开发的整体把握能力。

（2）循序渐进。本书充分考虑不同知识背景读者的需求，按知识点循序渐进，通过大量配图、实例进行详细讲解，即使是毫无 Unity 使用经验的读者也能轻松上手。

（3）深浅兼顾。在讲解 AR Foundation 技术点时，对其技术原理、理论脉络进行了较深入的探究，语言通俗易懂，对技术阐述深入浅出。

（4）实用性强。本书实例丰富，每个技术点都有案例，注重对技术的实际运用，力图解决读者在项目开发中面临的难点问题，实用性非常强。

作者简介

汪祥春，计算机科学与技术专业硕士，全国信息技术标准化技术委员会、计算机图形图像处理及环境数据表示分技术委员会虚拟现实与增强现实标准工作组成员，中国增强现实核心技术产业联盟成员。现从事 AR 技术研发及管理工作。拥有深厚的软件工程专业背景和省部级科技项目实施管理经验，CSDN 博客专家。拥有十余年软件开发及项目管理经验。

读者反馈

尽管作者在本书的编写过程中，多次对内容、语言描述的一致性和准确性进行审查、校正，但由于作者水平有限，书中难免会有谬误之处，欢迎广大读者批评指正。可以发邮件（yolon3000@163.com）联系作者获取本书配套程序，本书技术讨论 QQ 群为 190304915。本书编辑联系邮箱为 zhangtao@ptpress.com.cn。

致谢

　　仅以此书献给我的妻子欧阳女士、孩子妍妍及轩轩，是你们的支持让我能勇往直前，永远爱你们，也感谢张涛编辑对本书的大力支持。

作者

目 录

第1章 AR Foundation 入门 ·················· 1
  1.1 增强现实技术概述 ······················· 1
    1.1.1 AR 概述 ································ 1
    1.1.2 AR 技术 ································ 2
    1.1.3 AR 技术应用 ························ 4
  1.2 AR 技术原理 ································ 4
    1.2.1 位置追踪 ······························ 4
    1.2.2 视觉校准 ······························ 6
    1.2.3 惯性校准 ······························ 7
    1.2.4 3D 重建 ································ 7
  1.3 AR Foundation 概述 ·················· 8
    1.3.1 AR Foundation 与 ARCore/ARKit ··················· 8
    1.3.2 AR Foundation 支持的功能 ···················· 9
    1.3.3 AR Foundation 功能概述 ························ 10
    1.3.4 AR Foundation 体系架构概述 ················ 11
    1.3.5 基本术语 ···························· 11
  1.4 开发环境准备 ····························· 13
  1.5 Android 开发环境配置 ·············· 16
    1.5.1 插件导入 ···························· 16
    1.5.2 设置开发环境 ···················· 17
    1.5.3 搭建基础框架 ···················· 19
    1.5.4 AppController ···················· 21
    1.5.5 运行 Helloworld ················ 22
  1.6 连接设备调试应用 ······················ 24
    1.6.1 打开手机 USB 调试 ············ 24
    1.6.2 设置手机 Wi-Fi 调试 ·········· 25
    1.6.3 调试 AR 应用 ····················· 26
  1.7 iOS 开发环境配置 ······················ 27
    1.7.1 插件导入 ···························· 27
    1.7.2 设置开发环境 ···················· 29
    1.7.3 搭建基础框架 ···················· 30
    1.7.4 AppController ···················· 32
    1.7.5 生成并配置 XCode 工程 ···· 34
    1.7.6 运行 Helloworld ················ 36

第2章 AR Foundation 基础 ················ 39
  2.1 AR Foundation 体系架构 ········· 39
    2.1.1 AR 子系统概念 ·················· 40
    2.1.2 AR 子系统使用 ·················· 40
    2.1.3 跟踪子系统 ························ 41
  2.2 AR Session & AR Session Origin ············· 42
    2.2.1 AR Session ························ 42
    2.2.2 AR Session Origin ············ 44
  2.3 可跟踪对象 ································ 46
    2.3.1 可跟踪对象管理器 ············ 47
    2.3.2 可跟踪对象事件 ················ 47
    2.3.3 管理可跟踪对象 ················ 48
  2.4 Session 管理 ······························ 49

第3章 平面检测与参考点管理 ············· 51
  3.1 平面管理 ···································· 51
    3.1.1 平面检测 ···························· 51
    3.1.2 可视化平面 ························ 52
    3.1.3 个性化渲染平面 ················ 52
    3.1.4 开启与关闭平面检测 ········ 55
    3.1.5 显示与隐藏已检测平面 ···· 57
  3.2 射线检测 ···································· 58
    3.2.1 射线检测概念 ···················· 59
    3.2.2 射线检测详解 ···················· 60
  3.3 点云与参考点 ···························· 61
    3.3.1 点云 ···································· 61
    3.3.2 参考点 ································ 63
  3.4 平面分类 ···································· 66

第4章 图像与物体检测跟踪 ·················· 69
  4.1 2D 图像检测跟踪 ······················ 69
    4.1.1 图像跟踪基本操作 ············ 69
    4.1.2 图像跟踪启用与禁用 ········ 71
    4.1.3 多图像跟踪 ························ 72
    4.1.4 运行时创建参考图像库 ···· 76
    4.1.5 运行时切换参考图像库 ···· 76
    4.1.6 运行时添加参考图像 ········ 78

- 4.2 3D 物体检测跟踪 ·········· 80
  - 4.2.1 获取参考物体空间特征信息 ·········· 81
  - 4.2.2 扫描获取物体空间特征信息的注意事项 ·········· 83
  - 4.2.3 AR Tracked Object Manager ·········· 84
  - 4.2.4 3D 物体识别跟踪基本操作 ·········· 85
  - 4.2.5 3D 物体跟踪启用与禁用 ·········· 86
  - 4.2.6 多物体识别跟踪 ·········· 87

第 5 章 人脸检测跟踪 ·········· 90
- 5.1 人脸检测基础 ·········· 90
  - 5.1.1 人脸检测概念 ·········· 90
  - 5.1.2 人脸检测技术基础 ·········· 91
- 5.2 人脸姿态与网格 ·········· 92
  - 5.2.1 人脸姿态 ·········· 92
  - 5.2.2 人脸网格 ·········· 94
- 5.3 人脸区域与多人脸检测 ·········· 97
  - 5.3.1 人脸区域 ·········· 97
  - 5.3.2 多人脸检测 ·········· 100
- 5.4 BlendShapes ·········· 101
  - 5.4.1 BlendShapes 基础 ·········· 102
  - 5.4.2 BlendShapes 技术原理 ·········· 103
  - 5.4.3 BlendShapes 的使用 ·········· 105

第 6 章 光影效果 ·········· 108
- 6.1 光照基础 ·········· 108
  - 6.1.1 光源 ·········· 108
  - 6.1.2 光与材质的交互 ·········· 109
  - 6.1.3 3D 渲染 ·········· 110
- 6.2 光照估计 ·········· 111
  - 6.2.1 3D 光照 ·········· 111
  - 6.2.2 光照一致性 ·········· 112
  - 6.2.3 光照估计操作 ·········· 112
- 6.3 环境光反射 ·········· 115
  - 6.3.1 Cubemap ·········· 115
  - 6.3.2 PBR 渲染 ·········· 116
  - 6.3.3 Reflection Probe ·········· 117
  - 6.3.4 纹理采样过滤 ·········· 118
  - 6.3.5 使用 Environment Probe ·········· 119
  - 6.3.6 AR Environment Probe Manager ·········· 121
  - 6.3.7 性能优化 ·········· 123
- 6.4 使用内置实时阴影 ·········· 124
  - 6.4.1 ShadowMap 技术原理 ·········· 124
  - 6.4.2 使用实时阴影 ·········· 125
  - 6.4.3 阴影参数详解 ·········· 129
- 6.5 Projector 阴影 ·········· 130
  - 6.5.1 ProjectorShadow ·········· 131
  - 6.5.2 BlobShadow ·········· 133
  - 6.5.3 参数详解 ·········· 134
- 6.6 Planar 阴影 ·········· 134
  - 6.6.1 数学原理 ·········· 135
  - 6.6.2 代码实现 ·········· 136
- 6.7 伪阴影 ·········· 140
  - 6.7.1 预先制作阴影 ·········· 141
  - 6.7.2 一种精确放置物体的方法 ·········· 142

第 7 章 持久化存储与多人共享 ·········· 145
- 7.1 锚点 ·········· 145
  - 7.1.1 锚点概述 ·········· 145
  - 7.1.2 使用锚点 ·········· 146
  - 7.1.3 云锚点 ·········· 146
- 7.2 ARWorldMap ·········· 148
  - 7.2.1 ARWorldMap 概述 ·········· 148
  - 7.2.2 ARWorldMap 实例 ·········· 149
- 7.3 协作 Session ·········· 152
  - 7.3.1 协作 Session 概述 ·········· 153
  - 7.3.2 协作 Session 实例 ·········· 156
  - 7.3.3 使用协作 Session 的注意事项 ·········· 160

第 8 章 摄像机图像获取与自定义渲染管线 ·········· 162
- 8.1 获取 GPU 图像 ·········· 162
  - 8.1.1 获取摄像头原始图像 ·········· 162
  - 8.1.2 获取屏幕显示图像 ·········· 163
- 8.2 获取 CPU 图像 ·········· 165
  - 8.2.1 AR 摄像机图像数据流 ·········· 166
  - 8.2.2 从 CPU 中获取摄像头图像 ·········· 166
- 8.3 边缘检测原理 ·········· 173
  - 8.3.1 卷积 ·········· 173
  - 8.3.2 Sobel 算子 ·········· 174
- 8.4 CPU 图像边缘检测实例 ·········· 175
- 8.5 可编程渲染管线 ·········· 178

第 9 章 肢体动捕与遮挡 ·········· 181
- 9.1 2D 人体姿态估计 ·········· 181

9.1.1 人体骨骼关键点检测 ……… 181
9.1.2 使用 2D 人体姿态估计 …… 182
9.2 3D 人体姿态估计 …………………… 185
9.2.1 使用 3D 人体姿态
估计的方法 ………………… 185
9.2.2 使用 3D 人体姿态
估计实例 …………………… 194
9.3 人形遮挡 ……………………………… 195
9.3.1 人形遮挡原理 ……………… 196
9.3.2 人形遮挡实现 ……………… 198

第 10 章 摄像机与手势操作 …………… 202

10.1 场景操作 …………………………… 202
10.1.1 场景操作方法 …………… 202
10.1.2 场景操作实例 …………… 203
10.2 同时开启前后摄像头 ……………… 204
10.3 环境交互 …………………………… 207
10.3.1 射线检测 ………………… 207
10.3.2 手势检测 ………………… 208
10.4 手势控制 …………………………… 210
10.4.1 单物体操控 ……………… 210
10.4.2 多物体场景操控单
物体对象 ………………… 212
10.4.3 多物体操控 ……………… 215
10.4.4 物体操控模块 …………… 218

第 11 章 3D 音视频 ……………………… 220

11.1 3D 音频 ……………………………… 220
11.1.1 3D 声场原理 …………… 221
11.1.2 声波与双耳间的互动 …… 222
11.1.3 头部关联传导函数 ……… 223
11.1.4 头部转动与声音位置 …… 223
11.1.5 早期反射和混音 ………… 223
11.1.6 声音遮挡 ………………… 224
11.1.7 指向性 …………………… 225
11.1.8 Ambisonics ……………… 225
11.1.9 下载 Resonance
Audio SDK ……………… 226
11.1.10 导入 SDK ……………… 226
11.1.11 Resonance Audio
components ……………… 226
11.1.12 使用共振音频 ………… 227
11.1.13 Room effects ………… 230
11.1.14 Resonance Audio API … 231

11.2 3D 视频 ……………………………… 232
11.2.1 Video Player 组件 ……… 232
11.2.2 3D 视频播放实现 ……… 234

第 12 章 设计原则 ……………………… 238

12.1 移动 AR 带来的挑战 ……………… 238
12.1.1 用户必须移动 …………… 238
12.1.2 要求手持设备 …………… 239
12.1.3 要求必须将手机
放在脸前 ………………… 239
12.1.4 操作手势 ………………… 239
12.1.5 用户必须打开 App ……… 240
12.2 移动 AR 设计准则 ………………… 240
12.2.1 有用或有趣 ……………… 240
12.2.2 虚拟和真实的混合
必须有意义 ……………… 240
12.2.3 移动限制 ………………… 241
12.2.4 心理预期与维度转换 …… 241
12.2.5 环境影响 ………………… 241
12.2.6 视觉效果 ………………… 242
12.2.7 UI 设计 …………………… 242
12.2.8 沉浸式交互 ……………… 243
12.3 移动 AR 设计指南 ………………… 243
12.3.1 环境 ……………………… 244
12.3.2 用户细节 ………………… 245
12.3.3 虚拟内容 ………………… 247
12.3.4 交互 ……………………… 252
12.3.5 视觉设计 ………………… 256
12.3.6 真实感 …………………… 260

第 13 章 性能优化 ……………………… 264

13.1 移动平台性能优化基础 …………… 264
13.1.1 影响性能的主要因素 …… 264
13.1.2 AR 常用调试方法 ……… 265
13.1.3 Unity Profiler …………… 266
13.1.4 Frame Debugger ………… 270
13.2 Unity Profiler 使用 ………………… 271
13.2.1 CPU 使用情况分析器 …… 272
13.2.2 渲染情况分析器 ………… 274
13.2.3 内存使用情况分析器 …… 274
13.2.4 物理分析器 ……………… 275
13.2.5 音视频分析器 …………… 276
13.2.6 UI 分析器 ………………… 277
13.2.7 全局光照分析器 ………… 277

13.3 性能优化的一般步骤 ················ 278
　13.3.1 收集运行数据 ··················· 278
　13.3.2 分析运行数据 ··················· 279
　13.3.3 确定问题原因 ··················· 281
13.4 移动设备性能优化 ················ 283
13.5 渲染优化 ·························· 284
　13.5.1 渲染流程 ······················· 284
　13.5.2 CPU 瓶颈 ······················ 285
　13.5.3 GPU 瓶颈 ······················ 288

13.6 代码优化 ·························· 289
　13.6.1 内存管理 ······················· 289
　13.6.2 垃圾回收 ······················· 290
　13.6.3 对象池 ························· 293
13.7 UI 优化 ···························· 294
　13.7.1 UI Drawcall 优化 ················ 295
　13.7.2 动静分离 ······················· 295
　13.7.3 图片优化 ······················· 296

参考文献 ································ 298

第 1 章 AR Foundation 入门

1.1 增强现实技术概述

增强现实（Augmented Reality, AR）技术是一种将虚拟信息与真实世界融合展示的技术，其广泛运用了人工智能、三维建模、实时跟踪注册、虚实融合、智能交互、传感计算等多种技术手段，将计算机生成的文字、图像、三维模型、音频、视频、动画等虚拟信息模拟仿真后，应用到真实世界。增强现实技术考虑了真实世界与虚拟信息的相互关系，虚实信息互相补充，从而实现对真实世界的增强，如图 1-1 所示。

▲图 1-1 AR 技术将虚拟信息叠加在真实环境之上从而达到增强现实的目的

1.1.1 AR 概述

VR、MR、AR 这些英文缩写有时让初学者感到困惑。VR 是 Virtual Reality 的缩写，即虚拟现实，是一种能够创建和体验虚拟世界的计算机仿真技术，它利用计算机生成交互式的全数字三维视场，能够营造全虚拟的环境。MR 是 Mix Reality 的缩写，即混合现实，是融合真实和虚拟世界的技术。混合现实概念由微软公司提出，强调物理实体和数字对象共存并实时相互作用，如实时遮挡、反射等。本书主要关注 AR 技术，并将在后文详细讲述如何用 AR Foundation 来开发构建移动端 AR 应用。

第一个为用户提供沉浸式混合现实体验功能的 AR 系统是在 20 世纪 90 年代初发明的，虚拟装置及系统于 1992 年在美国空军阿姆斯特朗实验室开发。在 AR 技术萌芽后，经过无数人的努力，最早将 AR 技术带到大众视野的产品是 Google 公司的 Google Glass 增强现实眼镜，虽然 Google Glass 项目最终并未能继续下去，但它给整个 AR 行业带来了生机和活力，AR 研究及应用由此进入蓬勃发展时期。2017 年 Apple 公司的 ARKit 和 Google 公司的 ARCore SDK 的推出，把 AR 从专门的硬件中剥离了出来，使得人们可以通过普通手机体验到 AR 带来的奇妙感受。AR 越来越受到各大公司的重视，技术也是日新月异，百花齐放。

顾名思义，增强现实是对现实世界环境的一种增强，即现实世界中的物体被计算机生成的文字、图像、视频、3D 模型、动画等虚拟信息"增强"。叠加的虚拟信息可以是建设性的（即对现实环境的附加），也可以是破坏性的（即对现实环境的掩蔽），并与现实世界无缝地交织在一起，让人产生身临其境的感觉，分不清虚实。通过这种方式，增强现实可以改变用户对真实世界环境的持续感知能力，这与虚拟现实将虚实隔离，用虚拟环境完全取代用户所处的真实世界环境完全不一样。

增强现实的主要价值在于它将数字世界带入个人对现实世界的感知，而不是简单地显示数据，通过与被视为环境自然部分的沉浸式集成来实现对现实的增强。借助先进的 AR 技术（例如计算机视觉和物体识别），用户周围的真实世界变得可交互和可操作。简而言之，AR 就是将虚拟信息放在现实世界中展现，并且让用户和虚拟信息进行互动，AR 通过环境理解、注册等技术手段将现实与虚拟信息进行无缝对接，将在现实中可能不存在的事物构建在与真实环境一致的同一个三维场景中并予以展现、衔接融合。增强现实技术将改变我们观察世界的方式，想像在路上用户行走或者驱车行驶，通过增强现实显示器（AR 眼镜或者全透明挡风玻璃显示器），信息化图像将出现在用户的视野之内（如路标、导航、提示），并且所播放的声音与用户所看到的场景保持同步，这些增强信息将实时进行更新，从而引发人们对世界认知方式的变革。

1.1.2　AR 技术

AR 技术是一门交叉综合学科的技术，其涉及数学、物理、工程技术、信息技术、计算机技术等多领域的知识，相关专业术语、概念也非常多，其中重要的概念术语主要有以下这些。

1. 硬件

硬件是 AR 的物质基础，增强现实需要的硬件主要包括处理器、显示器、传感器和输入设备。有些需要一些特殊的硬件，如深度传感器、眼镜，通常这类 AR 往往价格昂贵，有些则不需要专门的硬件，普通的移动端，如智能手机和平板电脑就能满足，但也通常包括照相机和 MEMS 传感器，如加速度计、GPS 和固态电子罗盘等。

2. 显示

在增强现实中叠加的虚拟信息需要借助显示设备反馈到人脑中，这些显示设备包括光学投影系统、显示器、手持设备和佩戴在人体上的显示系统。头戴式显示器，简称头显。头显（Head Mounted Display，HMD）是一种佩戴在前额上的显示装置。HMD 将物理世界和虚拟物体的图像放置在用户的眼球视场上，现代 HMD 常使用传感器进行六自由度监控，允许系统将虚拟信息与物理世界对齐，并根据用户头部运动相应地调整虚拟信息；眼镜是另一个常见的 AR 显示设备，眼镜相对更便携也更轻巧；移动端如手机屏幕也是 AR 常见显示设备。

3. 眼镜

眼镜（Glasses），这里特指类似近视眼镜的 AR 显示器，但它远比近视眼镜复杂，它使用相机采集真实环境场景，通过处理器对环境进行跟踪并叠加虚拟信息，并将增强的虚拟信息投射在目镜上。

4. HUD（Head Up Display）

平视显示器（HUD）是一种透明的显示器，可谓是增强现实技术的先驱设备，在 20 世纪 50 年代首次为飞行员开发，它将简单的飞行数据投射到他们的视线中，从而让他们保持"抬头"而不用看仪器设备。因为 HUD 可以显示数据、信息和图像，同时允许用户查看真实世界，所以它也是一种 AR 显示设备。

5. SAR

空间增强现实（Spatial Augmented Reality，SAR）利用数字投影仪在物理对象上显示图形信息，其系统的虚拟内容直接投影在现实世界中。任何物体表面，如墙、桌、泡沫、木块表面甚至是人体表面都可以成为可交互的显示屏。随着投影设备尺寸的减小，成本、功耗的降低以及 3D 投影技术的不断进步，SAR 也处于快速发展阶段。

6. 跟踪

跟踪是 AR 实现定位的基础，增强现实系统可使用以下跟踪技术中的一种或多种：RGB 相机或其他光学传感器、加速度计、GPS、陀螺仪、固态罗盘、RFID、深度相机、结构光、TOF。这些技术为跟踪提供了测量方面的支持。跟踪最重要的是需要跟踪用户头部或虚拟现实设备的姿态，跟踪用户的手或手持式输入设备，提供六自由度交互。

7. 网络

随着移动设备、可穿戴设备的普及，AR 正在变得越来越受欢迎。但是，虚拟现实往往依赖于计算密集型计算机视觉及人工智能算法，所以对处理及传输延迟方面有非常高的要求。为了弥补单台设备计算能力的不足，有时还需要将数据处理功能移到中心服务器上，这在延迟和带宽方面对网络提出了非常高的要求，而 5G 技术的发展有利于解决这个问题。

8. 输入设备

输入技术包括普通的屏幕输入、手柄输入、将声音翻译成计算机指令的语音识别设备、用户身体运动的肢体识别和手势识别设备等。

9. 处理器

处理器负责与增强现实相关的图形及算法运算，使得虚实融合、显示等。处理器接收来自传感器的数据——获取的环境信息，理解注册跟踪环境，生成图像视频模型等虚拟信息并叠加到合适的位置，最后渲染到显示设备上供用户查看。处理器也可从硬盘或者数据库中读取信息，随着技术和处理器的改进，处理器的运算速度越快，增强现实能处理的信息就越多，增强现实效果就越流畅越真实。

10. 软件与算法

AR 系统的一个关键指标是虚拟信息与现实世界的结合度。AR 系统从摄像机图像中获取与摄像机无关的真实世界坐标，这个过程被称为图像配准。这个过程通常由两个阶段组成：第一阶段是在摄像机图像中检测特征点、基准标记或光流。在第一个阶段中可以使用特征检测方法，如角点检测、斑点检测、边缘检测或阈值处理等图像处理方法；第二阶段是用第一阶段获得的数据恢复真实世界坐标系，在某些情况下，场景三维结构应预先计算。在第二阶段中可以使用的数学方法包括射影（极线）几何、几何代数、指数映射旋转表示、卡尔曼滤波和粒子滤波、非线性优化、稳健统计等。在 AR 中，软件与算法大多与计算机视觉相关，且主要与图像识别跟踪相关，增强现实的许多计算机视觉方法是从视觉测径法继承的。

11. 交互

AR 中叠加的虚拟信息应该支持与用户的交互，它最令人兴奋的因素是对 3D 虚拟空间的引入能力,并能在现实中与虚拟信息进行交互。这个交互包括对用户操作的反馈,也包括程序自发的主动交互,如随着距离的不同显示不同的细节信息等。

1.1.3 AR 技术应用

AR 系统具有 3 个突出的特点:
① 真实世界和虚拟信息融合;
② 具有实时交互性;
③ 在三维空间中定位 AR 子流产生的虚拟物体。

AR 技术可以将虚拟信息叠加到现实世界之上,因而在很多领域都有广泛的应用前景和发展潜力。AR 技术可广泛应用于数字领域。游戏娱乐领域是最显而易见的应用领域,AR 游戏最早并非起源于手机,而是起源于 NDS。此类游戏大多数的玩法是在桌面上摆放识别卡,然后玩家可通过手机屏幕与识别出来的内容进行交互。2011 年任天堂 3DS 主机内置的"AR 游戏"可利用摄像头拍摄"AR 卡片",利用 AR 技术将摄像头拍摄到的内容以另外一种形式展现在屏幕内;2019 年 4 月,国内 AR 探索手游《一起来捉妖》上线,这是与 Pokémon Go 差不多的捉怪游戏。在娱乐、游戏领域中,AR 正处于快速发展阶段。

除此之外,AR 技术在文学、考古、博物、建筑、视觉艺术、零售、应急管理/搜救、教育、社会互动、工业设计、医学、空间沉浸与互动、飞行训练、导航、旅游观光、音乐、虚拟装潢等领域都有着广阔的应用前景。

> **提示** 在本书中:1. 虚拟对象、虚拟信息、虚拟物体均指在真实环境上叠加的由计算机处理、生成的文字、图像、3D 模型、视频等非真实信息,严格来讲这三者是有差别的,但有时我们在描述时并不严格区分这三者;2. Unity、Unity3D 均指 Unity 3D 引擎软件;3. Vertex Shader、顶点着色器、顶点 Shader 均指顶点 Cg 代码,Fragment Shader、片元着色器、片元 Shader 均指片元 Cg 代码。

1.2 AR 技术原理

AR 带给用户奇妙体验是因为有数学、物理、几何、人工智能、传感器、工程、计算机科学等高新技术的支持,对开发人员而言,了解其技术原理有助于理解 AR 的整个运行生命周期;理解其优势与不足,可更好地服务于应用开发工作。

1.2.1 位置追踪

环境注册与跟踪是 AR 的基本功能,即时定位与地图映射(Simultaneous Localization And Mapping, SLAM)是在未知环境中确定周边环境的一种通行技术手段,其最早由科学家 Smith、Self、Cheeseman 于 1988 年提出。SLAM 技术解决的问题可以描述为:将一个机器人放入未知环境中的未知位置,想办法让机器人逐步绘制出该环境的完全地图,所谓完全地图(Consistent Map)是指可使人不受障碍地进入每个角落的地图。SLAM 作为一种基础技术,最早用于军事(核潜艇海底定位就有了 SLAM 的雏形),如今,它逐步走入大众的。当前,在室外我们可以利用 GPS、北斗等导航系统实现高精度的定位,这基本上解决了室外的定位和定姿问题,而室内定位的发展则缓慢得多。为解决室内的定位定姿问题,SLAM 技术逐渐脱颖而出。SLAM 一般处理流程包括 Track 和 Map 两部分。所谓的 Track 是用来估测相机的位姿的，也叫前端，而 Map 部分（后端）则是进行深度的构建，通过前端的跟踪模块估测得到相机的位姿，采用三角法（Triangulation）计算相应特征点的深度，然后进行当前环境 Map 的重建，重建出的 Map 同时为前端提供更好的位姿估测，并可以用于闭环检测。SLAM 是机器人技术、AR 技术中自主导航的基础技术，近年来发展得非常快，图 1-2 是 Kumar 教授进行 SLAM 实验的图示。

定位与跟踪系统是 AR 的基础，目前在技术上，解决室内定位与位姿问题主要采用视觉惯性测距系统（Visual Inertial Odometry，VIO）和惯性导航系统。综合使用 VIO 与惯性导航系统可以通过软件实时追踪用户的空间位置（用户在空间上的六自由度姿态）。VIO 在帧刷新之间计算用户的位置，为保持

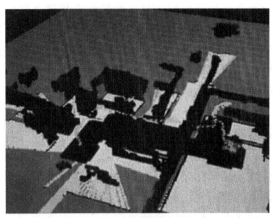

▲图 1-2　Kumar 教授进行 SLAM 实验

应用流畅，VIO 速度必须达到每秒 30 次及以上。这些计算要并行完成两次，通过视觉（摄像）系统将现实世界中的一个点与摄像机传感器上的一帧像素匹配，从而追踪用户的姿态。惯性导航系统（设备加速度计和陀螺仪统称为惯性测量单元，即 Inertial Measurement Unit，简称 IMU）也可以追踪用户的姿势，VIO 与惯性导航系统并行计算，在计算完之后，卡尔曼滤波器（Kalman Filter）结合两个系统的输出结果，评估哪一个系统提供的估测更接近用户的"真实"位置，从而作出选择。定位与跟踪系统追踪用户在三维空间中的运动，作用类似于汽车里程表与加速计等。

> **提示**　自由度（Degrees of Freedom，DOF）是指物理学当中描述一个物理状态，可独立对物理状态的结果产生影响的变量的数量。运动自由度是确定一个系统在空间中的位置所需要的最小坐标数。在三维坐标系中描述一个物体在空间中的位置和朝向信息需要 6 个自由度数据，即 6DOF，指 x 轴、y 轴、z 轴方向上的三维运动（移动）加上俯仰/偏转/滚动（旋转）。

惯性导航系统的最大优势是 IMU 的读取速度大约为 1000 次每秒，并且这是基于加速度的（设备移动），可以提供更高的精度，通过航迹推算（Dead Reckoning）即可快速测量设备移动。航迹推算是一种估算方法，类似于向前走一步，然后估测行走距离。估测出的结果会有误差，并且这类误差会随时间累积，所以 IMU 帧率越高，惯性导航系统从视觉系统中复位所需的时间越长，追踪位置与真实位置偏差就越多。

VIO 使用摄像头采集视觉信息，设备帧率通常为 30 帧/秒并且依赖场景复杂度（不同的场景帧率也有所不同）。通常随着距离的增大，光学系统测量误差也不断地增大（时间也会有轻度影响），所以用户移动得越远，误差就越大。

惯性导航系统与视觉测量系统各有各的优势和不足，但惯性导航和视觉测量是基于完全不同的测量方法，它们之间并没有相互依赖的关系。这意味着在遮蔽摄像头或者只看到一个具有很少光学特征的场景（例如白墙）时惯性导航系统照样可以正常工作，或者设备在完全静止的条件下，视觉测量系统可以呈现出一个比惯性导航系统更加稳定的状态。卡尔曼滤波

器会不断地选择最佳姿态，从而实现稳定跟踪。

在具体实现上，为了获得精确定位，VIO 需要获取两张有差异的场景图像，然后对当前位置进行立体计算。人眼通过类似原理观察 3D 世界，一些跟踪器也因此依赖立体相机。采用两台相机比较好计算，测量两个相机之间的距离，同时捕获帧进行视差计算；而在只有一个相机时，可以先捕捉一次画面，然后移动到下一个位置进行第二次捕捉，再进行视差计算。使用 IMU 航迹推算可以计算两次数据读取位置之间的距离然后正常进行立体计算（也可以多捕获几次使计算更加准确）。为了获得较高的精度，系统依赖 IMU 精确航迹推算，从 IMU 读取的加速度和时间测量中，可以计算出速度和在获取两次画面之间设备移动的实际距离（公式 $S=0.5 \times a \times t^2$）。使用 IMU 的困难是从 IMU 中除去误差以获得精确的加速度测量结果，在设备移动的几秒钟之内，若每秒运行 1000 次，一个微小的错误会造成很大程度的误差积累。

深度相机可以帮助设备增强对环境的理解。在低特征场景中，深度相机对提高设备地面检测、度量标度以及边界追踪的精度有很大的帮助。但是深度相机能耗较大，因此只有以非常低的帧率使用深度相机才能降低设备耗能。移动设备上的深度相机的拍摄范围也比较有限，这意味着它们只适合在手机上的短距离范围内使用（几米的范围），另外深度相机在成本方面也比较昂贵，因此原始设备制造商（Original Equipment Manufacturer，OEM）目前都避免在手机上大量采用。

立体 RGB 或鱼眼镜头也有助于人们看到更大范围的场景（因为立体 RGB 和鱼眼镜头具有潜在的光学特性。例如通过普通镜头可能只会看到白色的墙壁，但是通过一个鱼眼镜头可以在画面中看到有图案的天花板和地毯，Tango 和 Hololens 就使用这种方法）。并且相对 VIO 而言，它们可以用更低的计算成本来获取深度信息。由于手机立体摄像头之间的距离非常近，因此手机上深度计算的精度范围也受到限制（相隔数厘米距离的手机相机在深度计算的误差上可以达到数米）。除此之外，TOF（Time Of Flight）、结构光方式也在快速的发展当中。

但综合设备存量、成本、精度各方面因素，VIO 结合 IMU 进行位置定位跟踪仍将是以后一段时间内的主流做法。

1.2.2　视觉校准

为了使软件能够精确地匹配摄像机传感器上的像素与现实世界中的"点"，摄像机系统需要进行精密的校准。

几何校准：使用相机的针孔模型来校正镜头的视野和镜筒效果。由于镜头的形状，所有采集到的图像都会产生变形，软件开发人员可以在没有 OEM 帮助的情况下使用棋盘格和基本公开的相机规格进行几何校正，如图 1-3 所示。

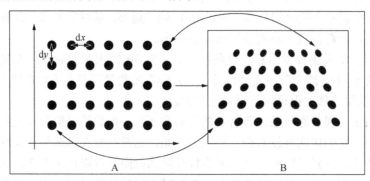

▲图 1-3　对图像信息进行几何校准示意图

光度校准：光度校准涉及底层技术，通常要求 OEM 参与。因为光度校准涉及图像传感器本身的细节特征以及内部透镜所用的涂层材料特性等，光度校准一般用于处理色彩和强度的映射。例如，正在拍摄遥远星星的望远镜连接的摄像机需要知道，传感器上一个像素光强度的轻微变化是否确实源于星星的光强变化，或者仅源于传感器或透镜中的像素差。光度校准对于 AR 跟踪器的好处是提高了像素和真实世界中的点的匹配度，因此可使视觉跟踪具有更强的鲁棒性以及出现更少的错误。

1.2.3 惯性校准

当我们在考虑 IMU 时，一定要记住 IMU 是用来测量加速度而不是距离或速度的，这点很重要。IMU 数据读取错误造成的计算结果误差会随着时间的推移快速累积，校准和建模的目标就是确保距离测量具有足够的精度。理想情况下，在使用 IMU 时可以使摄像机具有足够长的时间来弥补由于用户遮盖镜头，或者场景中发生其他意外所造成视频帧跟踪的丢失。使用 IMU 测量距离的航迹推算是一种估测，但是通过对 IMU 行为进行建模，找出产生错误的所有来源，然后通过编写过滤器来减少这些错误，可以使这个估测更加精确。想象一下用户向前走一步，然后猜测用户走了几米这样的场景，仅凭一步去估测结果会有很大的误差，但是如果重复上千步，那么对用户每步的估测与实际行走距离的估测最终会变得非常准确。这就是 IMU 校准和建模的原理。

在 IMU 中会有很多错误来源，它们都需要分析捕获并过滤。假设一个机器臂通常用于以完全相同的方式重复地移动，对其 IMU 的输出不断进行采集和过滤，直到 IMU 的输出能够和机器臂的实际移动十分精确地匹配，这就是 IMU 校准与建模的过程。从 IMU 中获得非常高的精度很困难，对于设备厂商而言，必须消除所有引起这些误差的因素。Google 和微软甚至将他们的设备发送到太空微重力环境中，以便消除额外的误差。

1.2.4 3D 重建

3D 重建（3D Reconstruction）系统能够计算出场景中真实物体的形状和结构，并对真实环境进行 3D 重建，因此可以实现虚拟对象与真实物体发生碰撞或遮挡，如图 1-4 所示。要将虚拟对象隐藏在真实物体之后，就必须要对真实物体进行识别与重建。目前来看 3D 重建还有很多难点需要克服，当前移动端 AR 基本都不支持 3D 重建，因此 AR 中的虚拟对象会一直浮在真实物体的前面。3D 重建通过从场景中捕获密集的点云（使用深度相机或者 RGB 相机），将其转换为网格，并将网格传递给 3D 重建系统（连同真实世界的坐标），然后将真实世界网格精准地放置在相机所捕获的场景上。在对真实环境进行 3D 重建后虚拟对象就可以与真实物体互动，实现碰撞或遮挡。

▲图 1-4 Magic Leap 演示的遮挡效果

> **提示** 3D重建在Hololens术语中叫空间映射，在Tango术语中叫深度感知。

通过图像获取、摄像机标定、特征提取、立体匹配获取比较精确的匹配结果，结合摄像机标定的内外参数，就可以恢复三维场景信息。由于3D重建精度受匹配精度、摄像机的内外参数误差等因素的影响，只有重建前各个环节的精度高、误差小，才能较好地恢复真实场景的三维空间结构。我们只了解一下3D重建的概念，本书中我们不会用到3D重建相关的知识。但3D重建在构建AR系统深度信息方面非常重要，3D重建是实现真实物体与虚拟物体碰撞或遮挡的基础。

1.3 AR Foundation 概述

2017年，Apple公司与Google公司相继推出了各自的AR开发SDK工具包ARKit和ARCore，分别对应iOS平台与Android平台AR开发。ARKit和ARCore推出后，极大地促进了AR在移动端的普及发展，将AR从实验室带入了普通消费场景。

ARCore官方提供了Android、Android NDK、Unity、Unreal等开发包，ARKit官方只提供了XCode开发包，这也增加了利用其他工具进行开发的开发者的学习成本。在这种情况下，Unity构建了一个AR开发平台，这就是AR Foundation，这个平台架构在ARKit和ARCore之上，其目的就是利用Unity跨平台能力构建一种与平台无关的AR开发环境。换句话说，AR Foundation对ARKit和ARCore进行了再次封装，提供给开发者一致的开发界面，并按照用户的发布平台自动选择合适的底层SDK版本。

因此，AR Foundation是ARKit XR插件（com.unity.xr.arkit）和ARCore XR插件（com.unity.xr.arcore）的集合，虽然最终都会使用ARKit或ARCore，但因为Unity再次封装，它与专业平台（如ARKit插件和ARCore SDK for Unity）相比，C#调用与原生API略有不同。

AR Foundation的目标并不局限于ARKit与ARCore，它的目标是建成一个统一、开放的AR开发平台，因此，AR Foundation极有可能在下一步发展中纳入其他AR SDK，进一步丰富AR开发环境。在后续发展中，AR Foundation不仅会支持移动端AR设备开发，还会支持穿戴式AR设备开发。

从上面的描述我们可以看出，AR Foundation并不提供AR的底层开发API，这些与平台相关的API均由第三方，如ARKit、ARCore、SenseAR提供，因此AR Foundation对某特定第三方功能的实现要比原生的晚（AR Foundation将某第三方SDK的特定功能集成需要时间）。

1.3.1 AR Foundation 与 ARCore/ARKit

AR Foundation提供了一个独立于平台的脚本API和MonoBehaviour，因此，开发者可以通过AR Foundation使用ARKit和ARCore共有的核心功能构建同时适用于iOS和Android两个平台的AR应用程序。换句话说，这可以让开发者只需开发一次应用，就可以将其部署到两个平台的设备上，不必做任何改动。

如前所述，AR Foundation实现某底层SDK的功能会比原生的稍晚，因此，如果我们要开发AR Foundation尚不支持的功能，可以单独使用对应的原生SDK。目前，如果我们只面向ARCore进行开发并希望获取完整的功能集，可使用Google为Unity开发提供的ARCore

SDK for Unity；如果只面向 ARKit 进行开发并希望获取完整的功能集，可使用 Unity 提供的适用于 Unity 开发的 ARKit 插件（Apple 并未提供 Unity 的 ARKit SDK 开发插件，在 AR Foundation 发展起来以后，Unity 肯定不会再继续维护 ARKit 插件）。

AR Foundation 架构于 ARKit 和 ARCore 之上，其与 ARKit、ARCore 的关系如图 1-5 所示。

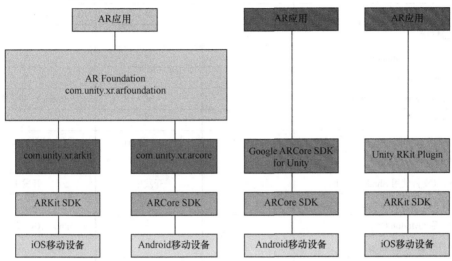

▲图 1-5 AR Foundation 与 ARCore、ARKit 的关系图

在 Unity 引擎上，AR Foundation 与 ARCore、ARKit 的区别如表 1-1 如示。

表 1-1   AR Foundation、ARCore、ARKit 联系与区别

SDK	简介描述
AR Foundation	AR Foundation 将 ARKit 和 ARCore 的底层 API 封装整合到一个统一、开放的框架中，并提供一些额外的实用功能，如 Session 生命周期管理，以及用于展示环境中已检测功能的 MonoBehaviour
Google ARCore SDK for Unity	该 SDK 为 ARCore 支持 Unity 开发环境提供的原生 API，并在 Unity 中向 Android 平台公开这些 API，以方便开发者调用
Unity ARKit Plugin	该插件是 Unity 开发的 ARKit for Unity 插件，用于在 Unity 中构建 ARKit 应用，它在 Unity 中公开了 C#的 ARKit Objective-C API，以便开发者调用。该插件还提供一些辅助功能，可以兼容 iOS 设备的前置和后置摄像头

1.3.2 AR Foundation 支持的功能

AR Foundation 与 ARCore、ARKit 都正处于快速发展中，ARCore 基本保持每两个月进行一次更新的频率，ARKit 也已经迭代到了 ARKit 3，作为 ARKit 与 ARCore 上层的 AR Foundaion 也已经更新到 v3.0 版。

但如前文所说，AR Foundation 功能的实现要比底层的原生 API 稍晚一些，表 1-2 展示了 AR Foundation、ARCore 和 ARKit 功能对比。

表 1-2   AR Foundation、ARCore、ARKit 功能对比

支持功能	AR Foundation	ARCore	ARKit
垂直平面检测	√	√	√
水平平面检测	√	√	√
特征点检测	√	√+支持特征点姿态	√

续表

支持功能	AR Foundation	ARCore	ARKit
光照估计	√	√+Color Correction	√+Color Temperature
射线检测（Hit Testing，对特征点与平面）	√	√	√
图像跟踪	√	√	√
3D 物体检测与跟踪	√	—	√
环境光探头（Environment Probes）	√	√	√
世界地图（World Maps）	√	—	√
人脸跟踪（Pose、Mesh、Region、Blendshape）	√	√	√（iPhoneX 及更高型号）
云锚点（Cloud Anchors）	√	√	—
远程调试（Editor Remoting）	开发中	√-Instant Preview	√-ARKit Remote
模拟器（Editor Simulation）	√	—	—
LWRP 支持（支持使用 ShaderGraph）	√	开发中	开发中
摄像机图像 API（Camera Image）	√	√	—
人体动作捕捉（Motion Capture）	√	—	√（iPhoneXR 及更高型号）
人形遮挡（People Occlusion）	√	—	√（iPhoneXR 及更高型号）
多人脸检测	√	√	√（iPhoneXR 及更高型号）
多人协作（Collaborative Session）	√	—	√（iPhoneXR 及更高型号）
多图像识别	√	√	√

AR 应用是计算密集型应用，对计算硬件要求较高，就算在应用中对虚拟对象都不进行渲染，AR 也在对环境、特征点跟踪进行实时解算。由于移动端硬件设备资源限制，一些高级 AR 应用只能在最新的处理器（包括 CPU 和 GPU）上才能运行。同时得益于 Apple 强大的独立生态与软硬件整合能力，它在 ARKit 3 中推出了很多新功能，但由于目前 Android 系统碎片化严重，ARCore 预计要等到新版 Android 系统发布后才能提供类似的功能。

1.3.3 AR Foundation 功能概述

AR Foundation 只是对 ARCore 和 ARKit 再次封装，并不实现 AR 的底层 API 功能，换言之，AR Foundation 只是一个功能的搬运工。因此，底层 API 没有的功能，AR Foundation 也不可能有（AR Foundation 会添加一些辅助功能以方便开发者开发 AR 应用）。同时，AR Foundation 能实现的功能也与底层 SDK 所在平台相关，如 ARKit 有 WorldMap 功能，而 ARCore 没有，因此，即使 AR Foundation 支持 WorldMap 功能，这个功能也只能在 iOS 平台上才有效，在 Android 平台编译就会出错。这就是说 AR Foundation 支持的功能与底层 SDK 是密切相关的，脱离底层 SDK 谈 AR Foundation 功能是没有意义的。当然，如果是 ARKit 和 ARCore 都支持的功能，AR Foundation 做的工作是在编译时根据平台选择无缝切换所用底层 SDK，达到一次开发、跨平台部署的目的。

当前，AR Foundation 主要支持的功能如表 1-3 所示。

表 1-3　　　　　　　　　　AR Foundation 主要支持的功能

功能	描述
世界跟踪（World Tracking）	在物理空间中跟踪用户设备的位置和方向（姿态）
平面检测（Plane Detection）	对水平与垂直平面进行检测

续表

功能	描述
参考点（Reference Points）	对特定点的姿态跟踪。ARCore 与 ARKit 中称为 Anchor
光照估计（Light Estimate）	对物理环境中的光照强弱及方向进行估计
人脸跟踪（Face Tracking）	检测并跟踪人脸
人脸表情捕捉（Facial Expression Capture）	检测人脸表情
图像跟踪（Image Tracking）	跟踪物理空间中的 2D 图像
物体跟踪（Object Tracking）	跟踪物理空间中的物体对象，目前只支持 ARKit
Session 分享	支持多人共享场景，这在 ARKit 中称为多人协作（Collaborative session）和世界地图（World Maps），在 ARCore 中称为 Cloud Anchor
人体动作捕捉（Motion Capture）	简称动捕，检测屏幕空间或者物理空间中的人体及动作
人形遮挡（People Occlusion）	利用计算机视觉判断人体在场景中的位置，获取人体形状及在场景中的位置实现虚拟物体遮挡
摄像机图像 API	提供摄像机图像底层支持，方便开发人员开发计算机视觉应用

1.3.4 AR Foundation 体系架构概述

虽然 AR Foundtion 是在底层 SDK API 之上的再次封装，但 Unity 为了实现 AR 跨平台应用做了大量工作，搭建了一个开放性的架构，使这个架构能够容纳各类底层 SDK，能支持当前及以后其他底层 SDK 的加入，宏观上看，AR Foundation 希望构建一个开发各类 AR 应用的统一平台。

为实现这个开放的架构，AR Foundation 建立在一系列的子系统（Subsystem）之上。Subsystem 隶属于 UnityEngine.XR.ARSubsystems 命名空间，负责实现特定的功能模块，而且这个实现与平台无关，即 Subsystem 处理与平台无关的特定模块的实现。如 XRPlaneSubsystem 负责实现平面检测、显示功能，在编译时，根据不同的运行平台自动调用不同底层的 SDK。从调用者的角度看，只需要调用 XRPlaneSubsystem 的功能，而不用管最终这个实现是基于 iOS 还是 Android，即对平台透明。

这种架构对上提供了与平台无关的功能，对下可以在以后的发展中纳入不同的底层 SDK，从而实现最终的一次开发、跨平台部署的目标。其架构如图 1-6 所示。

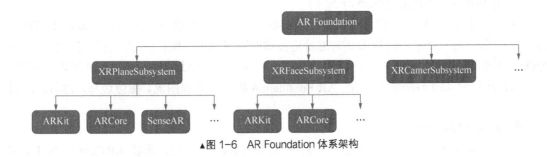

▲图 1-6　AR Foundation 体系架构

1.3.5 基本术语

1. 世界跟踪（World Tracking）

世界跟踪指 AR 设备确定其在物理世界中的相对位置和方向的能力，在 2D 和 3D 空间中跟踪用户的运动并最终定位它们的位置是任何 AR 应用程序的基础。当设备在现实世界中移动时，AR Foundation 会通过一个名为并行测距与映射（Concurrent Odometry and Mapping，COM）的过程来理解移动设备相对于周围世界的位置。AR Foundation 会检测从摄像头图像中捕获的视觉差异特征（称为特征点），并使用这些点来计算其位置变化。这些视觉信息将与设备 IMU 惯性测量结果结合，一起用于估测摄像头随着时间推移而相对于周围世界的姿态（位置和方向）。

通过将渲染 3D 内容的虚拟摄像机的姿态与 AR Foundation 提供的设备摄像头的姿态对齐，就能够从正确的透视角度渲染虚拟内容，渲染的虚拟图像可以叠加到从设备摄像头获取的图像上，让虚拟内容看起来就像真实世界的一部分。

2. 可跟踪（Trackable）

可跟踪指可以被 AR 设备检测/跟踪的真实特征，例如特征点、平面、人脸、人形、2D 图像、3D 物体等。

3. 特征点（Feature Point）

AR 设备使用摄像机和图像分析来跟踪环境中用于构建环境地图的特定点，例如木纹表面的纹理点、书本封面的图像，这些点通常都是视觉差异点。特征点云包含了观察到的 3D 点和视觉特征点的集合，通常还附有检测时的时间戳。

4. 会话（Session）

会话的功能是管理 AR 系统的状态，是 AR API 的主要入口。在开始使用 AR API 的时候，可通过对比 ARSessionState 状态值来检查当前设备是否支持 AR。Session 负责处理整个 AR 应用的生命周期，控制 AR 系统根据需要开始和暂停视频帧的采集、初始化、释放资源等。

5. Session 空间（Session Space）

Session 空间即 AR Session 初始化后建立的的坐标空间，Session 空间原点（0,0,0）是指创建 AR 会话的位置。AR 设备跟踪的坐标信息都是处在 Session 空间中，因此在使用时，需要将其从 Session 空间转换到其他空间，这个过程类似于模型空间和世界空间的转换。

6. 射线检测（Ray Casting）

AR Foundation 利用射线检测来获取对应于手机屏幕的 (x,y) 坐标（通过点按或应用支持的任何其他交互方式），将一条射线投射到摄像头的视野中，返回这条射线贯穿的任何平面或特征点以及碰撞位置在现实世界空间中的姿态，这让用户可以选择环境中的物体。

7. 增强图像（Augumented Image）

使用增强图像（图像检测）可以构建能够响应特定 2D 图像（如产品包装或电影海报）的 AR 应用，用户将手机的摄像头对准特定图像时触发 AR 体验，例如，他们可以将手机的摄像头对准电影海报，使人物弹出，或者引发一个场景。可离线编译图像以创建图像数据库，也可以在运行时实时添加参考图像，AR Foundation 将检测这些图像、图像边界，然后返回相应的姿态。

8. 共享（Sharing）

借助于 ARKit 中的多人协作 Session（Collaborative Session）或者 ARCore 中的 Cloud Anchor，可以创建适用于 iOS 或 Android 设备的多人共享应用。在 Android 中使用云锚点，一台设备可以将锚点及其附近的特征点发送到云端进行托管，并可以将这些锚点与同一环境中 Android 或 iOS 设备上的其他用户共享，从而让用户能够同步拥有相同的 AR 体验。在 ARKit 中，利用协作 Session 或者 WorldMap 也可以直接在参与方中共享 AR 体验。

9. 平面（Plane）

AR 中大部分内容需要依托于平面进行渲染，如虚拟机器人，只有在检测到平面网格的地方才能放置。平面可分为水平、垂直两类，Plane 描述了真实世界中的一个二维平面，如平面的中心点、平面的 x 和 z 轴方向长度、组成平面多边形的顶点。检测到的平面还分为三种状态，分别是正在跟踪、可恢复跟踪、永不恢复跟踪。不在跟踪状态的平面包含的平面信息可能不准确。两个或者多个平面还会被自动合并。

10. 姿态（Pose）

在 AR Foundation 的所有 API 中，Pose 总是描述从物体的局部坐标系到世界坐标系的变换，即来自 AR Foundation API 的 Pose 可以被认同为 OpenGL 的模型矩阵或 DirectX 的世界矩阵。随着 AR Foundation 对环境理解的不断加深，它将自动调整坐标系以便其与真实世界保持一致。因此，每一帧图像都应被认为是处于一个完全独立的世界坐标空间中。

11. 光照估计（Light Estimate）

光照估计给我们提供了一个查询当前帧光照环境的接口，可以获取当前相机视图的光照强度、颜色分量以及光照方向，使用光照估计信息绘制虚拟对象照明效果会更真实，并且可以根据光照方向调整 AR 中虚拟物体的阴影方向，增强虚拟物体的真实感。

1.4 开发环境准备

AR Foundation 是 Unity 引擎的一个功能组件，因此在开发应用之前，首先需要安装 Unity 引擎。下面我们将引导读者完成 Unity 引擎的安装与设置。

（1）下载并安装 Unity Hub。可以直接从 Unity 官方网站上下载（https://store.unity.com/download-nuo）Unity Hub。Unity Hub 为 Unity 集成管理工具，负责 Unity 各版本的安装管理、项目创建、账户授权管理等工作。下载 Unity Hub 时需要创建 Unity 用户账号，安装 Unity Hub 并启动，选择左侧的选项卡中的"安装"，界面如图 1-7 所示（这里我们已经安装了 3 个版本的 Unity，第一次安装完 Unity Hub 并打开后，这个列表是空的）。

▲图 1-7　Unity Hub 安装界面

（2）在图 1-7 中，单击右上角的"安装"按钮，会打开 Unity 版本安装选择界面，如图 1-8 所示。

从列表中选择所需的 Untiy 版本。版本后带有 f 的为 Final 版本（最终版），带有 a 的为 Alpha 版本，带有 b 的为 Beta 版本，带有 LTS 的为 Long-Term Support 版本（长期支持版）。通常开发正式应用应当选择 f 版或者 LTS 版，Alpha 版本与 Beta 版本可能会有各种缺陷和 Bug。

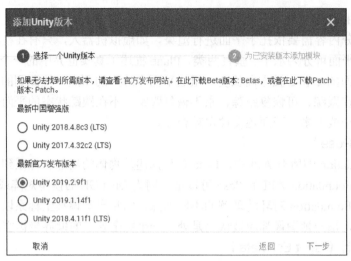

▲图 1-8 Unity 版本安装选择界面

> **提示** 在本书的编写过程中，为纳入最新技术，我们使用了多个版本的 Unity，如基于 ARKit 3 的功能需要 Unity 2019.3.0、XCode 11 以上版本。

（3）在图 1-8 中选择一个版本后，单击"下一步"会打开 Unity 功能模块选择界面，如图 1-9 所示。

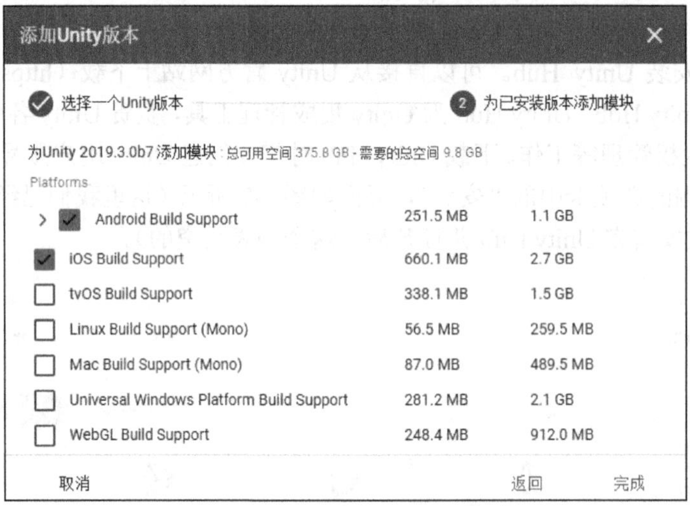

▲图 1-9 Unity 功能模块选择界面

读者可以根据自己的需求添加或者删除功能模块，通常我们会根据发布的手机平台选择 Android Build Support 或者 iOS Build Support 功能模块，否则，在工程创建后将无法切换发布平台。当然，这里选错、漏选也没关系，后期可以在 Unity Hub 安装界面里随时为已安装的 Unity 版本添加、删除功能模块。

（4）Android Studio 安装（可选）。在进行 Android 开发时，Android Studio 为可选安装步骤，如果不安装 Android Studio，Unity 引擎在安装时会自动下载并安装 Android SDK 和 JDK。但安装 Android Studio 可以为计算机提供 Android 开发环境，方便实现高级开发，并能提供一些功能模拟及 SDK 版本管理，因此建议安装。可以到 Google 官网下载 Android Studio，Android

Studio 开发界面如图 1-10 所示。

▲图 1-10　Android Studio 开发界面

（5）在 Mac 计算机中进行 iOS 平台开发时，需要下载安装 XCode，可以在苹果官网下载最新版 XCode，有多种版本可供选择，这里也需要注意，Alpha 版本与 Beta 版本生成发布的应用无法登录 AppStore，正式开发最好选择正式版本（即不带后缀 alpha、beta 字样的版本）。通常也可以直接在 Mac 计算机上启动 AppStore 安装 XCode。

（6）在安装完 Unity 引擎后，最好先检测一下相关开发配置。新建一个项目，打开 Unity 引擎，在菜单中，依次选择 Edit➤Preferences，打开 Preference 对话框，如图 1-11 所示。

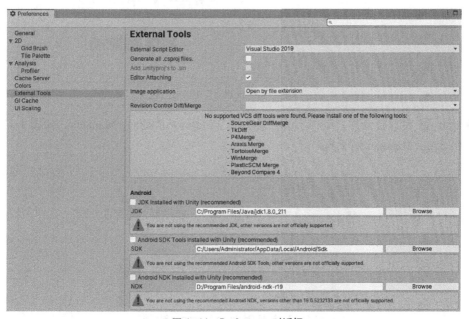

▲图 1-11　Preference 对话框

在这里可以配置脚本编辑 IDE、图片编辑软件，设置 JDK/Andriod SDK/NDK。如果 Unity 工程在编译过程中出现一些非代码性的问题，多半是这里设置不正确。从图 1-11 也可以看到，Unity 推荐使用引擎自带安装 JDK/Andriod SDK/NDK 的方法，但也允许开发者自定义 JDK/Andriod SDK/NDK 安装路径。

1.5 Android 开发环境配置

AR Foundation 支持跨平台开发，但在不同平台，其开发环境配置与发布部署差异较大，因此，环境配置我们分成 Android 开发环境配置与 iOS 开发环境配置两部分进行讲解，本节主要针对 Android 开发。

1.5.1 插件导入

现在我们创建一个新的项目，并导入 AR Foundation 和 ARCore XR Plugin。使用鼠标单击 "开始"菜单中的相应软件或者双击桌面的 Unity 图标（或者 Unity Hub 图标）启动 Unity，单击 "New"新建一个项目，命名为 Helloworld，然后单击"创建项目"按钮，如图 1-12 所示。

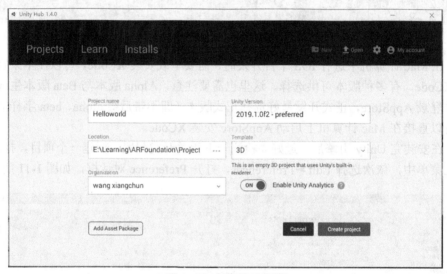

▲图 1-12 创建项目对话框

待 Unity 主窗口打开后，单击 Unity 菜单栏 Window➤Package Manager，如图 1-13 所示，将打开 Package Manager 对话框。

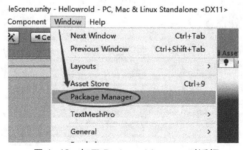

▲图 1-13 打开 Package Manager 对话框

Package Manager 对话框默认不显示 preview 状态的 AR Foundation 和 ARCore XR Plugin，单击对话框中的 Advanced 下拉菜单，选择 Show preview packages，将显示所有的 preview 插件，如图 1-14 所示。

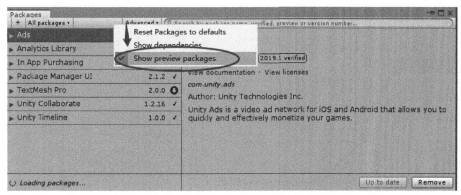

▲图 1-14　选择 Show preview packages 下拉菜单选项

在左侧列表中选择 AR Foundation 后右侧面板将会显示该插件的详细信息，单击右下角的"Install"按钮安装插件，如图 1-15 所示。如此操作，将 ARCore XR Plugin 插件也安装好。

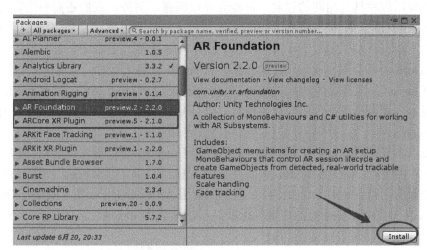

▲图 1-15　安装 ARCore XR Plugin 插件

至此，已经将开发 Android AR 应用所需插件都导入了。

1.5.2　设置开发环境

在 Unity 窗口中，按 Ctrl+Shift+B 快捷键，或者在菜单栏中选择 File➤Build Settings...，打开设置窗口。选择"Platform"下的"Android"选项，然后单击"Switch Platform"按钮切换到 Android 平台。当 Unity 标志出现在 Android 选项旁边时，发布平台就切换成 Android 了，如图 1-16 所示。

单击左下角的"Player Settings..."按钮继续后续设置，如图 1-17 所示，选择 Player，在 Player 栏中的 Company Name 与 Product Name 文本框中分别填写公司名与产品名，选择 Android 小图标，在 Other Settings 选项卡中删除 Vulkan，因为 Android 目前不支持 Vulkan。

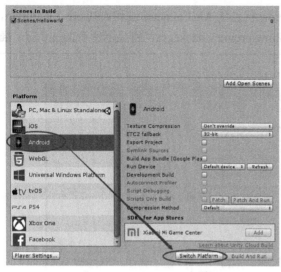

▲图 1-16　Build Settings 对话框　　　　　▲图 1-17　Player 设置对话框（1）

继续向下滚动，在 Identification 栏中，Package Name 填写应用程序包名，建议与上图 Company Name 和 Product Name 中输入的公司名和产品名一致。这个值要求唯一，因为如果它与另一个应用程序具有相同的包名，可能会导致问题。另外，我们还需要设置与 ARCore 兼容的 Android 最低版本，找到"Minimun API Level"选项，单击其下拉菜单，选择"Android7.0'Nougat'(API level 24)"或以上，如图 1-18 所示，正如这个选项名字一样，应用程序与 ARCore 将不会在 Nougat 版本之前的 Android 设备上运行。同时，我们还需要设置"Target API Level"，这里设置的是"Android 8.0 'Oreo' (API level 26)"，因为笔者的测试手机就是这个版本，读者可根据自己的需要设置，但目标版本不得低于 Nougat，不然开发的 AR 应用将无法运行。

在完成以上设置后，单击"Other Settings"收起 Other Settings 设置折叠栏，然后单击"XR Settings"折叠栏展开之，在使用 ARCore 原生 SDK 进行开发时，要求勾选"ARCore Supported"复选框以确保应用得到 ARCore 的支持，但是在使用 AR Foundation 和 ARCore XR Plugin 进行 Android AR 开发时一定不要选中该复选框，不然编译将无法进行，如图 1-19 所示。

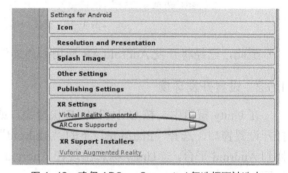

▲图 1-18　Player 设置对话框（2）　　　　▲图 1-19　确保 ARCore Supported 复选框不被选中

在 Unity 2019 以后，为了简化用户操作，Unity 在安装的时候会自动进行环境检测。如果检测到已安装 JDK 和 Android SDK 后会自动进行设置；如果没有检测到 Unity 也可以进行集成安装（安装 Unity 时会一并安装 JDK 和 Android SDK），无需要用户单独安装 JDK 和

Android SDK。

在完成以上设置后,我们来搭建 AR Foundation 开发 AR 应用的基础框架,这个基础框架所有 AR 应用通用。

1.5.3 搭建基础框架

在 Scenes 工程文件夹中,我们重命名场景文件为"Helloworld"。为统一规范管理各类文件,在 Project 窗口 Assets 目录下新建 Prefabs、Scripts 两个文件夹,同时在 Hierarchy 窗口中删除 Main Camera(因为 AR Foundation AR Session Origin 带有一个 AR 摄像机),Directional Light 可根据需要决定是否删除,如图 1-20 所示。

▲图 1-20 删除场景中无关对象,搭建工程基本框架

在 Hierarchy 窗口中的空白处右击,在弹出的菜单中依次选择 XR➤AR Session 和 XR➤AR Session Origin,添加 AR 基础组件,如图 1-21 所示。

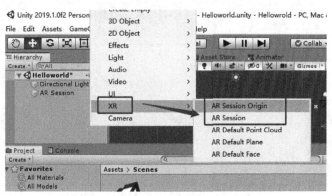

▲图 1-21 添加 AR 基础组件

在 Hierarchy 窗口中的空白处右击,在弹出的菜单中依次选择 XR➤AR Default Plane,将 Hierarchy 窗口中生成的 AR Default Plane 拖动到 Project 窗口中的 Prefabs 文件夹下,制作一个平面预制体,如图 1-22 所示,然后删除 Hierarchy 窗口中的 AR Default Plane 对象。

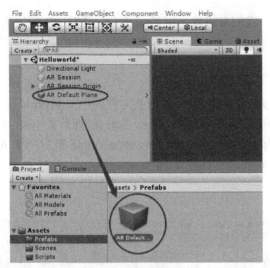

▲图 1-22　制作平面预制体

在 Hierarchy 窗口选中 AR Session Origin 对象，然后在 Inspector 窗口中单击"Add Component"按钮，并在搜索框中输入"ARP"，然后双击搜索出来的 AR Plane Manager 添加该组件，如图 1-23 所示。

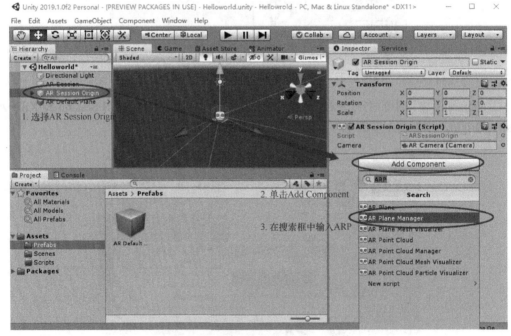

▲图 1-23　添加 AR Plane Manager 组件

将 Project 窗口中 Prefabs 文件夹下的 AR Default Plane 拖动到 ARPlaneManager 组件下的 Plane Prefab 属性框，完成平面预制体的设置，如图 1-24 所示。

至此，AR 应用的基础框架我们已经搭建好了，这是一个 AR Foundation 开发 AR 应用的基础框架，流程通用。

1.5 Android 开发环境配置

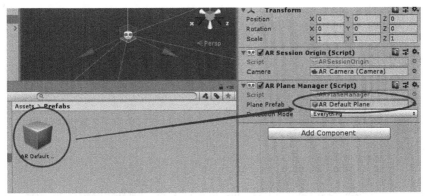

▲图 1-24　为 AR Plane Manager 属性赋值

1.5.4 AppController

在 Project 窗口 Scripts 文件夹下的空白处右击，在弹出的菜单中依次选择 Create➤C# Script，新建一个脚本文件，并命名为 AppController，如图 1-25 所示。

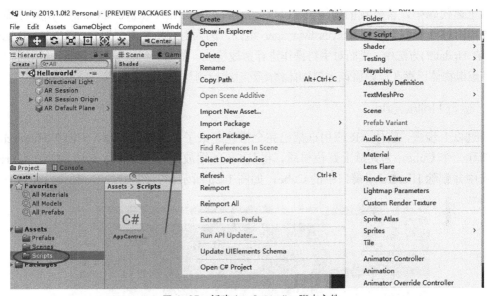

▲图 1-25　新建 AppController 脚本文件

双击 AppController 脚本，在 Visual Studio 中编辑该脚本，添加如代码清单 1-1 所示代码。

代码清单 1-1

```
1.  using System.Collections.Generic;
2.  using UnityEngine;
3.  using UnityEngine.XR.ARFoundation;
4.  using UnityEngine.XR.ARSubsystems;
5.
6.  [RequireComponent(typeof(ARRaycastManager))]
7.  public class AppController : MonoBehaviour
8.  {
9.      public  GameObject spawnPrefab;
10.     static List<ARRaycastHit> Hits;
11.     private ARRaycastManager mRaycastManager;
12.     private GameObject spawnedObject = null;
13.     private void Start()
14.     {
```

```
15.         Hits = new List<ARRaycastHit>();
16.         mRaycastManager = GetComponent<ARRaycastManager>();
17.     }
18.
19.     void Update()
20.     {
21.         if (Input.touchCount == 0)
22.             return;
23.         var touch = Input.GetTouch(0);
24.         if (mRaycastManager.Raycast(touch.position, Hits, TrackableType.PlaneWithin
            Polygon | TrackableType.PlaneWithinBounds))
25.         {
26.             var hitPose = Hits[0].pose;
27.             if (spawnedObject == null)
28.             {
29.                 spawnedObject = Instantiate(spawnPrefab, hitPose.position, hitPose.rotation);
30.             }
31.             else
32.             {
33.                 spawnedObject.transform.position = hitPose.position;
34.             }
35.         }
36.     }
37. }
```

在上述代码中，首先我们使用[RequireComponent(typeof(ARRaycastManager))]属性确保添加该脚本的对象上必须有 ARRaycastManager 组件，因为射线检测需要用到 ARRaycastManager 组件。在 Update()方法中，我们对手势操作进行射线检测，在检测到的平面上放置一个虚拟物体，如果该虚拟物体已存在，则将该虚拟物体移动到射线检测与平面的碰撞点。

1.5.5 运行 Helloworld

经过以上步骤，整体 AR 应用框架已完全搭建起来了，为方便演示，我们在 Hierarchy 窗口中新建一个 Cube，为其赋上红色材质，将其 Scale 缩放成（0.1，0.1，0.1），拖动到 Prefabs 文件夹中并删除 Hierarchy 窗口中的 Cube，如图 1-26 所示。

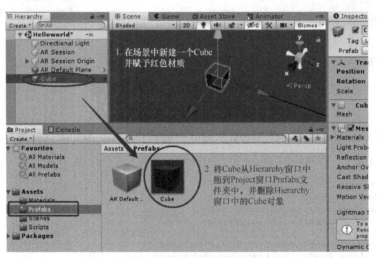

▲图 1-26　制作 Cube 预制体

最后一步，在 Hierarchy 窗口中选中 AR Session Origin，为其挂载前面编写的 AppController 脚本（可以使用 Add Component 在搜索框中搜索 AppController 添加，也可以直接把 AppController 脚本拖到 AR Session Origin 对象上），并将上一步制作的 Cube 拖到 AppController 脚本的 Spawn

Prefab 属性框中，如图 1-27 所示。

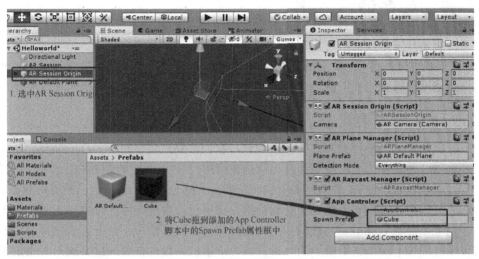

▲图 1-27　将 Cube 赋给 AppController 脚本中的 Spawn Prefab 属性

AR 应用已开发完成，将支持 ARCore 的手机通过 USB 或者 Wi-Fi 连接开发计算机（具体连接方法请参见 1.6 节），直接按 Ctrl+Shift+B 快捷键（或者选择 File➤Build Settings）打开 Build Settings 对话框。在打开的对话框中保证选中当前场景，如没有出现当前场景，可单击右下方的 Add Open Scenes。单击"Build And Run"，设置发布后的程序名，最后单击"Save"按钮开始编译生成 apk，生成的 apk 应用会自动安装到连接的手机上并启动运行，如图 1-28 所示。

若编译没有错误，在 Helloworld AR 应用打开后，找一个相对平坦且纹理比较丰富的平面左右移动手机进行平面检测。在检测到平面后，用手指单击手机屏幕上已检测到的平面，将会在该平面上加载一个小立方体，如图 1-29 所示。至此，我们使用 AR Foundation 开发的 Android Helloworld AR 应用已成功。

▲图 1-28　编译并运行应用对话框

▲图 1-29　应用程序运行效果图

1.6 连接设备调试应用

在 AR 应用开发中，很多时候都需要将应用下载安装到真机上调试。本节中，我们将设置 Android 手机的开发者模式，通过开发者模式直接通过 USB 或者 Wi-Fi 调试应用。然后本节还将介绍使用计算机监视手机运行的 AR 应用，这也是查找、排除问题的有效手段。

1.6.1 打开手机 USB 调试

为了方便地将应用编译再发到手机中测试，我们需要启用手机的"Developer Option"，即开发者选项。开发者选项，顾名思义，就是供应用开发者开发调试应用的选项，通过这个功能开发者就可以通过 USB 接口连接手机，直接在手机上安装、调试自己的应用程序。通过开发者选项可以在计算机和手机之间复制数据、在手机上安装应用、读取日志数据而不用发送通知，也可以查看 Android 系统的一些数据和信息。默认情况下，开发者选项是隐藏的，但是可以通过连续七次单击手机中的"设置➤关于手机➤软件信息➤编译编号"来解锁开发者选项（需要输入手机密码才能完成）。单击时会有"您还差×步就可以打开开发者模式"的提示。在开发者选项中，我们还需要打开"USB 调试"，这样我们才能通过 USB 接口在手机上调试运行 AR 应用，如图 1-30 所示。

> **注意** 不同的手机打开开发者选项的方式不一样，这和手机产商有关，但操作方式大致相同。可以查看手机使用说明获取相关帮助。

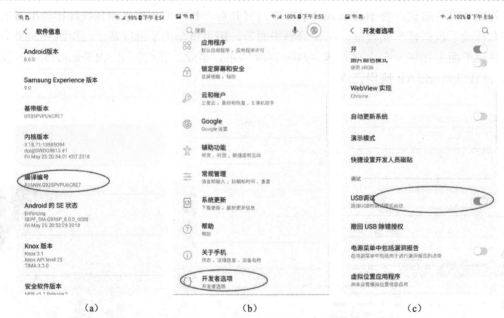

▲图 1-30 通过连续单击图 1-30a 中的"编译编号"解锁显示开发者选项；单击图 1-30b 中的开发者选项并输入密码打开开发者选项；打开图 1-30c 中的"USB 调试"启用 USB 调试功能

开发者选项中有很多参数，这些设置对应用开发者了解应用的运行状态很有帮助，详细的参数及功能说明超出本书的范围，读者可以自行搜索了解。打开开发者选项之后我们就可以通过 USB 连接手机与计算机来调试 AR 应用了。

1.6.2 设置手机 Wi-Fi 调试

使用 USB 来调试 AR 应用确实方便很多，但 AR 应用测试需要四处移动手机，所以有线的方式还是会有束缚。同时，经常插拔 USB 线还有可能会导致 USB 接口损坏，而且长期给手机充放电也会损害手机电池性能，下面我们介绍利用 Wi-Fi 来调试 AR 应用。

首先需要使用的工具是 adb，这是个应用工具，它在 Android SDK 安装目录下的 platform-tools 子目录内。使用 Wi-Fi 来调试 AR 应用需要手机操作系统的 root 权限，我们可以在手机上下载安装 Android Terminal Emulator 来进行辅助。

设置手机 Wi-Fi 调试的步骤如下。

（1）设置 Android 手机监听端口。

这一步需要使用 shell，因此手机上要有终端模拟器，打开安装的 Android Terminal Emulator 终端，依次输入代码清单 1-2 所示代码。

代码清单 1-2

```
1. su                //获取 root 权限
2. setprop service.adb.tcp.port 7890 //设置监听的端口，端口号可以自定义，如 7890，5555 是默认的
3. stop adbd         //关闭 adbd
4. start adbd        //重新启动 adbd
```

（2）手机连接 Wi-Fi 后记下手机分配的 IP 地址（演示手机为 192.168.2.107）。

在设置➤关于手机➤状态中可以查看手机连接 Wi-Fi 后分配的 IP 地址，如图 1-31 所示。

▲图 1-31 查看手机分配的 IP 地址

（3）计算机上打开命令窗口，输入代码清单 1-3 所示命令。

代码清单 1-3

```
1. adb connect 192.168.2.107:7890
2. //如果不输入端口号，默认是 5555，自定义的端口号必须写明，对应第 1 步中自定义的端口号，例如：
   192.168.168.127:7890
```

（4）配置成功，命令行显示："connected to ××××××××"，然后就可以调试程序了，如代码清单 1-4 所示。

代码清单 1-4

```
1. C:\Users\Root>adb connect 192.168.2.107:7890
2. connected to 192.168.2.107:7890
```

如需关闭 Wi-Fi 调试，将端口号设置为-1，并且重复第一步即可。有了 Wi-Fi 调试，我们就可以摆脱 USB 线的束缚了，这样更方便调试 AR 应用。

| 提示 | 采用 Wi-Fi 的模式调试，需要确保开发者计算机与移动设备在同一子网内。 |

1.6.3 调试 AR 应用

在使用 USB 或者 Wi-Fi 调试应用时，将 AR 应用编译并推送到手机上需要花费很长时间，但 AR 应用在移动端运行之后，我们只能看到运行的结果而不能确切地知道在运行过程中发生的事情。作为开发者，我们需要知道 AR 应用在运行过程中到底发生了什么事情，特别是在运行结果与预期不符的时候，需要查看调试信息排查错误。

本节将介绍远程调试 AR 应用的方法，通过执行以下步骤，可以使用计算机远程查看运行中的 AR 应用程序运行状况。

首先通过 USB 或者 Wi-Fi 连接到移动设备，然后打开 Android SDK 安装目录，进入到 SDK 目录下的 Tools 子目录内（一般在 C:\Users\Administrator\AppData\Local\Android\Sdk\tools 目录），双击 monitor.bat，打开 Android Device Monitor（Android 设备监视器）。其左侧列表中的设备即此时连接到计算机的移动设备，选择需要调试的设备，在 LogCat 窗口将看到 AR 应用信息，拖动 LogCat 窗口，使其成为主窗口中的一个选项卡，如图 1-32 所示。

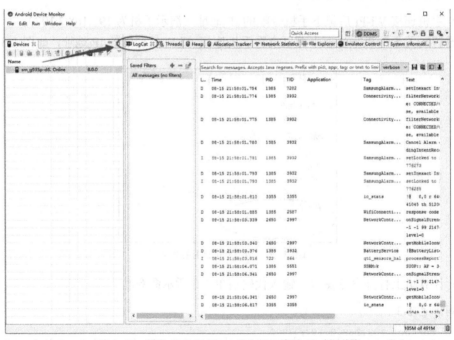

▲图 1-32 使用 Android Device Monitor 查看 AR 应用信息

通过查看手机输出信息，可以实时了解 AR 应用运行状态和调试 AR 应用，这给我们开发调试带来了足够的灵活性和弹性，在 LogCat 窗口中我们可以看到应用程序的 Debug.log 输出。远程调试连接可以与 Android Studio 一起进行，这为我们带来足够的便利，但是这里的输出信息太多了，而且很多信息我们都不关心，因此需要设置一下以筛选出我们关心的特定日志消息。

为了得到我们关心的信息并屏蔽掉其他无用信息，我们对日志消息进行过滤，过滤的操作步骤如下。

（1）转到 Android 设备监视器窗口。
（2）单击 LogCat➤Saved Filters 面板中的绿色加号按钮创建过滤器。
（3）输入过滤器名称（如 Unity）和日志标记（如 Unity）创建一个新的过滤器。
（4）单击"OK"添加筛选器。

通过过滤器，我们将不关心的信息过滤掉了，日志消息界面更加清爽，如图 1-33 所示。在图 1-33 中我们还可以看到，除了使用日志标记（Log Tag）创建过滤器外，还可以通过日志消息（Log Message）、PID、应用名字（Application Name）、日志等级（Log Level）等来创建过滤器，或者联合其中的两项或多项创建复杂的过滤器，使过滤出来的信息更能符合预期。

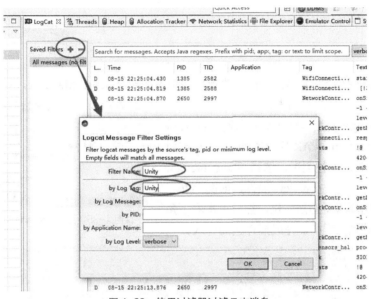

▲图 1-33 使用过滤器过滤日志消息

配置好一个带有远程连接和调试支持的 Unity 工作环境将使我们的工作更容易进行，有利于将主要精力投入到应用开发上。

1.7　iOS 开发环境配置

前面我们学习了 Android 应用的开发环境配置与发布部署，本节主要讲解在 Mac 计算机上使用 Unity 开发 AR Foundation 应用的环境配置与发布部署。AR Foundation 在 iOS 平台使用 ARKit 底层技术，并且 Unity 工程不能一次性发布成 iOS 包文件，Unity 利用 AR Foundation 发布 iOS AR 应用需要分为两步：第一步使用 Unity 生成 XCode 工程文件；第二步利用 XCode 编译工程文件发布成 ipa 应用文件，本文假设读者已经安装 Unity 2019.1 及 XCode 10 以上版本。

1.7.1　插件导入

创建一个新的项目，并导入 AR Foundation 和 ARKit XR Plugin。在程序坞或者 dock 栏上单击 Unity 图标（或者 Unity Hub 图标）启动 Unity，单击 New 新建一个项目，选择项目类型、填写项目名称和项目保存位置，项目命名为 Helloworld，最后单击右下角"创建"按钮创建项目，如图 1-34 所示。

第 1 章　AR Foundation 入门

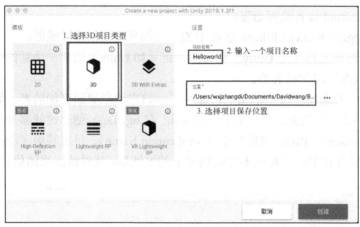

▲图 1-34　新建一个工程

待 Unity 窗口打开后，单击 Unity 菜单栏 Window➤Package Manager，如图 1-35 所示，将打开 Package Manager 对话框。

Package Manager 对话框默认不显示处于 preview 状态的 AR Foundation 和 ARKit XR Plugin。单击对话框中的 Advanced 下拉菜单，选择 Show preview packages，将显示所有的 preview 插件，如图 1-36、图 1-37 所示。选择所需的插件包，然后单击右下角的"Install"安装到工程中，完成插件包的导入。

▲图 1-35　打开 Package Manager 对话框

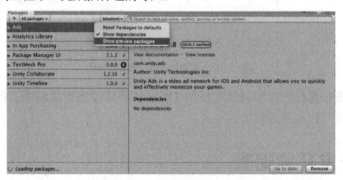

▲图 1-36　显示所有 preview 插件

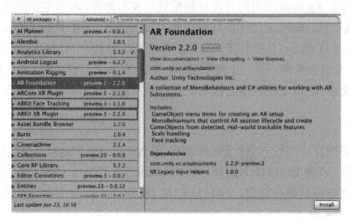

▲图 1-37　导入 AR Foundation 与 ARKit XR Plugin

1.7.2 设置开发环境

在 Unity 窗口中，按 Command+Shift+B 快捷键，或者在菜单栏中选择 File➤Build Settings…，打开设置窗口。选择"Platform"下的"iOS"选项，然后单击"Switch Platform"按钮切换到 iOS 平台，当 Unity 标志出现在 iOS 选项旁边时，发布平台就切换成 iOS 了，如图 1-38 所示。

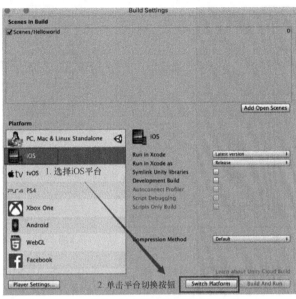

▲图 1-38 切换到 iOS 平台

单击左下方的"Player Settings…"按钮继续后续设置。按顺序依次先选择 Player，在 Player 栏中 Company Name 与 Product Name 中填写公司名与产品名，如图 1-39 所示。选择 iOS 平台小图标，展开 Other Settings 选项卡，如图 1-40 所示。

▲图 1-39 设置应用程序信息（1）

图 1-40 中，在 Identification 栏，PackageName 填写应用程序包名，建议与图 1-39 中 Company Name 和 Product Name 中输入的公司名和产品名一致，这个值要求唯一，因为如果它与另一个应用程序具有相同的包名，可能会导致问题。然后设置好应用程序的版本号。

继续向下滚动，填写摄像机使用信息，这会在 AR 应用第一次启动时向用户请求摄像头使用权限。设置好 Target Device，目标设备可以是 iPhone，可以是 iPad，也可以为 iPhone+iPad。因为我们使用真机进行应用调试，这里设置 Target SDK 为 Device SDK。设置最低 iOS 版本为 11.0，因为支持 ARKit 的最低 iOS 版本是 11.0，最后设置处理器架构为 ARM64，如图 1-41 所示。

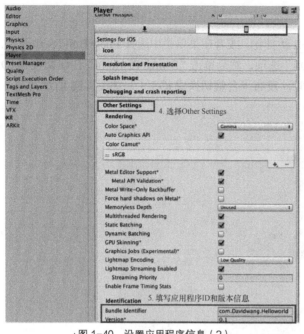
▲图 1-40 设置应用程序信息（2）

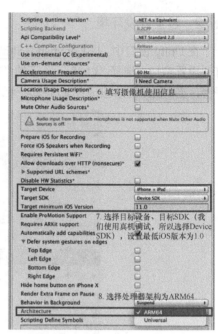
▲图 1-41 设置应用程序信息（3）

细心的读者可能已经发现，在图 1-41 中有一个"Requires ARKit support"选项，这个选项可以勾选，也可以不勾选，不影响 AR Foundation 应用开发。至此，我们已完成了利用 AR Foundation 开发 iOS AR 应用的环境配置工作。

1.7.3 搭建基础框架

在完成以上设置后，我们来搭建 AR Foundation 开发 AR 应用的基础框架，这个基础框架被所有 AR 应用通用。在 Project 窗口 Scenes 文件夹中，我们重命名场景文件为"Helloworld"，同时为统一规范管理各类文件，在 Project 窗口 Assets 目录下新建 Prefabs、Scripts 两个文件夹。然后在 Hierarchy 窗口中删除 Main Camera（AR Foundation AR Session Origin 带有一个 AR 摄像机），而 Directional Light 可根据需要决定是否删除，如图 1-42 所示。

▲图 1-42 搭建 AR 应用的基础框架

1.7 iOS 开发环境配置

在 Hierarchy 窗口中的空白处右击，在弹出的菜单中依次选择 XR➤AR Session 和 XR➤AR Session Origin，新建这两个 AR 基础组件，如图 1-43 所示。

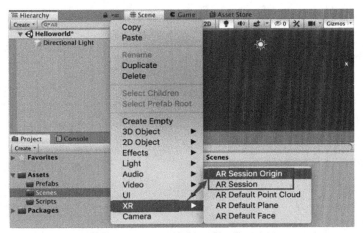

▲图 1-43　新建 AR Session 与 AR Session Origin 两个 AR 基础组件

在 Hierarchy 窗口中的空白处右击，在弹出的菜单中依次选择 XR➤AR Default Plane，将 Hierarchy 窗口中生成的 AR Default Plane 拖动到 Project 窗口中的 Prefabs 文件夹下，制作平面预制体，如图 1-44 所示。完成之后删除 Hierarchy 窗口中的 AR Default Plane 对象。

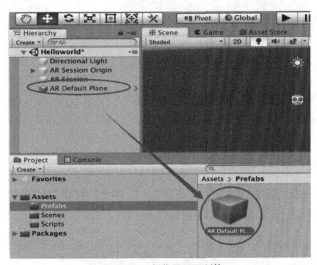

▲图 1-44　制作平面预制体

在 Hierarchy 窗口选中 AR Session Origin 对象，然后在 Inspector 窗口中单击 Add Component 按钮，并在弹出的搜索框中输入 "arp"，然后双击搜索出来的 AR Plane Manager 添加该组件，如图 1-45 所示。

将 Project 窗口中 Prefabs 文件夹下的 AR Default Plane 拖到 AR Plane Manager 组件下的 Plane Prefab 属性框，设置 AR Plane Manager 组件属性，如图 1-46 所示。

至此，AR 应用的基础框架已经搭建好了，这是一个 AR Foundation 开发 iOS AR 应用的基础框架，流程通用。对比 Android 环境搭建可以发现，在基础框架搭建上，Android 开发与 iOS 开发几乎完全一致，后文我们也会看到，编写的代码也是完全一致的，这也是 AR Foundation

出现的意义,即一次开发、多平台部署,除了环境配置有所不同,其他对象设置与代码编写均完全一致,省去了开发人员开发不同平台 AR 应用时遇到的麻烦。

▲图 1-45　添加 AR Plane Manager 组件

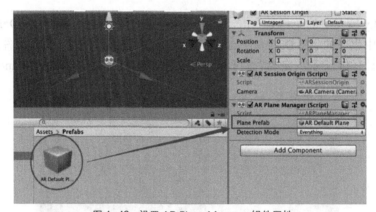

▲图 1-46　设置 AR Plane Manager 组件属性

1.7.4　AppController

在 Project 窗口 Scripts 文件夹下,空白处右击,在弹出的菜单中依次选择 Create➤C# Script,新建脚本文件并命名为 AppController,如图 1-47 所示。

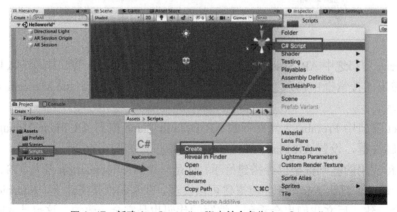

▲图 1-47　新建 AppController 脚本并命名为 AppController

1.7 iOS 开发环境配置

双击 AppController 脚本，在 Visual Studio 中编辑该脚本，添加如代码清单 1-5 所示代码。

代码清单 1-5

```csharp
using System.Collections.Generic;
using UnityEngine;
using UnityEngine.XR.ARFoundation;
using UnityEngine.XR.ARSubsystems;

[RequireComponent(typeof(ARRaycastManager))]
public class AppController : MonoBehaviour
{
    public  GameObject spawnPrefab;
    static List<ARRaycastHit> Hits;
    private ARRaycastManager mRaycastManager;
    private GameObject spawnedObject = null;
    private void Start()
    {
        Hits = new List<ARRaycastHit>();
        mRaycastManager = GetComponent<ARRaycastManager>();
    }

    void Update()
    {
        if (Input.touchCount == 0)
            return;
        var touch = Input.GetTouch(0);
        if (mRaycastManager.Raycast(touch.position, Hits, TrackableType.PlaneWithinPolygon | TrackableType.PlaneWithinBounds))
        {
            var hitPose = Hits[0].pose;
            if (spawnedObject == null)
            {
                spawnedObject = Instantiate(spawnPrefab, hitPose.position, hitPose.rotation);
            }
            else
            {
                spawnedObject.transform.position = hitPose.position;
            }
        }
    }
}
```

在上述代码中，首先我们使用[RequireComponent(typeof(ARRaycastManager))]属性确保添加该脚本的对象上必须有 ARRaycastManager 组件，因为射线检测需要用到 ARRaycastManager 组件。在 Update()方法中，我们对手势操作进行射线检测，在检测到的平面上放置一个虚拟物体，如果该虚拟物体已存在，则将该虚拟物体移动到射线检测与平面的碰撞点。

经过以上步骤，整体 AR 应用框架已完全搭建起来了，为方便演示，我们在 Hierarchy 窗口中制作一个 Sphere，为其赋上绿色材质，将其 Scale 缩放成（0.1，0.1，0.1），制作成 Prefab 并删除 Hierarchy 窗口中的 Sphere，新建预制体如图 1-48 所示。

最后，在 Hierarchy 窗口中选中 AR Session Origin，为其添加前面编写的 AppController 脚本（可以使用 Add Component 在搜索框中搜索 AppController 添加，也可以直接把 AppController 脚本拖到 AR Session Origin 对象上），并将上一步制作的 Sphere 拖到添加的 AppController 脚本的 Spawn Prefab 属性框中，挂载脚本并设置属性如图 1-49 所示。

至此，AR Foundation 已完成 Helloworld AR 功能开发，但是 Unity 不能直接生成 iOS 平台的应用程序，所以还需要将 Unity 工程发布成 XCode 工程。

第 1 章　AR Foundation 入门

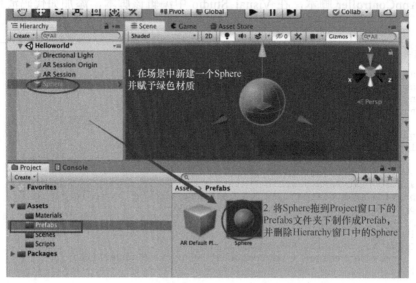

▲图 1-48　新建 Sphere 预制体

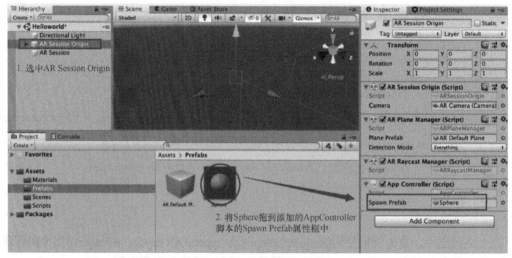

▲图 1-49　挂载脚本并设置属性

1.7.5　生成并配置 XCode 工程

使 iPhone 通过 USB 或者 Wi-Fi 连接上计算机，直接按 Command+Shift+B 快捷键（或者选择 File➤Build Settings）打开 Build Settings 对话框。在打开的对话框中确保选中当前场景，单击"Build And Run"按钮构建并生成 XCode 工程，如图 1-50 所示。建议将工程保存到另一个工程文件夹下，设置发布后的程序名，最后单击"Save"按钮开始编译生成 XCode 工程，如图 1-51 所示。生成后会自动打开 XCode IDE（如果没有自动打开 XCode，可以先启动 XCode 单击右下角的"Open another Project"，然后选择 Unity 发布出来的 Xcode 工程并打开）。

若 Unity 编译生成没有错误，在 XCode 打开生成的工程后，依次选择 XCode 工程图标➤工程名，然后选择真机设备，如图 1-52 所示，因为我们要在真机上测试应用。

1.7 iOS 开发环境配置

▲图 1-50 构建并生成 XCode 工程

▲图 1-51 选择工程保存路径并生成 XCode 工程

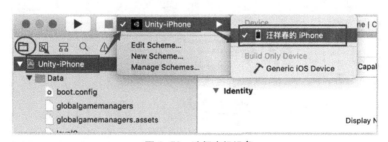

▲图 1-52 选择真机设备

在工程属性面板中，选择 General 选项卡，正确填写 Display Name（工程名）、Bundle Identifier（包 ID）、Version、Build，Bundle Identifier 是我们在 Unity 中设置好的 Bundle Identifier。如果要发布到 AppStore 上，Bundle Identifier 必须与开发者网站上的设置一样，Version、Build

也要符合按递增的要求，填写完之后还需要选择开发者证书，如图 1-53 所示。

▲图 1-53　设置应用程序 Bundle Identifier 及 Signing

> **提示**　在 Xcode11 以后，Signing 不再放在 General 标签下，而是放在与 General 同级的 Signing&Capabilities 标签下。

如果还没有开发者账号，可单击 Team 框后的下拉菜单，选择 Add an Account... 新建一个开发者账号，具体操作请参见官方说明文档，如图 1-54、图 1-55 所示。

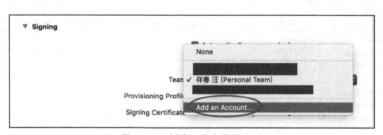

▲图 1-54　新建开发者账号（1）

▲图 1-55　新建开发者账号（2）

1.7.6　运行 Helloworld

在 XCode 配置完后，单击 XCode IDE 左上角的编译运行图标开始编译、发布、部署、

1.7 iOS 开发环境配置

运行，如图 1-56 所示。

如果 iPhone 是第一次运行 XCode 应用，还需要设置开发者应用。第一步，打开手机设置➤通用，找到"设备管理"，如图 1-57 所示。

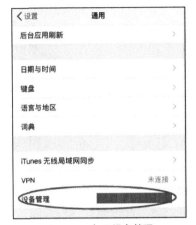

▲图 1-56 开始编译运行程序　　　　　　▲图 1-57 打开设备管理

进入设备管理后，单击开发者应用，如图 1-58 所示。

在开发者应用管理界面单击"验证应用"，iPhone 会对该开发者进行网络认证，认证通过后，应用项右方会出现"已验证"字样，至此就可以通过 XCode 直接将应用部署到手机并运行了，如图 1-59 所示。

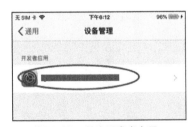

▲图 1-58 单击开发者应用　　　　　　▲图 1-59 验证应用程序

若整个过程没有出现问题（如果是第一次运行 iOS 应用很可能会出现问题，出现问题后请查阅相关资料对应解决），在 Helloworld AR 应用打开后，找一个相对平坦且纹理比较丰富的平面左右移动手机进行平面检测。在检测到平面后，用手指单击手机屏幕上已检测到的平面，将会在该平面上加载一个小球，如图 1-60 所示。至此，我们使用 AR Foundation 开发的 iOS Helloworld AR 应用已成功。

> **提示**　iOS 设备最多只能同时授权 3 个应用程序调试，因此，如果多于 3 个应用程序需要进行真机调试则应删除暂时不调试的应用。

▲图1-60 程序运行效果图

第 2 章 AR Foundation 基础

AR Foundation 是 Unity 为跨平台 AR 开发而构建的开放式架构插件包，它本身并不实现任何 AR 特性，只是为开发人员提供一个统一、公共、规范的接口。在目标平台上，AR Foundation 可调用该平台下的第三方 SDK 库（如 iOS 上的 ARKit XR 插件或 Android 上的 ARCore XR 插件）。AR Foundation 整合了各平台独立的第三方 AR 开发包，提供给开发者统一的使用界面，方便了跨平台 AR 开发。

2.1 AR Foundation 体系架构

在第 1 章中我们已经知道，AR Foundation 体系建立在一系列的子系统（Subsystem）之上，这种架构的好处类似于接口（Interface），将界面与具体的实现分离，用户只需要面向接口编程，而无需关注具体的算法实现（在 AR Foundation 中这个具体的算法提供者就叫 Provider，这里 Provider 指实现具体算法的包或者插件）。同时，这种分离的另一个好处是同一个接口可以有两个或多个具体实现，而且可以灵活地随时添加新的具体实现，即 AR Foundation 只定义接口界面，而由 Provider 提供具体的实现，因此具有极强的适应性。如人脸跟踪，AR Foundation 定义 FaceTracking 子系统界面，而 ARCore 可以提供 Android 平台的具体实现，ARKit 可以提供 iOS 平台的具体实现，Hololens 可以提供 Hololens 眼镜的具体实现等，这样，在同一体系架构下它可以提供无限的具体实现可能性，可以随时纳入新的 SDK 库。AR Foundation 在编译时会根据用户选择的平台调用该平台上的一种具体实现，这个过程对开发者透明，开发者无需关注具体的实现方式，从而达到一次开发、多平台部署的目的。AR Foundation 的体系架构如图 2-1 所示。

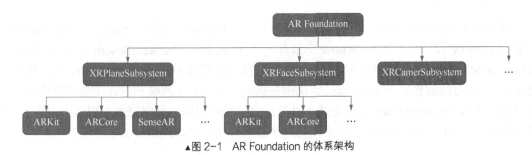

▲图 2-1　AR Foundation 的体系架构

类似于接口，Provider 在具体实现特定接口（子系统）时，可以根据其平台本身的特性进行优化，并可以提供更多功能。由于硬件和软件生态有巨大差异，A 平台具备的功能 B 平台不一定提供。为了让开发者了解这种差异，AR Foundation 要求 Provider 提供子系统描述符（Subsystem Descriptor），SubsystemDescriptor 描述了 Provider 对特定子系统提供的功能的范围，有了这个描述符，开发人员就可以通过遍历查看特定的功能某特定平台是否提供，为功能开发提供依据。

2.1.1 AR 子系统概念

Subsystem 是一个与平台无关的接口，其定义了对特定功能的界面，与 AR 相关的 Subsystem 隶属 UnityEngine.XR.ARSubsystems 命名空间。ARFoundatoin 中的 Subsystem 只定义了功能接口而没有具体实现，具体实现由 Provider 在其他包或者插件中提供。AR Foundation 目前提供以下 12 种 Subsystem，具体包括 Session、Raycasting、Camera、Plane Detection、Depth、Image Tracking、Face Tracking、Environment Probes、Object Tracking、Human Body Tracking 2D、Human Body Tracking 3D、Human Segmentation Image。

由于具体的 Subsystem 是由 Provider 在其他包或者插件中提供，因此，如果不引入相应的包或者插件，应用编译会失败。在编译到具体平台时就一定要在工程中引入相应的包或者插件，同时引入两个或者多个平台的包或插件也没有问题，因为 AR Foundation 会根据具体的编译平台选择对应的包或插件。引入插件的方法是在单击 Window➤Package Manager 打开"包管理窗口"，然后在左侧的包中选择相应的包或者插件，目前 AR Foundation 的 Provider 包括 ARCore XR Plugin 和 ARKit XR Plugin 两种（估计很快就会加入 SenseAR XR Plugin），部分 Provider 如图 2-2 所示。

对于 ARFounation 定义的 Subsystem，Provider 可以实现也可以不实现，如 Human Body Tracking 3D，ARCore XR Plugin 目前就没有实现，因此，Android 平台 Human Body Tracking 3D 功能将不可用。另外，

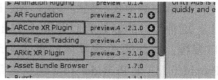

▲图 2-2 AR Foundation 底层 Provider

Provider 也可以提供比 Subsystem 定义的更多的功能，如一些辅助功能。Provider 提供的这些功能在特定平台是可以使用的，但需要查阅 Provider 文档。鉴于以上情况，针对具体平台做开发时一定要关注该平台的 Provider 能够提供的功能，另外，为了对特定平台进行优化，不同的 Provider 对参数也有要求，如在 Image Tracking 功能中，ARKit 要求提供被检测图像的物理尺寸，而 ARCore 没有这个要求。这都需要参阅特定平台的 Provider 的相关资料。

2.1.2 AR 子系统使用

所有的 Subsystem 都有一样的生命周期：创建（Create）、开始（Start）、停止（Stop）、销毁（Destroy）。每一个 Subsystem 都有一个对应的 SubsystemDescriptor，可以使用 SubsystemManager 遍历其能够提供的功能，一旦得到可用的 Subsystemdescriptor 后，就可以使用 Create()方法创建这个 Subsystem，这也是创建 Subsystem 的唯一方式（在实现使用中，很多时候由 SubsystemManager 负责这个过程，但有时我们也需要自己来实现这个过程）。下面以创建一个 Plane subsystem 为例来说明这个过程，代码如代码清单 2-1 所示。

代码清单 2-1

```
1.  XRPlaneSubsystem CreatePlaneSubsystem()
2.  {
3.      // 得到所有可用的 plane subsystems:
```

```
4.    var descriptors = new List<XRPlaneSubsystemDescriptor>();
5.    SubsystemManager.GetSubsystemDescriptors(descriptors);
6.    // 遍历获取一个支持 boundary vertices 的功能
7.    foreach (var descriptor in descriptors)
8.    {
9.        if (descriptor.supportsBoundaryVertices)
10.       {
11.           // 创建 plane subsystem
12.           return descriptor.Create();
13.       }
14.   }
15.   return null;
16. }
```

在这个例子中，我们首先得到 PlaneSubsystemDescriptor，然后遍历这个描述符，检测其支持不支持 BoundaryVertices，如果支持则说明满足我们的需求，就创建它，而且这是个单例模式的创建，即保证系统中只有一个该类型的 Subsystem，若再次调用 Create()方法，还是返回原创建的实例。一旦我们创建 Subsystem 成功后，就可以通过调用 Start()、Stop()方法来启用这个 Subsystem。但需要注意的是，对不同的 Subsystem，Start()、Stop()方法的行为方式会有所差异，但通常都是启用与停用的方式，并且一个 Subsystem 可以调用 Start()、Stop()方法多次。在用完该 Subsystem 后，应该调用 Destroy()方法销毁该 Subsystem 以避免无谓的性能消耗。在销毁 Subsystem 后，如果再次需要则应再次创建，代码如代码清单 2-2 所示。

代码清单 2-2
```
1.  var planeSubsystem = CreatePlaneSubsystem();
2.  if (planeSubsystem != null)
3.  {
4.      // 开始平面检测
5.      planeSubsystem.Start();
6.  }
7.
8.  if (planeSubsystem != null)
9.  {
10.     // 停止平面检测，但这并不会影响到已检测到的平面
11.     planeSubsystem.Stop();
12. }
13.
14. if (planeSubsystem != null)
15. {
16.     // 销毁该 subsystem
17.     planeSubsystem.Destroy();
18.     planeSubsystem = null;
19. }
```

> **提示** 再次提醒，针对特定平台的特定功能，在需要时应该查阅该 Provider 的资料以获取更详尽的信息。

2.1.3 跟踪子系统

跟踪子系统（Tracking subsystem）是在物理环境中检测和跟踪某类信息的 Subsystem，如平面跟踪和图像跟踪。跟踪子系统所跟踪的对象被称为可跟踪对象（Trackable），如平面子系统检测平面，因此平面是可跟踪对象。

在 AR Foundation 中，每一类跟踪子系统都提供一个名为 getchanges()的方法，此方法的目的是检索有关它所管理的可跟踪对象的信息数据，getchanges()获取自上次调用 getchanges()以来添加、更新和移除的所有可跟踪对象信息，通过该方法可以获取到发生变化的可跟踪对

象相关信息并进行后续操作。

每个可跟踪对象都由标识符 ID（TrackableId，一个 128 位的 GUID 值）唯一标识，即所有的可跟踪对象都是独立可辨识的，我们可以通过这个 TrackableId 获取到某个可跟踪对象。

Subsystem 可以添加、更新或移除可跟踪对象。只有添加到 Subsystem 中的可跟踪对象才可以被更新或移除，因此在移除可跟踪对象时需要先检查该对象是否在 Subsystem 中，如果尝试更新或移除尚未添加的可跟踪对象则会引发一个运行时错误。同样，未添加或已移除的可跟踪对象无法更新也无法再次移除。

为方便使用，在 AR Foundation 中，每一类跟踪子系统的 Manager 类（如 ARPlaneManager）通常都提供一个 xxxChanged（如 planesChanged）事件，我们可以通过其 xxxChangedEventArgs（如 ARPlanesChangedEventArgs）参数获取到 added、updated、removed 可跟踪对象进行后续处理。

2.2 AR Session & AR Session Origin

在第 1 章的案例中，我们首先在 Hierarchy 窗口添加了 AR Session 和 AR Session Origin 两个对象，如图 2-3 所示，这两个对象构建起了 AR 应用最基础的框架，所有其他工作都在这基础之上展开。那这两个对象在整个 AR 应用中起什么作用呢？本节我们将学习 AR Session 和 AR Session Origin 的作用与意义。

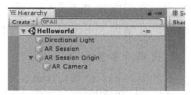

▲图 2-3　AR Foundation 基础对象

2.2.1　AR Session

AR Session 主要包括两个组件，一个就是 AR Session，管理 Session，另一个是 AR Input Manager，管理输入相关信息，如图 2-4 所示。AR 中 Session（会话）用来管理 AR 应用的状态、处理 AR 应用生命周期，是 AR API 的主要入口，由其控制在目标平台上启用或禁用 AR。在 Unity 对应的生命周期方法中需要处理 Session 的生命周期，这样 AR 应用会根据需要开始或暂停相机图像帧的采集、初始化或释放相关资源。AR 场景必须包括 AR Session 组件，一般为便于管理，我们将 AR Session 组件挂载在 AR Session 对象上。

▲图 2-4　AR Foundation 基础组件

AR Input Manager 组件是启用环境跟踪所必需的组件，若不启用此组件，Tracked Pose Driver（跟踪姿态驱动）将无法获取设备的姿态。

如果在应用运行期间禁用 AR Session，系统将不再跟踪其环境中的特征点及运行相关功能，但如果稍后再启用，系统将尝试恢复以前检测到的特征点信息。选择"Attempt Update"，设备将在可能的情况下尝试安装 AR 支持软件，此功能的支持依赖于平台：在 Andriod 平台上，将尝试安装最新版的 ARCore（Google Play Services for AR）；在 iOS 平台上，将尝试安装最新版的 ARKit。

特别需要注意的是，在任何一个 AR 应用中，有且仅允许有一个 Session。Unity 将 Session 设成全局组件，因此如果场景中有多个 AR Session，那这些 AR Session 都将尝试管理同一个

Session。同样，AR Input Manager 组件也只能有且仅有一个。

移动设备种类繁多，不是每一款设备都支持 AR Foundation，因此我们需要一些 Session 状态来表示设备的功能可用性，以便根据 Session 状态进行下一步操作或者在设备不支持 AR 时提供替代的应用方案。

AR Foundation 使用 ARSessionState 枚举类型表示当前设备的 Session 状态（例如设备是否支持、是否正在安装 AR 软件以及 Session 是否工作等），开发人员可以根据 Session 状态决定执行的操作，还可以在 Session 状态变更时订阅 ARSession.stateChanged 事件。ARSessionState 枚举类型如表 2-1 所示。

表 2-1　　　　　　　　　　　ARSessionState 枚举类型

ARSessionState	描述
CheckingAvailability	应用正在检测设备可用性
Installing	AR 软件正在安装（这里指移动端的 ARCore 或者 ARKit）
NeedsInstall	设备支持 AR，但需要安装相应软件（这里指移动端的 ARCore 或者 ARKit）
None	应用还未完成初始化，设备可用性未知
Ready	AR 可用并已经准备好
SessionInitializing	AR Session 正在初始化，通常指 AR 在设备上可用，但 AR 应用目前还未收集到足够的环境信息
SessionTracking	Session 正常运行并且处于正常跟踪状态
Unsupported	设备不支持 AR

根据 ARSessionState 枚举类型，我们可以通过代码清单 2-3 所示代码来检测 AR 应用当前状态。

代码清单 2-3

```
1.   IEnumerator CheckSupport()
2.   {
3.       Debug.Log("检查设备...");
4.       yield return ARSession.CheckAvailability();
5.       if (ARSession.state == ARSessionState.NeedsInstall)
6.       {
7.           Debug.Log("设备支持 AR，但需要更新...");
8.           Debug.Log("尝试更新...");
9.           yield return ARSession.Install();
10.      }
11.      if (ARSession.state == ARSessionState.Ready)
12.      {
13.          Debug.Log("设备支持 AR!");
14.          Debug.Log("启动 AR...");
15.
16.          // To start the ARSession, we just need to enable it.
17.          m_Session.enabled = true;
18.      }
19.      else
20.      {
21.          switch (ARSession.state)
22.          {
23.              case ARSessionState.Unsupported:
24.                  Debug.Log("设备不支持 AR.");
25.                  break;
26.              case ARSessionState.NeedsInstall:
27.                  Debug.Log("更新失败.");
28.                  break;
29.          }
30.          //
```

```
31.          // 启动非 AR 的替代方案……
32.          //
33.      }
34. }
35.
36. void SetInstallButtonActive(bool active)
37. {
38.     if (m_InstallButton != null)
39.         m_InstallButton.gameObject.SetActive(active);
40. }
41.
42. IEnumerator Install()
43. {
44.     if (ARSession.state == ARSessionState.NeedsInstall)
45.     {
46.         Debug.Log("尝试安装 ARCore 服务...");
47.         yield return ARSession.Install();
48.
49.         if (ARSession.state == ARSessionState.NeedsInstall)
50.         {
51.             Debug.Log("ARCore 服务更新失败.");
52.             SetInstallButtonActive(true);
53.         }
54.         else if (ARSession.state == ARSessionState.Ready)
55.         {
56.             Debug.Log("启动 AR...");
57.             m_Session.enabled = true;
58.         }
59.     }
60.     else
61.     {
62.         Debug.Log("无需安装.");
63.     }
64. }
65.
66. void OnEnable()
67. {
68.     StartCoroutine(CheckSupport());
69. }
```

代码清单 2-3 所示代码脚本应挂载在场景对象上，这样代码才会在对象 OnEnable 时执行。代码中的安装主要指在移动端安装 ARCore（目前已改名为 Google Play Services for AR），iPhone ARKit 会随 iOS 版本同步更新，但 Android 手机有的硬件支持 AR，但没有安装对应的 ARCore，则需要更新。

2.2.2 AR Session Origin

AR Session Origin 对象默认有一个 Transfrom 组件和一个 AR Session Origin 组件，如图 2-5 所示。

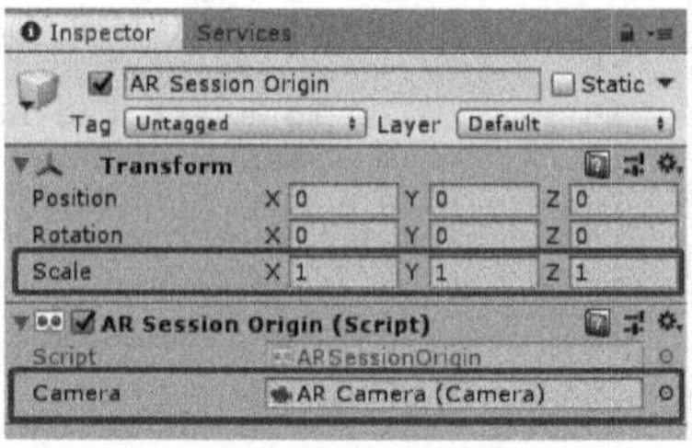

AR Session Origin 中组件的作用是将可跟踪对象（如平面和特征点）姿态信息转换为 Unity 场景中的最终位置、方向和比例。因为 AR 设备由 Session 管理，因此其获取的姿态信息在 Session Space（会话空间）中。这是一个相对于 AR Session 初始化时的非标度空间，因此 AR Session Origin 执行一次坐标空间变换，将其变换到 Unity 坐标空间，这个类似于从模型局部空间到世界坐标空间的变换。例如，

▲图 2-5 AR Session Origin 对象下的默认组件

在我们制作模型时，我们通常都会有模型自身的坐标系，模型的所有部件都相对于其自身的坐标系构建，模型自身的坐标系叫做"模型空间"或"局部空间"，当将这些模型导入 Unity

2.2 AR Session & AR Session Origin

时，模型的所有顶点位置信息都会变换到以 Unity 坐标原点为参考的世界坐标空间中。同样，由 AR 设备产生的可跟踪设备姿态在 Session Space 中，因此也要做一次坐标变换将其变换到 Unity 世界坐标空间中。

AR Session Origin 还接收一个摄像机参数，这个摄像机就是 AR 摄像机，AR 摄像机与用户设备摄像机通过 Tracked Pose Driver 组件进行对齐，同时与 AR Session Space 对齐，这样才可以以正确的视角在指定位置渲染虚拟物体。

AR Session Origin 对象有一个子对象 AR Camera，AR Camera 默认挂载 Tracked Pose Driver、AR Camera Manager、AR Camera Background 组件，如图 2-6 所示。

Tracked Pose Driver 组件的主要作用是将 Unity 中的场景摄像机与设备的真实摄像机对齐，即根据设备真实摄像机的位置与方向来调整 Unity 中的场景摄像机姿态。通过与真实摄像机对齐匹配，Unity 中场景摄像机与设备真实摄像机的所有参数均一致（拥有相同的投影矩阵），这样设置后真实摄像机与 AR Session Space 也是匹配的，由此来保证从 Unity 中渲染的虚拟物体在真实世界中的位置与姿态正确。反而言

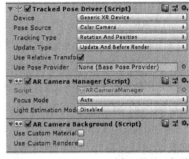

▲图 2-6 AR Camera 对象下的默认组件

之，如果没有该组件，Unity 渲染的虚拟物体将会在真实世界中显得杂乱无章。Tracked Pose Driver 组件还有一些控制参数，可以根据工程需要进行选择，甚至可以自己写姿态控制脚本。

> **提示**　在 AR Foundation3.0 以后，Tracked Pose Driver 组件已被 AR Pose Driver 取代，AR Pose Driver 没有任何控制参数，它会自动处理所有与场景姿态相关的工作。

AR Camera Manager 组件负责处理控制摄像机的一些细节参数，如表示纹理和控制光照估计模式，其有两个参数，Focus Mode 和 Light Estimation Mode，相关属性如表 2-2 所示。

表 2-2　AR Camera Manager 组件属性

属性	描述
Focus Mode	摄像机对焦模式，可以为"Auto"或"Fixed"。Auto 即允许摄像机自动对焦，一般我们会选择此模式；Fixed 即为固定焦距，固定焦距不会改变设备摄像机焦距，因此，与被拍摄物体距离不合适时就会出现模糊现象
Light Estimation Mode	光照估计模式，可以为"Disable"或"Ambient Intesity"。选择 Ambient Intesity 将启用光照估计功能，AR Foundation 将根据真实世界中的光照信息来评估当前环境中的光照强度、光照颜色、光照方向等信息，这个评估对每一帧都要进行计算，所以如果不需要光照估计功能时选择 Disable 可以节约资源

在 AR 中，我们以真实环境作为背景，因此需要将摄像机捕捉的图像渲染成背景，使用 AR Camera Background 组件就可以轻松实现这个功能。AR Camera Background 组件还有两个参数，Use Custom Material 和 Use Custom Render Asset，这两个参数均为可选项。默认情况下未勾选 Use Custom Material、Use Custom Material，这个默认会由 Unity 根据平台来进行背景渲染，但如果勾选，我们就要提供背景渲染的材质、Shader。利用这两个选项可以实现一些高级功能，如背景模糊、描边等。

如果在场景中只有一个 AR Session Origin，我们简单地为其添加一个 AR Camera Background 就可以将摄像机的图像渲染成背景，但如果有多个 AR Session Origin，有多个摄像机（例如在不同的缩放尺度上渲染场景），那么这时我们就要为每一个 AR Session Origin、每一个摄像

机指定一个 AR Camera Background 组件并进行相应设置。

AR Session 与 AR Session Origin 负责 AR 应用整个生命周期管理、AR 摄像机头处理及背景渲染相关工作，这些工作是每一个 AR 应用都需要的，但这些工作需要与设备硬件交互，通常也会非常繁杂。这两个功能组件对此进行了良好封装处理，用户不用再担心具体的细节，这大大降低了 AR 应用开发的难度。

2.3 可跟踪对象

在 AR Foundation 中，平面（Plane）、特征点云（Point Cloud）、参考点（Reference Point）、跟踪图像（Tracked Image）、环境探头（Environment Probe）、人脸（Face）、3D 物体（Tracked Object）、共享参与者（ARParticipant）这 8 类对象称为可跟踪对象（trackables），也就是说 AR Foundation 目前可以实时地跟踪处理这 8 类对象。当然，这 8 类对象是否都能被处理还与平台底层的 SDK 有关。

为方便管理各类可跟踪对象，AR Foundation 为每一类可跟踪对象都建立了一个对应的管理器（Manager），一种管理器只管理对应的一类可跟踪对象，这种设计大大提高了灵活性，可以非常方便地添加或者删除每类管理器，从而达到只对特定可跟踪对象进行处理的目的。另外，这 8 类管理器在界面及功能设计上非常相似，包括事件及 API 接口，掌握一类管理器的用法就可以类推到其他管理器的操作上，因此极大地方便了开发人员操作。

需要特别注意的是，可跟踪对象管理器只能挂载在 AR Session Origin 一个对象上，这是因为 AR Session Origin 定义了 Session 空间与 Unity 空间的转换关系，可跟踪对象管理器需要利用 Session 原点及转换关系才能将可跟踪对象定位在 Unity 空间中的正确位置。一个挂载了所有可跟踪对象管理器的 AR Session Origin 对象如图 2-7 所示。

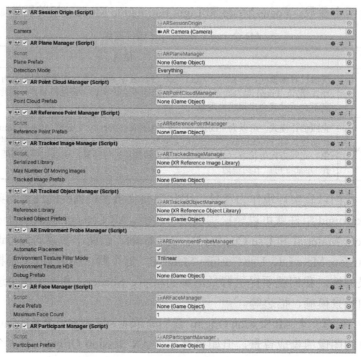

▲图 2-7　挂载了所有可跟踪对象管理器的 AR Session Origin 对象

2.3.1 可跟踪对象管理器

添加一种可跟踪对象管理器即可开始对这种类型的可跟踪对象进行管理（包括启用、禁用跟踪），删除或者禁用一种可跟踪对象管理器即终止对这种类型的可跟踪对象的管理，Unity 对可跟踪对象的这种处理有利于简化对可跟踪对象的管理。可跟踪对象及其管理器的对应关系如表 2-3 所示。

表 2-3　　可跟踪对象及其管理器对应的对应关系

可跟踪对象	可跟踪对象管理器	描述
AR Plane	AR Plane Manager	检测与管理平面，包括垂直平面与水平平面
AR Point Cloud	AR Point Cloud Manager	检测与管理特征点云
AR Reference Point	AR Reference Point Manager	检测与管理参考点，可以通过 AR Reference Point Manager. Add Reference Point 和 AR Reference Point Manager. Remove Reference Point 添加和移除参考点
AR Tracked Image	AR Tracked Image Manager	检测与管理 2D 图像跟踪
AR Environment Probe	AR Environment Probe Manager	管理环境探头生成 Cubemaps
AR Face	AR Face Manager	检测与管理人脸跟踪
AR Tracked Object	AR Tracked Object Manager	检测与管理 3D 物体对象
AR Participant Manager	AR Participant	在多人协作 Session 中检测和跟踪参与者

在添加某类可跟踪对象管理器后，AR Foundation 开始对该类可跟踪对象进行位置跟踪、姿态计算、状态更新，但管理器并不负责可视化可跟踪对象，即管理器只负责存储可跟踪对象的数据信息，而不对数据进行其他加工处理。如 AR Plane Manager，在检测到平面后，它会存储检测平面的相关信息，但并不会可视化已检测到的平面，可视化平面的工作由其他脚本或者组件完成。

如前所述，启用或者添加可跟踪管理器将启用某类跟踪功能。例如，可以通过启用或禁用 AR Plane Manager 来启用或者禁用平面检测功能。另外需要注意的是，跟踪对象是一个非常消耗资源的工作，因此最好在不使用某类可跟踪对象时禁用或者删除其管理器。

2.3.2 可跟踪对象事件

每一个可跟踪对象都可以被添加、更新、删除。在每一帧中，对应的管理器会对该类所有的可跟踪对象状态进行检测，把新的可跟踪对象加进来，对现跟踪对象进行姿态更新，删除陈旧过时的可跟踪对象。有时我们可能需要在特定事件发生时做一些操作，对此，所有的管理器都会提供一个事件，我们可以"订阅"事件后对一些操作进行对应处理，如表 2-4 所示。

表 2-4　　可跟踪对象管理器常用事件

可跟踪对象管理器	常用事件
AR Plane Manager	planesChanged
AR Point Cloud Manager	pointCloudsChanged
AR Reference Point Manager	referencePointsChanged
AR Tracked Image Manager	trackedImagesChanged
AR Environment Probe Manager	environmentProbesChanged
AR Face Manager	facesChanged
AR Tracked Object Manager	trackedObjectsChanged
AR Participant Manager	participantsChanged

2.3.3 管理可跟踪对象

AR Foundation 中的可跟踪对象，有的可以手动添加删除，有的则是自动管理不需人工参与。如 referencePoint 和 Envernment probes，这两个可跟踪对象可以手动添加和删除，Plane 和 Face 等其他的可跟踪对象则完全由 AR Foundation 自动管理。还有一些是既可以自动管理，也可以手动添加、删除，如 PointCloud。

由于每一类可跟踪对象都由对应的管理器进行管理，因此，我们不应该直接尝试去销毁（Destroy）可跟踪对象，其实如果强行使用 Destroy()方法销毁可跟踪对象可能会导致应用出错。对于那些可以手动添加和删除的可跟踪对象，相应的管理器也提供了删除的方法，例如移除一个参考点，我们只需要调用 ARReferencePointManager.RemoveReferencePoint()方法即可。

在添加一个可跟踪对象时，AR Foundation 需要做一系列的准备工作，因此，在我们添加一个可跟踪对象后，它并不会马上被系统所跟踪，直到系统准备完毕并报告可跟踪对象已经添加到 AR Foundation 系统中，这个过程和时间因可跟踪对象类型而异。为明确可跟踪对象状态，所有的可跟踪对象都有一个 pending 属性，pending 属性为 true 时标识该可跟踪对象已经被添加但还没有真正添加到 AR Foundation 跟踪系统中，检测这个属性可获取到该可跟踪对象的跟踪情况，代码如代码清单 2-4 所示。

代码清单 2-4

```
1.   var referencePoint = referencePointManager.AddReferencePoint(new Pose(position,
     rotation));
2.   Debug.Log(referencePoint.pending); // "true"
3.
4.   // 当前帧中该方法不会触发
5.   void OnReferencePointsChanged(ARReferencePointsChangedEventArgs eventArgs)
6.   {
7.       foreach (var referencePoint in eventArgs.added)
8.       {
9.           // 正在跟踪的对象
10.      }
11.  }
```

在代码清单 2-4 中，添加一个 referencePoint 后马上检查其状态，referencePoint.pending 为 true，意味着该可跟踪对象还未真正添加到 AR Foundation 跟踪系统，因此该管理器的 OnReferencePointsChanged 事件不会被触发，直到真正添加成功（可能要在第 2 帧或者第 3 帧才能触发）。

遍历可跟踪对象可以通过相应的管理器进行，代码如代码清单 2-5 所示。

代码清单 2-5

```
1.   var planeManager = GetComponent<ARPlaneManager>();
2.   foreach (ARPlane plane in planeManager.trackables)
3.   {
4.       // 获取到所有正在跟踪的 ARPlane
5.   }
```

如上代码所示，管理器的 trackables 属性返回一个 TrackableCollection 集合，利用这个集合，我们可以使用 foreach 循环进行遍历。另外，我们还可以使用 TryGetTrackable()方法获取特定的可跟踪对象，该方法只要提供一个 TrackableId 参数，即可跟踪对象的 GUID 值。

有时我们可能会需要禁用正在跟踪对象的行为，但又不是完全禁用管理器对可跟踪对象的管理，例如我们可能不需要渲染已被检测到的平面，但又不是禁用平面检测功能。那么这时我们可以通过遍历对特定或者全部的正在跟踪的对象进行处理，代码如代码清单 2-6 所示。

代码清单 2-6
```
1.  var planeManager = GetComponent<ARPlaneManager>();
2.  foreach (var plane in planeManager.trackables)
3.  {
4.      plane.gameObject.SetActive(false);
5.  }
```

在上面代码中，我们将所有检测到的平面禁用以阻止其渲染。

当可跟踪对象管理器检测到一个可跟踪对象后会实例化一个该对象的 prefab，这个 prefab 必须要有该类可跟踪对象的对应组件，如平面 prefab 必须要有 AR Plane 组件。如果没有提供这个 prefab，管理器将创建一个空的 prefab 挂载该类可跟踪对象组件的对象；如果提供的 prefab 没有挂载该类可跟踪对象的对应组件，管理器将为其添加一个。例如 AR Plane Manager 检测到一个平面，如果 PlanePrefab 属性有赋值它将用这个 prefab 实例化一个 AR Plane 对象；如果提供的 prefab 没有 AR Plane 组件，将自动为其挂载一个；如果 PlanePrefab 属性没有指定，AR Plane Manager 将创建一个只有 AR Plane 组件的空对象。

2.4 Session 管理

在 AR 应用运行中，有时需要暂停、重置 AR 执行，甚至需要完全重新初始化，这时就需要直接对 Session 进行操作。从前文我们知道，AR 中 Session 负责整个应用生命周期管理，Session 的改变将直接导致整个应用行为的改变。

在 AR Foundation 中，提供了 4 种对 Session 的常见管理操作，如表 2-5 所示。

表 2-5　　　　　　　　　　　　Session 常见管理操作

操作	常用事件
Pause	暂停 Session，设备将暂停环境检测及可跟踪对象的跟踪，也将暂停图像采集。在暂停 Session 时，AR 应用不消耗 CPU 或 GPU 资源
Resume	恢复被暂停的 Session 执行，在恢复 Session 后，设备将尝试恢复环境检测及用户状态跟踪，这个过程中原可跟踪对象可能会出现漂移
Reset	重置 Session，这将清除所有可跟踪对象并高效地开始新的 Session，用户创建的虚拟物体对象不会被清除，但因为所有可跟踪对象都已被清除，虚拟物体会出现漂移
Reload	重新载入一个新的 Session，这个过程用于模拟场景切换，因为需要销毁原 Session 并初始化一个新 Session，执行时间比重置要长

在 AR Foundation 中，Session 有一个 bool 类型的 enable 属性，通过它可以控制 Session 的暂停与恢复，其还有一个 Reset()方法，可以直接进行重置操作，代码如代码清单 2-7 所示。

代码清单 2-7
```
1.  public ARSession mSession;
2.  private void PauseSession()
3.  {
4.      if (mSession != null)
5.          mSession.enabled = false;
6.  }
7.  private void ResumeSession()
8.  {
9.      if (mSession != null)
10.         mSession.enabled = true;
11. }
12. private void ResetSession()
13. {
```

```
14.     if (mSession != null)
15.         mSession.Reset();
16. }
17. private  void ReloadSession()
18. {
19.     if (mSession != null)
20.     {
21.         StartCoroutine(DoReload());
22.     }
23. }
24.
25. System.Collections.IEnumerator DoReload()
26. {
27.     Destroy(mSession.gameObject);
28.     yield return null;
29.     if (sessionPrefab != null)
30.     {
31.         mSession = Instantiate(sessionPrefab).GetComponent<ARSession>();
32.         Debug.Log("重载 Session 成功！");
33.     }
34. }
```

第 3 章 平面检测与参考点管理

平面检测是很多 AR 应用的基础，无论是 ARKit、ARCore 还是 SenseAR，都提供平面检测功能。在底层 Provider 中，算法根据摄像机图像输入检测特征点，并依据特征点三维信息构建平面，将符合特定规律的特征点划归为平面。AR Foundation 也提供参考点，用于将虚拟物体锚定在真实空间中的特定位置。

3.1 平面管理

在第 2 章中我们知道平面也是可跟踪对象，AR Foundation 使用 AR Plane Manager 管理器管理检测到的平面。

3.1.1 平面检测

AR 中检测平面的原理：AR Foundation 对摄像机获取的图像进行分析处理，分离图像中的特征点（这些特征点往往是图像中明暗、强弱、颜色变化较大的点）；利用 VIO 和 IMU 跟踪这些特征点的三维空间信息；在跟踪过程中，对特征点信息进行处理，并尝试用空间中位置相近或者符合一定规律的特征点构建平面，如果成功就是检测出了平面。平面有位置、方向和边界信息，AR Plane Manager 负责检测平面以及管理这些检测出来的平面，但它并不负责渲染平面。

在 AR Plane Manager 中，我们可以设置平面检测的方式，如水平平面（Horizontal）、垂直平面（Vertical）、水平平面&垂直平面（Everything）或者不检测平面（Nothing），如图 3-1 所示，检测平面也是一个消耗性能的工作，而根据应用需要选择合适的检测方式可以优化应用性能。

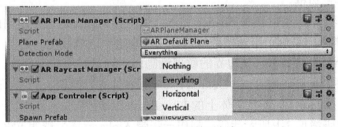

▲图 3-1 设置平面检测方式

使用 AR Plane Manager，每帧都会进行平面检测计算，会添加新检测的平面、更新现有平面、删除过时的平面。当一个新的平面被检测到时，AR Plane Manager 会实例化一个平面 Prefab 来表示该平面，如果开发中 AR Plane Manager 的 Plane Prefab 属性没有赋值，AR Plane Manager 将会实例化一个空对象，并在这个空对象上挂载 AR Plane 组件，AR Plane 组件包含了该平面的相关数据信息。

AR Plane Manager 组件还有一个 planesChanged 事件，开发人员可以注册这个事件，以便在平面发生改变时进行相应处理。

3.1.2 可视化平面

在 AR Foundation 中，AR Plane Manager 并不负责平面的可视化渲染，但可由其 Plane Prefab 属性指定的预制体负责。在第 1 章案例中，我们新建了一个 AR Default Plane 对象作为预制体，该预制体上挂载了如图 3-2 所示组件。

AR Plane 组件负责该平面各类属性事宜，如是否在移除平面时销毁该实例化对象、控制可划分为同一平面的特征点的阀值（图 3-2 中红框内的属性，只有偏差值在这个阀值内的特征点才可归属为同一平面，这影响平面检测层次和准确性）。AR Plane Mesh Visualizer 组件主要是从边界特征点与其他特征点三角化生成一个平面网格，有这个平面网格后使用 Mesh Renderer 采用合适材质渲染平面；默认平面预制体还有一个 Line Renderer 组件，它负责渲染平面可视化后的边界连线，所以使用默认平面预制体可视化（渲染）已检测到的平面如图 3-3 所示。

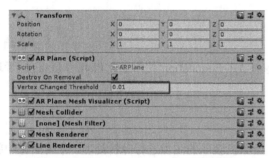
▲图 3-2　AR Default Plane 对象挂载的组件

▲图 3-3　AR Default Plane 可视化已检测到的平面效果图

3.1.3 个性化渲染平面

对已检测到的平面默认的渲染效果显得有些生硬和突兀，有时我们需要更加友好的界面，这时就需要对已检测到的平面定制个性化的可视方案（本节 Shader 与 ARFeatheredPlaneMeshVisualizer.cs 脚本来自 Untiy 官方 AR Foudnation 参考代码）。

为达到更好的视觉效果，处理的思路如下：

（1）不显示黑色边框。

（2）重新制作一个渲染材质和 Shader 脚本，使用带 Alpha 通道半透明的 PNG 格式伯纹理，通过 Shader 脚本渲染这个半透明的纹理，将纹理透明区域镂空。

（3）编写一个渐隐的脚本，让边界的纹理渐隐，达到更好的视觉过渡。

按照以上思路，我们直接对 AR Default Plane 预制体进行改造。

（1）删除 AR Default Plane 预制体上的 Line Renderer 组件。

（2）编写如代码清单 3-1 所示代码，制作一张带 Alpha 通道半透明 PNG 格式纹理，并新建一个利用这一 Shader 的材质。

代码清单 3-1

```
1.  Shader "Unlit/FeatheredPlaneShader"
2.  {
3.      Properties
```

3.1 平面管理

```
4.      {
5.          _MainTex ("Texture", 2D) = "white" {}
6.          _TexTintColor("Texture Tint Color", Color) = (1,1,1,1)
7.          _PlaneColor("Plane Color", Color) = (1,1,1,1)
8.      }
9.      SubShader
10.     {
11.         Tags { "RenderType"="Transparent" "Queue"="Transparent" }
12.         LOD 100
13.         Blend SrcAlpha OneMinusSrcAlpha
14.         ZWrite Off
15.
16.         Pass
17.         {
18.             CGPROGRAM
19.             #pragma vertex vert
20.             #pragma fragment frag
21.             #include "UnityCG.cginc"
22.             struct appdata
23.             {
24.                 float4 vertex : POSITION;
25.                 float2 uv : TEXCOORD0;
26.                 float3 uv2 : TEXCOORD1;
27.             };
28.
29.             struct v2f
30.             {
31.                 float4 vertex : SV_POSITION;
32.                 float2 uv : TEXCOORD0;
33.                 float3 uv2 : TEXCOORD1;
34.             };
35.
36.             sampler2D _MainTex;
37.             float4 _MainTex_ST;
38.             fixed4 _TexTintColor;
39.             fixed4 _PlaneColor;
40.             float _ShortestUVMapping;
41.
42.             v2f vert (appdata v)
43.             {
44.                 v2f o;
45.                 o.vertex = UnityObjectToClipPos(v.vertex);
46.                 o.uv = TRANSFORM_TEX(v.uv, _MainTex);
47.                 o.uv2 = v.uv2;
48.                 return o;
49.             }
50.
51.             fixed4 frag (v2f i) : SV_Target
52.             {
53.                 fixed4 col = tex2D(_MainTex, i.uv) * _TexTintColor;
54.                 col = lerp( _PlaneColor, col, col.a);
55.                 col.a *= 1-smoothstep(1, _ShortestUVMapping, i.uv2.x);
56.                 return col;
57.             }
58.             ENDCG
59.         }
60.     }
61. }
```

在这个 Shader 中有 3 个参数，如图 3-4 所示。Texture 为纹理属性，将我们制作的纹理赋给该属性，Texture Tint Color 为纹理显示颜色，我们要让半透明的十字星号显示出来，Alpha 值设置为 220；Plane Color 为平面的背景色，这里我们不需要背景色，Alpha 值设置为 0。

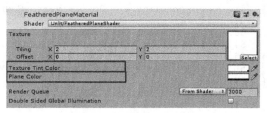

▲图 3-4 设置 Shader 参数

（3）新建一个 C#脚本文件，命名为 ARFeatheredPlaneMeshVisualizer.cs，编写如代码清单 3-2 所示代码。

代码清单 3-2

```csharp
1.   using System.Collections.Generic;
2.   using UnityEngine;
3.   using UnityEngine.XR.ARFoundation;
4.   
5.   [RequireComponent(typeof(ARPlaneMeshVisualizer), typeof(MeshRenderer), typeof(ARPlane))]
6.   public class ARFeatheredPlaneMeshVisualizer : MonoBehaviour
7.   {
8.       [Tooltip("The width of the texture feathering (in world units).")]
9.       [SerializeField]
10.      float m_FeatheringWidth = 0.2f;
11.      public float featheringWidth
12.      {
13.          get { return m_FeatheringWidth; }
14.          set { m_FeatheringWidth = value; }
15.      }
16.  
17.      void Awake()
18.      {
19.          m_PlaneMeshVisualizer = GetComponent<ARPlaneMeshVisualizer>();
20.          m_FeatheredPlaneMaterial = GetComponent<MeshRenderer>().material;
21.          m_Plane = GetComponent<ARPlane>();
22.      }
23.  
24.      void OnEnable()
25.      {
26.          m_Plane.boundaryChanged += ARPlane_boundaryUpdated;
27.      }
28.  
29.      void OnDisable()
30.      {
31.          m_Plane.boundaryChanged -= ARPlane_boundaryUpdated;
32.      }
33.  
34.      void ARPlane_boundaryUpdated(ARPlaneBoundaryChangedEventArgs eventArgs)
35.      {
36.          GenerateBoundaryUVs(m_PlaneMeshVisualizer.mesh);
37.      }
38.  
39.      void GenerateBoundaryUVs(Mesh mesh)
40.      {
41.          int vertexCount = mesh.vertexCount;
42.          s_FeatheringUVs.Clear();
43.          if (s_FeatheringUVs.Capacity < vertexCount) { s_FeatheringUVs.Capacity = vertexCount; }
44.  
45.          mesh.GetVertices(s_Vertices);
46.  
47.          Vector3 centerInPlaneSpace = s_Vertices[s_Vertices.Count - 1];
48.          Vector3 uv = new Vector3(0, 0, 0);
49.          float shortestUVMapping = float.MaxValue;
50.  
51.          for (int i = 0; i < vertexCount - 1; i++)
52.          {
53.              float vertexDist = Vector3.Distance(s_Vertices[i], centerInPlaneSpace);
54.              float uvMapping = vertexDist / Mathf.Max(vertexDist - featheringWidth, 0.001f);
55.              uv.x = uvMapping;
56.              if (shortestUVMapping > uvMapping) { shortestUVMapping = uvMapping; }
57.  
58.              s_FeatheringUVs.Add(uv);
59.          }
60.  
61.          m_FeatheredPlaneMaterial.SetFloat("_ShortestUVMapping", shortestUVMapping);
```

```
62.            uv.Set(0, 0, 0);
63.            s_FeatheringUVs.Add(uv);
64.
65.        mesh.SetUVs(1, s_FeatheringUVs);
66.        mesh.UploadMeshData(false);
67.    }
68.
69.    static List<Vector3> s_FeatheringUVs = new List<Vector3>();
70.    static List<Vector3> s_Vertices = new List<Vector3>();
71.    ARPlaneMeshVisualizer m_PlaneMeshVisualizer;
72.    ARPlane m_Plane;
73.    Material m_FeatheredPlaneMaterial;
74. }
```

该脚本主要实现平面的渲染，并处理边界使其平滑渐隐。将 AR Feathered Plane Mesh Visualizer 挂载到 AR Default Plane 预制体上，完成之后的预制体组件脚本应该如图 3-5 所示。

编译运行，找一个富纹理平面进行平面检测，效果如图 3-6 所示。相比 AR Foundation 自带的平面可视化，个性化后的渲染视觉效果要好很多，而且在平面边界处也有一个渐隐的平滑过渡。

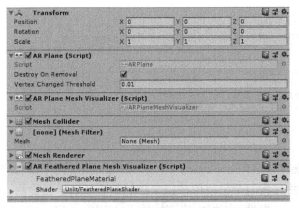

▲图 3-5　在 AR Default Plane 预制体上挂载可视化脚本

▲图 3-6　个性化渲染检测到平面效果图

3.1.4　开启与关闭平面检测

AR Foundation 使用 AR Plane Manager 来管理所有检测到的平面，这让平面管理变得非常容易。在实际应用开发中，我们通常都会有开启与关闭平面检测功能、显示与隐藏被检测到的平面等类似需求，利用 AR Plane Manager 可以方便地实现这些需求。

在前文我们学习过，AR Plane Manager 负责管理检测平面相关工作，其有一个属性 enabled，设置 enabled=true 即开启了平面检测；设置 enabled=false 则是关闭了平面检测，因此，我们可以非常方便地使用代码控制平面检测的开启与关闭。在前文中我们也学习到，AR Plane Manager 并不负责对检测到的平面进行可视化渲染，因此，在关闭平面检测后我们还应该取消已检测到平面的显示。

在 Unity 工程中，新建一个 C#脚本文件，命名为 PlaneDetection，编写如代码清单 3-3 所示代码。

代码清单 3-3

```
1.  using System.Collections;
2.  using System.Collections.Generic;
3.  using UnityEngine;
4.  using UnityEngine.XR.ARFoundation;
5.  using UnityEngine.UI;
6.  public class PlaneDetection : MonoBehaviour
```

```
7.    {
8.        public Text m_TogglePlaneDetectionText;
9.        private ARPlaneManager m_ARPlaneManager;
10.       void Awake()
11.       {
12.           m_ARPlaneManager = GetComponent<ARPlaneManager>();
13.       }
14.       #region 启用与禁用平面检测
15.       public void TogglePlaneDetection()
16.       {
17.           m_ARPlaneManager.enabled = !m_ARPlaneManager.enabled;
18.           string planeDetectionMessage = "";
19.           if (m_ARPlaneManager.enabled)
20.           {
21.               planeDetectionMessage = "禁用平面检测";
22.               SetAllPlanesActive(true);
23.           }
24.           else
25.           {
26.               planeDetectionMessage = "启用平面检测";
27.               SetAllPlanesActive(false);
28.           }
29.
30.           if (m_TogglePlaneDetectionText != null)
31.               m_TogglePlaneDetectionText.text = planeDetectionMessage;
32.       }
33.
34.       void SetAllPlanesActive(bool value)
35.       {
36.           foreach (var plane in m_ARPlaneManager.trackables)
37.               plane.gameObject.SetActive(value);
38.       }
39.       #endregion
40.   }
```

在上述代码中，首先引入了 UnityEngine.XR.ARFoundation 与 UnityEngine.UI 两个命名空间，因为我们要用到 AR Plane Manager，并且我们希望使用按钮来控制是否开启平面检测。在 Awake()方法中直接获取 AR Plane Manager 组件，该脚本应该挂载于 AR Plane Manager 组件相同的场景对象上。TogglePlaneDetection()是切换平面检测开关函数，我们使用按钮事件来控制该函数的调用，每调用一次该函数，我们首先切换 m_ARPlaneManager.enabled 的状态，即切换开启与关闭平面检测功能。SetAllPlanesActive()方法的主要目的是处理已检测到平面的显示，根据平面检测的状态决定已检测到的平面是否显示（这里需要注意的是，我们并没有使用 Destroy()方法销毁已检测的平面，因为从前文知道，AR Plane Manager 负责已检测到的平面的处理，并不需要我们手动地去销毁平面，事实上，手动销毁平面可能会引发错误）。

整个代码逻辑非常清晰，使用该脚本也很简单，我们只需将该脚本挂载在与 AR Plane Manager 组件相同的场景对象上，然后在 UI 中将一个 Button 的 OnClick 事件绑定到 TogglePlaneDetection()函数即可，如图 3-7 所示。

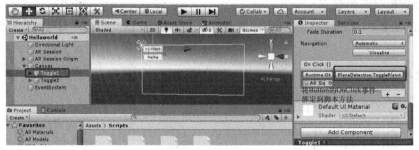

▲图 3-7 绑定 Button 的 OnClick 事件到 TogglePlaneDetection()方法

3.1.5 显示与隐藏已检测平面

在上节中，已经实现平面检测功能的开启与关闭，并对已检测到的平面进行了处理，上节的代码可以达到预期目标。同时我们也可以看到，即使我们关闭平面检测功能后，已检测到的平面依然是存在的，换而言之，开启与关闭平面检测功能并不会影响到已检测到的平面。

在关闭平面检测功能后，AR Foundation 将不会再检测新的平面，这有时并不是我们所希望的，在实际项目中，我们希望隐藏已检测到的平面，但继续保留平面检测功能，以便再次显示检测到的平面时能直接显示新检测到的平面而不用再去进行一遍平面检测工作。为实现这个功能，在 Unity 工程中，新建一个 C#脚本文件，命名为 PlaneDisplay，编写如代码清单 3-4 所示代码。

代码清单 3-4

```
1.   using System.Collections;
2.   using System.Collections.Generic;
3.   using UnityEngine;
4.   using UnityEngine.XR.ARFoundation;
5.   using UnityEngine.UI;
6.
7.   public class PlaneDisplay : MonoBehaviour
8.   {
9.       public Text m_TogglePlaneDetectionText;
10.      private ARPlaneManager m_ARPlaneManager;
11.      private bool isShow = true;
12.      private List<ARPlane> mPlanes;
13.      void Start()
14.      {
15.          m_ARPlaneManager = GetComponent<ARPlaneManager>();
16.          mPlanes = new List<ARPlane>();
17.          m_ARPlaneManager.planesChanged += OnPlaneChanged;
18.      }
19.      void OnDisable()
20.      {
21.          m_ARPlaneManager.planesChanged -= OnPlaneChanged;
22.      }
23.      #region 显示与隐藏检测的平面
24.      public void TogglePlaneDisplay()
25.      {
26.          string planeDisplayMessage = "";
27.          if (isShow)
28.          {
29.              planeDisplayMessage = "隐藏平面";
30.          }
31.          else
32.          {
33.              planeDisplayMessage = "显示平面";
34.          }
35.          for (int i = mPlanes.Count - 1; i >= 0; i--)
36.          {
37.              if (mPlanes[i] == null || mPlanes[i].gameObject == null)
38.                  mPlanes.Remove(mPlanes[i]);
39.              else
40.                  mPlanes[i].gameObject.SetActive(isShow);
41.          }
42.          if (m_TogglePlaneDetectionText != null)
43.              m_TogglePlaneDetectionText.text = planeDisplayMessage;
44.
45.          isShow = !isShow;
46.      }
47.
48.      private void OnPlaneChanged(ARPlanesChangedEventArgs arg)
49.      {
50.          for (int i = 0; i < arg.added.Count; i++)
51.          {
```

```
52.            mPlanes.Add(arg.added[i]);
53.            arg.added[i].gameObject.SetActive(isShow);
54.        }
55.    }
56.    #endregion
57. }
```

在上述代码中，首先引入 UnityEngine.XR.ARFoundation 与 UnityEngine.UI 两个命名空间。在 Start()方法中使用 m_ARPlaneManager.planesChanged += OnPlaneChanged 注册检测到的平面发生变化时的事件，通过 OnPlaneChanged()方法，我们把所有已检测到的平面保存在 mPlanes List 中，并处理了新检测到的平面的显示状态。TogglePlaneDisplay()函文是切换平面显示状态的开关函数，可以使用按钮事件来控制该函数的调用，每调用一次该函数，切换已检测到的平面的显示状态。这里需要注意的是，因为我们把所有已检测到的平面都保存在 mPlanes List 中，因此这个 List 中保存的是所有历史已检测到的平面，组件并不会主动删除过期失效的平面（在 AR Foundation 中，AR Plane Manager 组件负责新增、更新、删除平面，但并不会影响到我们保存的已检测到的平面），我们首先需要删除那些失效的平面，不然切换已失效平面的显示状态会引发错误。

> **提示** 事件注册与撤销一定是成双成对的，如代码清单 3-4 所示，在 Start()方法中进行了注册，在 OnDisable()方法中撤消了注册，如果事件没有在适当的时机撤销会引发难已排查的错误。

与上节中脚本使用一样，只需将该脚本挂载在与 AR Plane Manager 组件相同的场景对象上，然后在 UI 中使用一个 Button 的 OnClick 事件绑定到 TogglePlaneDisplay()函文即可。

本节平面检测功能启用和禁用与已检测到的平面显示和隐藏的功能测试效果如图 3-8 所示。

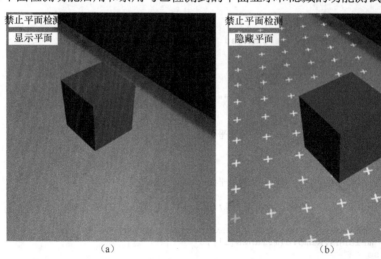

▲图 3-8　平面检测功能启用和禁用与已检测到的平面显示和隐藏的功能测试效果示意图

3.2　射线检测

射线检测（Hit testing、Raycasting）是在 3D 空间中选择虚拟物体的最基本方法。在 AR Foundation 中，除了使用 Physics.Raycast()进行碰撞检测之外，还提供了 AR Raycast Manager 组件专门用于在 AR 中处理射线与平面、特征点的碰撞检测。

3.2 射线检测

3.2.1 射线检测概念

Raycasting，直译为射线投射，通常我们根据它的作用称为射线检测。射线检测是在 3D 数字世界里选择某个特定物体常用的一种技术，如在 3D、VR 游戏中检测子弹命中敌人情况或者从地上捡起一支枪，都要用到射线检测。

在 AR 中，当检测并可视化一个平面后，如果需要在平面上放置虚拟物体，就会碰到一个问题，在平面上什么位置放置虚拟物体呢？要知道检测到的平面是三维的，而我们的手机屏幕显示的效果却是二维的，如何在二维的平面上选择三维放置点？解决这个问题的通常做法就是进行射线检测。

射线检测的基本思路是在三维世界中从一个点沿一个方向发射出一条无限长的射线，在射线的方向上，一旦与添加了碰撞器的模型发生碰撞，则产生一个碰撞检测对象。可以利用射线实现子弹击中目标的检测，也可以用射线来检测发生碰撞的位置，例如，我们可以从屏幕中用户单击的点，利用摄像机（AR 中就是我们的眼睛）的位置来构建一条射线，与场景中的平面进行碰撞检测，如果发生碰撞则返回碰撞的位置，这样就可以在检测到的平面上放置虚拟物体了，射线检测原理如图 3-9 所示。

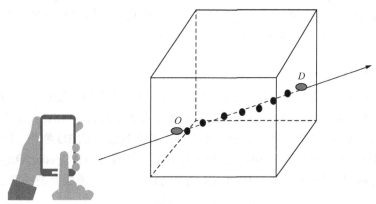

▲图 3-9 射线检测示意图

在图 3-9 中，对 AR 应用来说，用户操作的是其手机设备，Raycasing 的具体做法是检测用户单击屏幕的操作，以单击的位置为基准，连接该位置与摄像机就可以通过两点构成一条直线。从摄像机位置出发，通过单击的点就可以构建一条射线，利用该射线与场景中的物体进行碰撞检测，如果发生碰撞则返回碰撞对象，这就是 AR 中射线检测的技术原理。

其实在前文中，我们已经使用了射线检测，如代码清单 3-5 所示。

代码清单 3-5

```
1.  using System.Collections.Generic;
2.  using UnityEngine;
3.  using UnityEngine.XR.ARFoundation;
4.  using UnityEngine.XR.ARSubsystems;
5.
6.  [RequireComponent(typeof(ARRaycastManager))]
7.  public class AppControler : MonoBehaviour
8.  {
9.      public  GameObject spawnPrefab;
10.     static List<ARRaycastHit> Hits;
11.     private ARRaycastManager mRaycastManager;
12.     private GameObject spawnedObject = null;
13.     private void Start()
14.     {
```

```
15.         Hits = new List<ARRaycastHit>();
16.         mRaycastManager = GetComponent<ARRaycastManager>();
17.     }
18.
19.     void Update()
20.     {
21.         if (Input.touchCount == 0)
22.             return;
23.         var touch = Input.GetTouch(0);
24.         if (mRaycastManager.Raycast(touch.position, Hits, TrackableType.PlaneWithin
            Polygon | TrackableType.PlaneWithinBounds))
25.         {
26.             var hitPose = Hits[0].pose;
27.             if (spawnedObject == null)
28.             {
29.                 spawnedObject = Instantiate(spawnPrefab, hitPose.position, hitPose.rotation);
30.             }
31.             else
32.             {
33.                 spawnedObject.transform.position = hitPose.position;
34.             }
35.         }
36.     }
37. }
```

在上述代码中，我们使用 mRaycastManager.Raycast()方法做射线检测来确认放置虚拟物体的位置。事实上，在 AR 中，除非是对位置无要求的自动放置（如检测到的平面上长草），在精确放置虚拟物体时，通常都要做射线检测确定位置。

3.2.2 射线检测详解

AR Foundation 中的射线检测与 Unity 中 Physics 模块使用的射线检测相似，但提供了独立的接口，在 AR Foundation 中使用射线检测需要使用 AR Raycast Manager 组件，该组件只能用来检测平面、点云、2D 图像、人脸，不能用于检测场景中的 3D 物体。因为射线检测与被检测物体需要在同一个坐标空间中，所以该组件需要挂载在 AR Session Origin 对象上。

AR Foundation 作射线检测可以使用以下两个方法之一，其函数原型如表 3-1 所示。

表 3-1　　　　　　　　　　AR Foundation 射线检测方法

射线检测方法	描述
public bool Raycast(Vector2 screenPoint, List <ARRaycastHit> hitResults, TrackableType trackableTypeMask = TrackableType.All)	参数 1 为屏幕坐标点，参数 2 为所有与射线发生碰撞的对象列表，参数 3 为 Trackable 类型掩码（即只对一类或几类可跟踪对象进行射线检测），该方法的返回值为 bool 型，true 表示发生碰撞，false 表示未发生碰撞
public bool Raycast(Ray ray, List<ARRaycast Hit> hitResults, TrackableType trackableType Mask = TrackableType.All)	参数 1 为 Ray 类型的射线（包括位置与方向），参数 2 为所有与射线发生碰撞的对象列表，参数 3 为 Trackable 类型掩码（即只对一类或几类可跟踪对象进行射线检测），该方法的返回值为 bool 型，true 表示发生碰撞，false 表示未发生碰撞

trackableTypeMask 类型掩码用于过滤需要进行碰撞检测的对象类型——Trackable 类型，其值可以是表 3-2 所示属性值的一个，也可以是几个组合，如果是几个，采用按位或进行组合，如 TrackableType.PlaneWithinPolygon | TrackableType.FeaturePoint。

表 3-2　　　　　　　　　　TrackableType 属性

TrackableType 属性	描述
All	这个值用于与放置的所有物体发生碰撞检测。如果填写这个值，那么在 AR Foundation 中，发射的射线将与场景中的所有平面、多边形包围盒、带法线的特征点进行碰撞检测

续表

TrackableType 属性	描述
FeaturePoint	与当前帧点云中所有的特征点进行碰撞检测
None	此值用来表示 trackableHit 返回中没有碰撞发生,如果将此值传递给 Raycast,则不会得到任何碰撞结果
PlaneWithinPolygon	与已检测平面内的凸边界多边形进行碰撞检测
PlaneWithinBounds	与当前帧中已检测平面的包围盒进行碰撞检测
PlaneWithinInfinity	与已检测到的平面进行碰撞检测,但这个检测不仅仅局限于包围盒或者多边形,也可以与已检测平面的延展平面进行碰撞检测
FeaturePointWithSurfaceNormal	射线与评估平面进行碰撞检测,评估平面不一定能形成一个平面
Planes	射线与以上所有平面类型进行碰撞检测
Image	与 2D 图像进行射线检测
Face	与人脸进行射线检测

ARRaycastHit 类保存的是发生碰撞时检测的碰撞体相关信息,其主要属性如表 3-3 所示。

表 3-3　　　　　　　　　　　　　　ARRaycastHit 属性

ARRaycastHit 属性	描述
Distance	float 类型,获取从射线源到命中点的距离
trackableId	发生碰撞的可跟踪对象 ID
Pose	Pose 类型,获取射线检测击中的物体在 Unity 世界坐标中的姿态
hitType	Trackable 类型,获取命中的可跟踪对象,即前文所述的 8 种可跟踪类型之一(实际上,目前 AR Foundation 只能对平面、特征点、2D 图像、人脸做射线检测)
sessionRelativeDistance	在 Session 空间中从射线起点到碰撞点的距离
sessionRelativePose	在 Session 空间中碰撞点的姿态

在有了以上基础之后,我们就很容易理解上节代码清单 3-5 所示代码的逻辑及含义。首先是初始化一个 ARRaycastHit 类型的 List 数组用于保存所有与射线检测发生碰撞的可跟踪对象,这个 List 必须要完成初始化,不可为 null 值,这也是为了避免垃圾回收机制(Garbage Collection,GC)来回分配内存。然后调用射线检测方法对指定可跟踪对象进行碰撞检测,如果发生碰撞,就在 Hits[0](这是第一个与射线发生碰撞符合条件的可跟踪对象,也是离射线源最近的一个,通常这就是我们需要的结果)所在的位置放置虚拟物体。

3.3 点云与参考点

AR 是对现实环境的增强,运动跟踪可以解决"用户在现实环境中在哪里"的问题,但运动跟踪本身并不能解决"用户周边环境是什么"的问题。运动跟踪不能识别出平面,也不能识别出物体,但 AR 应用必须要能理解其所处的环境,知道哪里是水平平面,哪里是垂直平面,这样才能为用户带来真实感,特别是在多人共享同一个体验的情况下,AR 应用必须要能识别和融合多用户环境。

3.3.1 点云

点云是特征点的集合,特征点是指 AR Foundation 通过 VIO 检测捕获的摄像头图像中的视觉差异点，这些视觉差异点是从图像中明暗、颜色、灰度差异比较大的点中挑选出来的，AR Foundation 会实时更新这些特征点。在图 3-10 中，花瓶周边的小点即为特征点。在时间的推移中，一部分特征点会被删除，同时也会有新的特征点不断地加入，通过算法能获取比较稳定的特征点，这些稳定的特征点在机器视觉中就可以被解析成特定的位置信息，通过特征点随时间的变化情况即可计算出其位置变化情况。检测的特征点信息与设备 IMU 的惯性测量结果结合，不仅可以跟踪用户（手机设备）随着时间推移而相对于周围世界的姿态，还可以大致了解用户周边的环境结构。除此

▲图 3-10　图像中的特征点示意图

以外，AR Foundation 也通过特征点来检测平面，在前节平面管理的内容中我们看到，AR Plane 组件有一个 Vertex Changed Threshold 属性，这个属性就是用来判断特征点是否属于同一平面的阀值。

众多的特征点即可构成特征点云，简称点云。点云可以在帧与帧之间发生变化，在一些平台上，只生成一个点云，而另一些平台则将其特征点组织到不同空间区域的不同点云中。

在 AR Foundation 中，通常认为单个特征点是不可被跟踪的，而点云则是可跟踪的，但是，特征点可以在帧与帧之间被识别，因为它们具有唯一的标识符。

每一个特征点都有 Vector3 类型的位置信息（positions）以及 ulong 类型的 id（identifiers）和 float 类型的置信值（confidence Value）。特征点的位置信息是 Session 空间中的坐标值，可以通过 ARPointCloud.position 来获取。每一个特征点都有一个独一无二的 ID 标识符，可以通过 ARPointCloud.identifiers 来获取，其在 Unity 中的类型为 ulong 类型，但在各平台的具体类型与平台相关。置信值表示 AR Foundation 对每个特征点的信心程度，范围为（0，1），值越大表示对这个特征点越确信。

点云由 AR Point Cloud Manager 组件负责管理，该组件负责点云的创建以及特征点的创建、更新、移除。特征点检测的启用和禁用、特征点的显示和隐藏与平面处理方式完全一致。

点云数据可以辅助平面检测，更重要的是点云数据是环境重建的基础，这对 AR 理解环境非常关键。随着时间的延长，点云数据中的特征点会迅速增长，为了防止特征点过多而影响性能，点云中的总特征点必须要控制在一定的数值范围内，如 ARCore 将特征点的最大数限制在 61 440 个。

下面演示可视化点云信息。新建一个工程，在 Hierarchy 窗口空白处右击，依次选择 XR➤AR Default Point Cloud 创建一个点云对象，如图 3-11 所示。

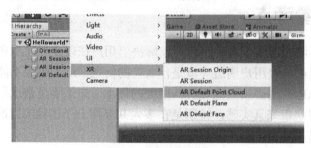

▲图 3-11　新建点云对象

将 AR Default Point Cloud 对象从 Hierarchy 窗口拖动到 Project 窗口中的 Prefabs 文件夹下制作成一个 Prefab，在 Hierarchy 中选择 AR Session Origin 对象，然后在其 Inspector 窗口

中为其添加 AR Point Cloud Manager 组件，并将刚才制作好的 AR Default Point Cloud 预制体拖到 AR Point Cloud Manager 组件下的 Point Cloud Prefab 属性框中，最后删除 Hierarchy 窗口中的 AR Default Point Cloud 对象，如图 3-12 所示。

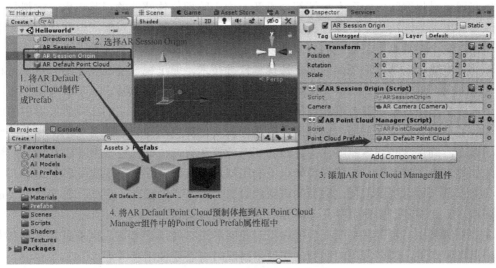

▲图 3-12　可视化点云信息步骤

编译运行，找一个富纹理物体或表面，左右移动手机，这时 AR Foundation 会对特征点进行检测，效果如图 3-13 所示。

▲图 3-13　可视化点云信息效果图

> **提示**　本节所演示的点云数据会实时变化，置信值小的点云数据会被移除，新的点云数据会被加入，因此，如果读者希望保存所有检测到的点云数据，可以将这些数据存储在 Dictionary 或者 List 中，这对一些应用，如网格重建、遮挡实现会非常有用。

3.3.2　参考点

AR Foundation 中的参考点（Reference Point）与 ARCore 中的 Anchor 或 ARKit 中的 ARAnchor 其实是同一概念，Anchor 中文意思为锚点，锚点的原意是不让船舶飘移的固定锚，这里用来指将虚拟物体固定在 AR 空间上的一种技术。由于跟踪使用的陀螺仪传感器的特性，误差会随着时间积累，所以需要通过图像检测等方式对误差进行修正，此时，如果已存在于空间上的对象不同步进行校正则会出现偏差，锚点的功能即绑定虚拟物体与 AR 空间位置。被赋予 Anchor 的对象将被视为固定在空间上的特定位置，并自动进行位置校正，因此锚点可以确保物体在空间中保持相同的位置和方向,让虚拟物体在 AR 场景中看起来待在原地不动。

参考点的工作原理如下。

在 AR 应用中,摄像头和虚拟物体在现实世界空间中的位置会在帧与帧之间更新,即虚拟物体在现实世界空间中的姿态每帧都会更新。由于陀螺仪传感器的误差积累,虚拟物体会出现飘移现象。为解决这个问题,我们需要使用一个参考点将虚拟对象固定在现实空间中,如前所述,这个参考点姿态信息的偏差必须要能用某种方式消除以确保参考点的姿态不会随着时间而发生变化。消除这个偏差的就是视觉校准技术,通过视觉校准能让参考点保持相同的位置与方向,这样,连接到该参考点的虚拟对象也就不会出现飘移。一个参考点上可以连接一个或多个虚拟对象,参考点和连接到它上面的物体看起来会在它们在现实世界中的放置位置,随着参考点姿态在每帧中进行调整以适应现实世界空间更新,参考点也将相应地更新物体的姿态,确保这些物体能够保持它们的相对位置和方向,即使在参考点姿态调整的情况下也能如此。有了参考点,连接到参考点上的虚拟对象就像是固定在现实世界空间中。

参考点是一种对资源消耗比较大的可跟踪对象,参考点的跟踪、更新、管理需要大量的计算开销,因此需要谨慎使用并在不需要的时候分离参考点。

在前文例子中,我们在平面上放置虚拟对象时并没有使用参考点,也未见官方对参考点使用给出指导意见,结合自己的经验,在以下情况时有必要使用参考点。

(1)保持两个或多个虚拟对象的相对位置。在这种情况下,我们可以将两个或多个虚拟物体挂载在同一个参考点下,这样,参考点会使用相同的矩阵更新挂载在其下的虚拟对象,因此可以保持它们之间的位置关系不受其他因素影响。

(2)保证虚拟物体的独立性。在前文中,我们在平面上放置了虚拟物体,在放置虚拟物体时我们使用的是射线检测的方式将虚拟物体挂载在了平面上,通常情况下这没有问题,但如果后来因为某种原因 AR Plane Manager 被禁用、平面被销毁或者隐藏,就会影响到以平面为参考的虚拟物体位置的稳定性,导致虚拟物体漂移。在这种情况下,如果我们使用了参考点,将虚拟物体挂载在参考点下就能保持虚拟物体的独立性,而不会受到平面状态的影响。

(3)提高跟踪稳定性。使用参考点即通知跟踪系统需要独立跟踪该点从而提高挂载在该参考点上虚拟物体的稳定性。

(4)保持跟踪对象与平面的相对位置稳定。使用 AttachReferencePoint()方法可以将一个参考点与平面绑定起来,从而保持挂载在该参考点下的虚拟物体与平面保持关系一致。如在一个垂直平面上使用 AttachReferencePoint()方法建立一个参考点,在参考点更新时就会锁定 x、z 分量值,从而保持参考点与平面位置关系始终一致。

在 AR Foundation 中,AR Reference Point Manager 提供了如表 3-4 所示方法管理参考点。

表 3-4　　　　　　　　　　AR Reference Point Manager 提供的方法

方法	类型	描述
AddReferencePoint(Pose)	方法	用给定的 Pose 添加一个参考点,Pose 为世界坐标空间中的姿态,返回一个新的 ARReferencePoint
AttachReferencePoint(ARPlane, Pose)	方法	用给定的 Pose 创建一个相对于已检测到平面的 ARReferencePoint,其中 ARPlane 是一个已检测到的平面,Pose 为世界坐标空间中的姿态
RemoveReferencePoint(ARReferencePoint)	方法	移除一个 ARReferencePoint,如果移除成功则返回 true,如果返回 false 通常意味着这个 ARReferencePoint 已经不在跟踪状态

3.3 点云与参考点

续表

方法	类型	描述
referencePointsChanged	事件	在 ARReferencePoint 发生变化时触发的事件，如创建一个新的 ARReferencePoint、对一个现存的 ARReferencePoint 进行更新、移除一个 ARReferencePoint

AddReferencePoint(Pose)方法与 AttachReferencePoint(ARPlane,Pose)方法的区别在于，AddReferencePoint(Pose)是创建一个参考点，并要求跟踪系统跟踪空间中的这个特定位置，如果 Session 发生变化时它可能会更新；AttachReferencePoint(ARPlane, Pose)方法是将一个参考点"附加"到一个平面上，该参考点会保持与平面的相对距离。例如，如果平面是水平的，则参考点仅在平面的 y 位置更改时上下移动，其他情况下 y 值不会发生变化，这对于在平面上或平面附近"粘贴"虚拟对象很有用。

在添加 ARReferencePoint 时需要注意的是，添加一个 ARReferencePoint 需要一到两帧的时间，在添加 ARReferencePoint 操作执行后到添加成功之前，添加的 ARReferencePoint 处于"pending"状态，这个"pending"状态值可以通过 ARReferencePoint.pending 属性进行查询。同样，移除一个 ARReferencePoint 也需要一到两帧的时间，如果尝试移除一个还没有添加成功的 ARReferencePoint，不会有任何效果。同时，一定不要手动使用 Destroy()方法去销毁 ARReferencePoint，这会引发错误。如前文所述，ARReferencePoint 由 ARReferencePointManager 负责管理，所以务必要使用 RemoveReferencePoint(ARReferencePoint)方法移除 ARReferencePoint。

使用参考点的注意事项。

（1）尽可能复用参考点。在大多数情况下，应当让多个相互靠近的物体使用同一个参考点，而不是为每个物体创建一个新参考点。如果物体需要保持与现实世界空间中的某个可跟踪对象或位置之间独特的空间关系，则需要为对象创建新参考点。因为参考点将独立调整姿态以响应 AR Foundation 在每一帧中对现实世界空间的估算，如果场景中的每个物体都有自己的参考点，则会带来很大的性能开销。另外，独立锚定的虚拟对象可以相对彼此平移或旋转，从而破坏虚拟物体的相对位置应保持不变的 AR 场景体验。

例如，假设 AR 应用可以让用户在房间内布置虚拟家具。当用户打开应用时，AR Foundation 会以平面形式开始跟踪房间中的桌面和地板。用户在桌面上放置一盏虚拟台灯，然后在地板上放置一把虚拟椅子，在此情况下，应将一个参考点连接到桌面平面，将另一个参考点连接到地板平面。如果用户向桌面添加另一盏虚拟台灯，此时我们可以重用已经连接到桌面平面的参考点。这样，两个台灯看起来都粘在桌面平面上，并保持它们之间的相对位置，椅子也会保持它相对于地板平面的位置。

（2）保持物体靠近参考点。锚定物体时，最好让需要连接的虚拟对象尽量靠近参考点，避免将物体放置在离参考点几米远的地方，以免由于 AR Foundation 更新现实世界空间坐标而产生意外的旋转运动。如果确实需要将物体放置在离现有参考点几米远的地方，应该创建一个更靠近此位置的新参考点，并将物体连接到新参考点。

（3）分离未使用的参考点。为提升应用的性能，通常需要将不再使用的参考点分离。因为对于每个可跟踪对象都会产生一定的 CPU 开销，AR Foundation 不会释放具有连接参考点的可跟踪对象，从而造成无谓的性能损失。

下面我们演示参考点的使用方法，在 Unity 工程中，新建一个 C#脚本，命名为 ReferencePointController，编写如代码清单 3-6 所示代码。

代码清单 3-6

```
1.  [RequireComponent(typeof(ARReferencePointManager))]
2.  public class ReferencePointController : MonoBehaviour
3.  {
4.      public Camera mCamera;
5.      public GameObject spawnPrefab;
6.      private GameObject spawnedObject = null;
7.      private ARReferencePointManager mARReferencePointManager;
8.      private float distance = 0.5f;
9.      private void Start()
10.     {
11.         mARReferencePointManager = transform.GetComponent<ARReferencePointManager>();
12.     }
13. 
14.     void Update()
15.     {
16.         if (Input.touchCount == 0)
17.             return;
18.         var touch = Input.GetTouch(0);
19.         if (spawnedObject == null)
20.         {
21.             Vector3 mMenu = mCamera.transform.forward.normalized * distance;
22.             Pose mPose = new Pose(mCamera.transform.position + mMenu,
                    mCamera.transform.rotation);
23.             ARReferencePoint mReferencePoint = mARReferencePointManager
                    .AddReferencePoint(mPose);
24.             spawnedObject = Instantiate(spawnPrefab, mCamera.transform.position +
                    mMenu, mCamera.transform.rotation, mReferencePoint.gameObject.transform);
25.         }
26.     }
27. }
```

在代码清单 3-6 中，我们传入了 ARCamera，这么做主要是为了获取当前设备坐标信息，因为我们的目标是在用户设备正前方 0.5 米远的地方放置一个参考点，并在这个参考点上连接一个正方体。在参考点上连接对象其实就是在参考点下挂载子对象，这样就可以保证参考点不动则挂载在其下的子对象也不会动，起到锚定对象的作用。

将该脚本挂载在 AR Session Origin 对象上，并设置好相应的属性，编译运行，单击屏幕即会在手机正前方 0.5 米远的地方出现一个红色正方体。使用这种方法无需事先检测平面或者特征点，效果如图 3-14 所示。

▲图 3-14 在空中锚定虚拟对象效果示意图

3.4 平面分类

AR Foundation 在检测平面时，不仅可以检测水平平面和垂直平面，还可以利用已检测到的平面的法向方向分辨出平面的正面或者反面。在 3.0 版后，AR Foundation 还可以对检测到的平面进行预分类，即把检测到的平面分为桌面、地面、墙面等等，分类类型由 PlaneClassification 枚举描述，如表 3-5 所示。

表 3-5　　　　　　　　　　　　PlaneClassification 枚举

枚举值	描述
None	未能识别检测的平面
Wall	墙面

3.4 平面分类

续表

枚举值	描述
Floor	地面
Ceiling	天花板
Table	桌面
Seat	椅子
Door	门
Window	窗

AR Foundation 对平面的预分类存储在 AR Plane 组件的 classification 属性中，因此，我们可以直接通过该组件获取平面分类结果。

下面演示平面分类的用法，以第 1 章 Helloworld 工程为基础，打开该工程，新建一个 C# 脚本，命名为 PlaneClassificationLabeler。该脚本主要完成两个任务，第一个是根据 classification 属性的不同值改变平面渲染的颜色，另一个是在已检测到的平面上显示平面分类名。核心代码如代码清单 3-7 所示。

代码清单 3-7

```
1.   void UpdateLabel()
2.   {
3.       m_TextMesh.text = m_ARPlane.classification.ToString();
4.       m_TextObj.transform.position = m_ARPlane.center;
5.       m_TextObj.transform.LookAt(Camera.main.transform);
6.       m_TextObj.transform.Rotate(m_TextFlipVec);
7.   }
8.
9.   void UpdatePlaneColor()
10.  {
11.      Color planeMatColor = Color.cyan;
12.      switch (m_ARplane.classification)
13.      {
14.          case PlaneClassification.None:
15.              planeMatColor = Color.cyan;
16.              break;
17.          case PlaneClassification.Wall:
18.              planeMatColor = Color.white;
19.              break;
20.          case PlaneClassification.Floor:
21.              planeMatColor = Color.green;
22.              break;
23.          case PlaneClassification.Ceiling:
24.              planeMatColor = Color.blue;
25.              break;
26.          case PlaneClassification.Table:
27.              planeMatColor = Color.yellow;
28.              break;
29.          case PlaneClassification.Seat:
30.              planeMatColor = Color.magenta;
31.              break;
32.          case PlaneClassification.Door:
33.              planeMatColor = Color.red;
34.              break;
35.          case PlaneClassification.Window:
36.              planeMatColor = Color.clear;
37.              break;
38.      }
39.      planeMatColor.a = 0.33f;
40.      m_PlaneMeshRenderer.material.color = planeMatColor;
41.  }
```

UpdateLabel()方法负责显示平面分类名，并使文字以公告板的形式始终面向用户。UpdatePlaneColor()方法负责以不同颜色渲染已检测到的不同分类平面。因为平面预分类信息存储在 AR Plane 中，为简化操作，我们将 PlaneClassificationLabeler 脚本挂载在平面预制体 AR Default Plane 上。另外由于需要显示 UI，所以还需要在该 Prefab 上挂载 Canvas Renderer 组件，并且将 Transform 组件变更为 RectTransform，其余都不用修改。编译运行，扫描不同的平面，可以看到平面分类效果如图 3-15 所示。

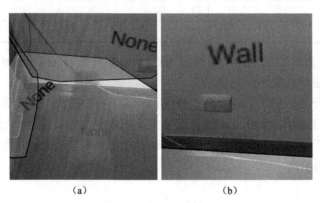

▲图 3-15 平面分类效果图

经测试发现，目前 AR Foundation 平面分类功能还有待完善，检测的准确性还有待提高，Android 手机基本检测不出分类，iPhone 可以检测出分类，但分类划分也不是很准确。

第 4 章　图像与物体检测跟踪

对 2D 图像进行检测与跟踪是 AR 应用得最早的领域之一。利用摄像头获取的图像数据，通过计算机图形图像算法对图像中的特定 2D 图像进行检测识别与姿态跟踪，并利用 2D 图像的姿态叠加虚拟物体对象，这种方法也称之为 Marker Based AR。对 3D 物体检测跟踪则是对真实环境中的物体而不是 2D 图像进行检测识别跟踪，其利用人工智能技术实时对环境中的 3D 物体进行检测并评估其姿态，相比 2D 图像，3D 物体检测识别跟踪对设备软硬件要求高得多。本章我们主要学习利用 AR Foundation 检测识别与跟踪 2D 图像和 3D 物体的方法。

4.1　2D 图像检测跟踪

图像检测跟踪是指通过图像处理技术对摄像机中拍摄到的 2D 图像进行检测识别定位，并对其姿态进行跟踪的技术。图像检测跟踪的基础是图像识别，图像识别是指识别和检测出数字图像或视频中对象或特征的技术，图像识别技术是信息时代的一门重要技术，其产生目的是让计算机代替人类去处理大量的图形图像及真实物体信息，它是众多其他技术的基础。

4.1.1　图像跟踪基本操作

在 AR Foundation 中，图像跟踪系统依据参考图像库中的图像信息尝试在周围环境中检测到匹配的 2D 图像并跟踪。在 AR Foundation 的图像跟踪处理中，有一些特定的术语如表 4-1 所示。

表 4-1　　　　　　　　　　　　　图像跟踪术语表

术语	描述说明
Reference Image	识别 2D 图像的过程实际是一个特征值对比的过程，AR Foundation 将从摄像头中获取的图像信息与参考图像库的图像特征值信息进行对比，存储在参考图像库中的用于对比的图像就叫做参考图像。一旦对比成功，真实环境中的图像将与参考图像库的参考图像建立对应关系，每一个真实 2D 图像的姿态信息也一并被检测
Reference Image Library	参考图像库用来存储一系列用于对比的参考图像，每一个图像跟踪程序都必须有一个参考图像库。需要注意的是，参考图像库中存储的实际是参考图像的特征值信息而不是原始图像，这有助于提高对比速度和增强鲁棒性。参考图像库越大，图像对比就会越慢，建议存储于参考图像库的图像不要超过 1000 张
Provider	AR Foundation 是架构在底层 SDK 图像跟踪 API 之上的，也就是说 AR Foundation 并不具体负责图像识别过程的算法，它只提供一个接口，具体图像识别由算法提供方提供

在 AR Foundation 中，图像跟踪的操作使用分成两步，第一步是建立一个参考图像库，第二步是在场景中挂载 AR Tracked Image Manager 组件，并将一个需要实例化的 Prefab 赋给

其Tracked Image Prefab属性，下面我们来具体操作。

按上述步骤，在Unity中新建一个工程。首先建立一个参考图像库，在Project窗口中的ImageLib文件夹下右击并依次选择Create➤XR➤Reference Image Library创建一个参考图像库，命名为RefImageLib，如图4-1所示。

▲图4-1　新建参考图像库

选择新建的RefImageLib参考图像库，在Inspector窗口中，单击"Add Image"添加参考图像。将参考图像拖到图像框中，如图4-2所示。

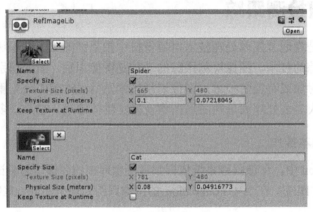

▲图4-2　添加参考图像

在图4-2中，每一个参考图像除了图像信息外还有若干属性，其具体含义如表4-2所示。

表4-2　　　　　　　　　　参考图像属性术语表

术语	描述说明
Name	一个标识参考图像的名字，这个名字在做图像对比时没有作用，但在对比匹配成功后我们可以通过参考图像名字获知是哪个参考图像。参考图像名字可以重复，因为在跟踪时，跟踪系统还会给每一个参考图像一个referenceImage.guid值，利用这个值唯一标识每一个参考图像
Specify Size	这是个可选值，可加速图像检测识别过程。一些底层SDK要求提供一个2D待检测图像的真实物理尺寸，所以如果要设置，这个值一定是一个大于0的长宽值对，当一个值发生变化时，Unity会根据参考图像的比例自动调整另一个值
Keep Texture at Runtime	一个默认的纹理。这个纹理可以用于修改Prefab的外观

完成上述工作之后，在Hierarchy窗口中选择AR Session Origin，并为其挂载AR Tracked Image

Manager 组件，将第一步制作的 RefImageLib 参考图像库拖到 Reference Library 属性中，并设置相应的 Prefab，如图 4-3 所示。

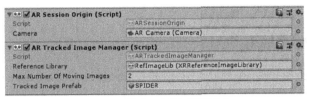

▲图 4-3 挂载图像检测跟踪组件

参考图像库也可以在运行时动态添加，不过一旦 AR Tracked Image Manager 开始进行图像检测跟踪，参考图像库就不能为 null。Max Number of Moving Images 属性指定了最大可跟踪的动态图像数，动态图像是指被跟踪图像可以旋转、平移等，即被跟踪图像姿态会发生变化。动态图像跟踪是非常消耗 CPU 性能的任务，过多的动态图像跟踪会导致应用卡顿。最后需要说明的是，动态图像跟踪与底层 SDK 的算法有非常大的关系，不同的底层 SDK 对跟踪图像有不同的要求，对于特定平台具体应用需要参阅该平台的 SDK 资料。

编译运行，跟踪效果如图 4-4 所示，如果是在 Android 上进行测试，观察实例化的虚拟对象，发现模型在 y 轴上旋转了 180 度，这个是在实例化时 ARCore 底层 SDK 导致的。为解决这个问题，在 ARCore 中实例化虚拟对象时需要将 y 轴再旋转 180 度，但在 AR Foundation 中，实例化虚拟物体是由 AR Tracked Image Manager 自动完成的，无法干预，所以目前在 AR Foundation 中解决这个问题只有把模型进行 180 度旋转再使用。

> **提示** 如果将 Tracked Image Prefab 设置为一个播放视频的 Prefab，在检测到 2D 图像时，AR 应用就可以播放相应视频，并且 AR Foundation 会自动调整视频尺寸和姿态以适应 2D 图像大小尺寸与姿态，在检测到的 2D 图像上播放视频的功能在一些场景中很有用。视频播放功能请参见第 11 章及本书配套案例。

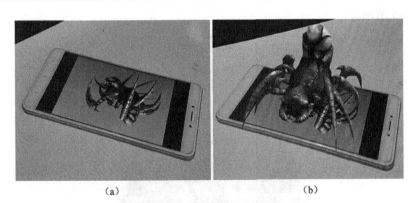

▲图 4-4 图像识别跟踪效果图

4.1.2 图像跟踪启用与禁用

在 AR Foundation 中，实例化出来的虚拟对象并不会随着被跟踪 2D 图像的消失而消失（即在实例化虚拟对象后拿走 2D 图像，虚拟对象并不会跟着消失），而是会继续停留在原来的位置上，这有时就会变得很不合适。而且，图像跟踪是一个非常消耗性能的功能，在不使用图像跟踪时一般要把图像跟踪功能关闭。参考平面检测功能的启用与禁用，类似的我们可以编写如代码清单 4-1 所示代码来控制图像跟踪的启用与禁用以及所跟踪对象的显示与隐藏。

代码清单 4-1

```
1.   public Text m_TogglePlaneDetectionText;
2.   private ARTrackedImageManager mARTrackedImageManager;
3.   void Awake()
4.   {
5.       mARTrackedImageManager = GetComponent<ARTrackedImageManager>();
6.   }
7.
8.   #region 启用与禁用图像跟踪
9.   public void ToggleImageTracking()
10.  {
11.      mARTrackedImageManager.enabled = !mARTrackedImageManager.enabled;
12.
13.      string planeDetectionMessage = "";
14.      if (mARTrackedImageManager.enabled)
15.      {
16.          planeDetectionMessage = "禁用图像跟踪";
17.          SetAllImagesActive(true);
18.      }
19.      else
20.      {
21.          planeDetectionMessage = "启用图像跟踪";
22.          SetAllImagesActive(false);
23.      }
24.
25.      if (m_TogglePlaneDetectionText != null)
26.          m_TogglePlaneDetectionText.text = planeDetectionMessage;
27.  }
28.
29.  void SetAllImagesActive(bool value)
30.  {
31.      foreach (var img in mARTrackedImageManager.trackables)
32.          img.gameObject.SetActive(value);
33.  }
34.  #endregion
```

和平面检测功能启用与禁用类似，我们使用一个按钮来控制图像跟踪的启用与禁用，运行效果如图 4-5 所示。

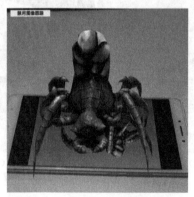

▲图 4-5　启用与禁用图像跟踪效果示意图

4.1.3　多图像跟踪

在 AR Tracked Image Manager 组件中，有一个 Tracked Image Prefab 属性，这个属性用于实例化虚拟对象。在默认情况下，AR Foundation 是支持多图像跟踪的，如图 4-6 所示。

4.1 2D 图像检测跟踪

▲图 4-6　AR Foundation 默认支持多图像跟踪

但在 AR 应用运行时，只能有一个 AR Tracked Image Manager 组件运行（多个 AR Tracked Image Manager 组件会导致跟踪冲突），这样就只能设置一个 Tracked Image Prefab 属性，即不能实例化多个虚拟对象，这将极大地限制图像跟踪的实际应用，所以为了实例化多个虚拟对象，我们只能动态地修改 Tracked Image Prefab 属性。经过测试，我们发现在 AR Foundation 中，AR Tracked Image Manager 组件在 trackedImagesChanged 事件触发之前就已经实例化了虚拟对象，因此这样就无法通过在 trackedImagesChanged 事件中修改 Tracked Image Prefab 属性达到实时改变需要实例化的虚拟对象的目的。

鉴于此，我们的解决思路是：在 AR Tracked Image Manager 组件的 Tracked Image Prefab 中设置第一个需要实例化的 Prefab，然后在 trackedImagesChanged 事件中捕捉图像 added 操作，更改 Tracked Image Prefab 为下一个需要实例化的 Prefab，来达到动态调整虚拟对象的目的。如正常设置 Tracked Image Prefab 为 SpiderPrefab，在检测到 Spider 图像后，我们将 Tracked Image Prefab 修改为 CatPrefab，这样，再检测到 Cat 图像后就会实例化 CatPrefab 了。新建一个 C# 脚本，命名为 MultiImageTracking，代码如代码清单 4-2 所示。

代码清单 4-2

```
1.  using System.Collections;
2.  using System.Collections.Generic;
3.  using UnityEngine;
4.  using UnityEngine.XR.ARFoundation;
5.
6.  public class MultiImageTracking : MonoBehaviour
7.  {
8.      ARTrackedImageManager ImgTrackedmanager;
9.      public GameObject[] ObjectPrefabs;
10.
11.     private void Awake()
12.     {
13.         ImgTrackedmanager = GetComponent<ARTrackedImageManager>();
14.     }
15.
16.
17.     private void OnEnable()
18.     {
19.         ImgTrackedmanager.trackedImagesChanged += OnTrackedImagesChanged;
20.     }
21.     void OnDisable()
22.     {
23.         ImgTrackedmanager.trackedImagesChanged -= OnTrackedImagesChanged;
24.     }
25.     void OnTrackedImagesChanged(ARTrackedImagesChangedEventArgs eventArgs)
26.     {
27.         foreach (var trackedImage in eventArgs.added)
```

```
28.        {
29.            OnImagesChanged(trackedImage.referenceImage.name);
30.        }
31.        // foreach (var trackedImage in eventArgs.updated)
32.        // {
33.        //     OnImagesChanged(trackedImage.referenceImage.name);
34.        // }
35.    }
36.
37.    private void OnImagesChanged(string referenceImageName)
38.    {
39.        if (referenceImageName == "Spider")
40.        {
41.            ImgTrackedmanager.trackedImagePrefab = ObjectPrefabs[1];
42.            Debug.Log("Tracked Name is .." + referenceImageName);
43.            Debug.Log("Prefab Name is .." + ImgTrackedmanager.trackedImagePrefab.name);
44.        }
45.        if (referenceImageName == "Cat")
46.        {
47.            ImgTrackedmanager.trackedImagePrefab = ObjectPrefabs[0];
48.        }
49.    }
50. }
```

编译运行，先扫描识别 Spider，待实例化 Spider 虚拟对象后再扫描 Cat，这时就会实例化 Cat 虚拟对象了，效果如图 4-7 所示。

读者可能已经看到，这种方式其实有个很大的弊端，即必须要按顺序检测图像，但我们无法在用户检测图像之前预测用户可能会检测的 2D 图像。为解决这个问题，就不能使用 AR Tracked Image Manager 组件实例化对象，而应由我们自己负责虚拟对象的实例化。将 AR

▲图 4-7 实例化多个虚拟对象示意图

Tracked Image Manager 组件下的 Tracked Image Prefab 属性清空，为 Multi Image Tracking 脚本的 ObjectPrefabs 数组赋上相应的值，并编写代码清单 4-3 所示代码。

代码清单 4-3

```
1.  using System.Collections;
2.  using System.Collections.Generic;
3.  using UnityEngine;
4.  using UnityEngine.XR.ARFoundation;
5.
6.  public class MultiImageTracking : MonoBehaviour
7.  {
8.      ARTrackedImageManager ImgTrackedmanager;
9.      public GameObject[] ObjectPrefabs;
10.
11.     private void Awake()
12.     {
13.         ImgTrackedmanager = GetComponent<ARTrackedImageManager>();
14.     }
15.
16.     private void OnEnable()
17.     {
18.         ImgTrackedmanager.trackedImagesChanged += OnTrackedImagesChanged;
19.     }
20.     void OnDisable()
21.     {
22.         ImgTrackedmanager.trackedImagesChanged -= OnTrackedImagesChanged;
23.     }
24.     void OnTrackedImagesChanged(ARTrackedImagesChangedEventArgs eventArgs)
```

```
25.     {
26.         foreach (var trackedImage in eventArgs.added)
27.         {
28.             OnImagesChanged(trackedImage);
29.         }
30.         // foreach (var trackedImage in eventArgs.updated)
31.         // {
32.         //     OnImagesChanged(trackedImage.referenceImage.name);
33.         // }
34.     }
35.
36.     private void OnImagesChanged(ARTrackedImage referenceImage)
37.     {
38.         if (referenceImage.referenceImage.name == "Spider")
39.         {
40.             Instantiate(ObjectPrefabs[0], referenceImage.transform);
41.         }
42.         if (referenceImage.referenceImage.name == "Cat")
43.         {
44.             Instantiate(ObjectPrefabs[1], referenceImage.transform);
45.         }
46.     }
47. }
```

因为 Tracked Image Prefab 属性为空，AR Tracked Image Manager 组件不会实例化任何虚拟对象，需要我们自己负责虚拟对象的实例化。在上述代码中，我们在 trackedImagesChanged 事件中捕捉到图像 added 操作，根据参考图像的名字在被检测图像的位置实例化虚拟对象，实现了我们的要求，不再要求用户按顺序扫描图像。但现在又有一个新问题，我们不可能使用 if…else 或者 switch…case 语句遍历所有可用的模型，因此我们可改用动态加载模型的方式，编写代码清单 4-4 所示代码。

代码清单 4-4
```
1.  using System.Collections;
2.  using System.Collections.Generic;
3.  using UnityEngine;
4.  using UnityEngine.XR.ARFoundation;
5.
6.  public class MultiImageTracking : MonoBehaviour
7.  {
8.      ARTrackedImageManager ImgTrackedManager;
9.      private Dictionary<string, GameObject> mPrefabs = new Dictionary<string, GameObject>();
10.
11.     private void Awake()
12.     {
13.         ImgTrackedManager = GetComponent<ARTrackedImageManager>();
14.     }
15.
16.     void Start()
17.     {
18.         mPrefabs.Add("Cat", Resources.Load("Cat") as GameObject);
19.         mPrefabs.Add("Spider", Resources.Load("Spider") as GameObject);
20.     }
21.
22.     private void OnEnable()
23.     {
24.         ImgTrackedManager.trackedImagesChanged += OnTrackedImagesChanged;
25.     }
26.     void OnDisable()
27.     {
28.         ImgTrackedManager.trackedImagesChanged -= OnTrackedImagesChanged;
29.     }
30.     void OnTrackedImagesChanged(ARTrackedImagesChangedEventArgs eventArgs)
31.     {
32.         foreach (var trackedImage in eventArgs.added)
```

```
33.         {
34.             OnImagesChanged(trackedImage);
35.         }
36.         // foreach (var trackedImage in eventArgs.updated)
37.         // {
38.         //     OnImagesChanged(trackedImage.referenceImage.name);
39.         // }
40.     }
41.
42.     private void OnImagesChanged(ARTrackedImage referenceImage)
43.     {
44.         Debug.Log("Image name:"+ referenceImage.referenceImage.name);
45.         Instantiate(mPrefabs[referenceImage.referenceImage.name], referenceImage.transform);
46.     }
47. }
```

为了实现代码所描述的功能，我们还要完成两项工作。第一项工作是将 Prefabs 放到 Resources 文件夹中方便动态加载，第二项工作是保证 mPrefabs 字典中的 key 值与 RefImageLib 参考图像库中的参考图像名一致。至此，我们已实现自由的多图像多模型功能。

4.1.4　运行时创建参考图像库

参考图像库可以在编辑时创建并设置好，这种方式简单方便，但有时无法满足应用需求。在 AR Foundation 中，也支持在运行时动态创建参考图像库，从前文的学习我们知道，AR Tracked Image Manager 组件在启用时其参考图像库必须不为 null 值，不然该组件不会启动，因此，在使用图像检测识别跟踪功能时，必须确保在 AR Tracked Image Manager 组件启用之前设置好参考图像库。我们可以使用代码清单 4-5 所示代码动态地添加 AR Tracked Image Manager 组件及参考图像库。

代码清单 4-5

```
1. trackImageManager = gameObject.AddComponent<ARTrackedImageManager>();
2. trackImageManager.referenceLibrary = trackImageManager.CreateRuntimeLibrary
   (runtimeImageLibrary);
3. trackImageManager.maxNumberOfMovingImages = 2;
4. trackImageManager.trackedImagePrefab = prefabOnTrack;
5. trackImageManager.enabled = true;
```

在添加完 AR Tracked Image Manager 组件并设置好相应参考图像库及其他属性后，需要显式地设置 trackImageManager.enabled = true，启用该组件。

参考图像库可以是 XRReferenceImageLibrary 或者 RuntimeReferenceImageLibrary 类型，XRReferenceImageLibrary 可以在 Editor 编辑器中创建，但不能在运行时修改，不过在运行时 XRReferenceImageLibrary 会自动转换成 RuntimeReferenceImageLibrary。可以使用代码清单 4-6 所示代码从 XRReferenceImageLibrary 创建 RuntimeReferenceImageLibrary。

代码清单 4-6

```
1. XRReferenceImageLibrary serializedLibrary = ...
2. RuntimeReferenceImageLibrary runtimeLibrary = trackedImageManager.CreateRuntime
   Library(serializedLibrary);
```

4.1.5　运行时切换参考图像库

在应用运行时，也可以动态地切换参考图像库，在本演示案例中，我们在 Editor 编辑器中预先制作好两个参考图像库 ReferenceImageLibrary_1 和 ReferenceImageLibrary_2，然后使用两个按钮在运行时动态地切换所使用的参考图像库。新建一个 C# 脚本，命名为 ChangeImageLib，编写代码清单 4-7 所示代码。

代码清单 4-7

```
1.  [SerializeField]
2.  private Text mLog;
3.
4.  [SerializeField]
5.  private Button firstButton, secondButton;
6.
7.  [SerializeField]
8.  private GameObject prefabOnTrack;
9.
10. [SerializeField]
11. XRReferenceImageLibrary[] mReferenceImageLibrary;
12. private int currentSelectedLibrary = 0;
13. private ARTrackedImageManager trackImageManager;
14. void Start()
15. {
16.     trackImageManager = gameObject.AddComponent<ARTrackedImageManager>();
17.     trackImageManager.referenceLibrary = trackImageManager.CreateRuntimeLibrary
        (mReferenceImageLibrary[0]);
18.     trackImageManager.maxNumberOfMovingImages = 3;
19.     trackImageManager.trackedImagePrefab = prefabOnTrack;
20.     trackImageManager.enabled = true;
21.     firstButton.onClick.AddListener(() => SetReferenceImageLibrary(0));
22.     secondButton.onClick.AddListener(() => SetReferenceImageLibrary(1));
23.     mLog.text = "初始化完成！";
24. }
25. public void SetReferenceImageLibrary(int selectedLibrary = 0)
26. {
27.     trackImageManager.referenceLibrary = trackImageManager.CreateRuntimeLibrary
        (mReferenceImageLibrary[selectedLibrary]);
28.     mLog.text = System.String.Format("切换参考图像库{0}成功！",selectedLibrary);
29. }
```

将该脚本挂载在场景中的 AR Session Origin 对象上，并设置好相关属性，将已建好的 ReferenceImageLibrary_1 和 ReferenceImageLibrary_2 参考图像库赋给 mReferenceImageLibrary 对象，如图 4-8 所示。

在本案例中，ReferenceImageLibrary_1 和 ReferenceImageLibrary_2 参考图像库中分别有一张参考图像，通过切换参考图像库，AR 应用会及时作出反应，对新切换的参考图像库中的图像进行检测识别，效果如图 4-9 所示。

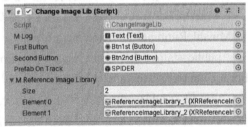

▲图 4-8 设置好脚本相关属性

(a)　　　　　　　　　(b)

▲图 4-9 AR 应用会及时地对新切换的参考图像库中的图像进行检测识别

4.1.6 运行时添加参考图像

一些底层 SDK 支持在运行时动态添加新的参考图像到参考图像库，目前 ARCore 与 ARKit 都支持在运行时添加参考图像，我们可以使用代码清单 4-8 所示代码来检查底层 SDK 是否支持在运行时动态添加参考图像。

代码清单 4-8

```
1.  if (trackedImageManager.descriptor.supportsMutableLibrary)
2.  {
3.      // 支持动态添加参考图像
4.  }
```

如果底层 SDK 支持在运行时动态添加参考图像，这时 RuntimeReferenceImageLibrary 就是一个 MutableRuntimeReferenceImageLibrary，在使用时，也需要将 RuntimeReferenceImageLibrary 转换为 MutableRuntimeReferenceImageLibrary 再使用。如果需要在运行时创建全新的参考图像库，也可以使用无参的 CreateRuntimeLibrary()方法，然后将其转换为 MutableRuntimeReferenceImageLibrary 使用，如代码清单 4-9 所示。

代码清单 4-9

```
1.  var library = trackedImageManager.CreateRuntimeLibrary();
2.  if (library is MutableRuntimeReferenceImageLibrary mutableLibrary)
3.  {
4.      // 添加图像到参考图像库
5.  }
```

在运行时动态添加参考图像是一个计算密集型任务，因为需要提取参考图像的特征值信息，这大概需要花费几十毫秒时间，因此需要很多帧才能完成添加，为防止同步操作造成应用卡顿，可以利用 Unity Job 系统异步处理这种操作。

在使用异步方式添加参考图像时，需要使用 ScheduleAddImageJob()方法将参考图像添加到 MutableRuntimeReferenceImageLibrary，该方法原型如下。

public static JobHandle ScheduleAddImageJob(this MutableRuntimeReferenceImageLibrary library, Texture2D texture, string name, float? widthInMeters, JobHandle inputDeps = null)

返回值为 JobHandle 类型，可以用这个返回值去检查任务是否完成，通常在使用完后应当销毁 JobHandle 以避免性能开销。我们可以使用该方法同时添加多个参考图像到参考图像库，即使当前的参考图像库正在跟踪图像、处于使用中也没关系。

动态添加参考图像对图像有一些特定要求。第一要求图像可读写，因为添加图像时需要提取图像特征值信息；第二要求图像格式必须为应用平台上支持的格式，通常选择 RGB 24bit 或者 RGBA 32bit 格式。这个需要在图像的 import setting 中设置，如图 4-10 所示。

经过测试，动态添加参考图像对图像编码格式也有要求，通常只支持 JPG、PNG 格式，

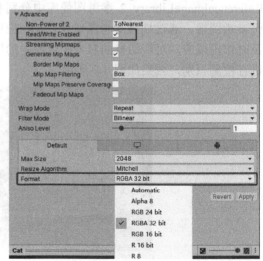

▲图 4-10　设置图片相应属性

4.1 2D 图像检测跟踪

需要仔细挑选作为参考图像的图像文件。

> **提示** 如果作为动态添加的参考图像没有启用 Read/Write Enable，编译时将提示 The texture must be readable to be used as the source for a reference image；如果所选定的格式平台不支持，编译时将提示 The texture format ETC_RGB4 is not supported by the current image tracking subsystem。

为演示在运行时动态添加参考图像，我们新建一个 C#脚本，命名为 DynamicImageTracking，并编写代码清单 4-10 所示代码。

代码清单 4-10

```
1.   [SerializeField]
2.   private Text mlog;
3.   [SerializeField]
4.   private Button addImageButton;
5.
6.   [SerializeField]
7.   private GameObject prefabOnTrack;
8.
9.   private Vector3 scaleFactor = new Vector3(0.2f, 0.2f, 0.1f);
10.
11.  private XRReferenceImageLibrary runtimeImageLibrary;
12.
13.  private ARTrackedImageManager trackImageManager;
14.
15.  [SerializeField]
16.  private Texture2D AddedImage;
17.
18.  void Start()
19.  {
20.      trackImageManager = gameObject.AddComponent<ARTrackedImageManager>();
21.      trackImageManager.referenceLibrary = trackImageManager.CreateRuntimeLibrary
         (runtimeImageLibrary);
22.      trackImageManager.maxNumberOfMovingImages = 2;
23.      trackImageManager.trackedImagePrefab = prefabOnTrack;
24.      trackImageManager.enabled = true;
25.      trackImageManager.trackedImagesChanged += OnTrackedImagesChanged;
26.      addImageButton.onClick.AddListener(() => StartCoroutine(AddImageJob(AddedImage)));
27.  }
28.
29.  void OnDisable()
30.  {
31.      trackImageManager.trackedImagesChanged -= OnTrackedImagesChanged;
32.  }
33.
34.  public IEnumerator AddImageJob(Texture2D texture2D)
35.  {
36.      yield return null;
37.
38.      try
39.      {
40.
41.          MutableRuntimeReferenceImageLibrary mutableRuntimeReferenceImageLibrary =
             trackImageManager.referenceLibrary as MutableRuntimeReferenceImageLibrary;
42.          var jobHandle = mutableRuntimeReferenceImageLibrary.ScheduleAddImageJob
             (texture2D, "Spider", scaleFactor.x);
43.
44.          while (!jobHandle.IsCompleted)
45.          {
46.              new WaitForSeconds(0.5f);
47.          }
48.          mlog.text = "添加图像成功！";
49.      }
```

```
50.     catch (System.Exception e)
51.     {
52.         mlog.text = e.Message;
53.     }
54. }
55.
56. void OnTrackedImagesChanged(ARTrackedImagesChangedEventArgs eventArgs)
57. {
58.     foreach (ARTrackedImage trackedImage in eventArgs.added)
59.     {
60.         trackedImage.transform.Rotate(Vector3.up, 180);
61.     }
62.
63.     foreach (ARTrackedImage trackedImage in eventArgs.updated)
64.     {
65.         trackedImage.transform.Rotate(Vector3.up, 180);
66.     }
67. }
```

与上节一样，将该脚本挂载在场景中的 AR Session Origin 对象上，并设置好其相关属性。这里需要注意的是，我们使用了 Unity Job 系统，目前该系统已作为一个 Package 单独列出来了，因此需要使用 Package Manager 添加 Burst 包，如图 4-11 所示。

▲图 4-11　使用 Unity Job 系统需要添加 Burst 包

Burst 包依赖于 NDK，所以还需要正确设置 Unity 中的 NDK 路径，如 Unity 2019.3.0.6b 需要 NDK r19 包。

通过以上设置后，就可以在运行时动态地添加参考图像了。动态切换参考图像库与动态添加参考图像是非常实用的功能，可以根据不同的应用场景切换不同的参考图像库，或者添加新的参考图像而无需重新编译或者中断应用。

> **提示**　如果没有添加 Burst 包，代码运行时将会报错，如 Burst compiler (1.1.2) failed running 或者 unable to find _burst_generated。

4.2　3D 物体检测跟踪

3D 物体检测跟踪，是指通过计算机图像处理和人工智能技术对摄像机拍摄到的 3D 物体识别定位并对其姿态进行跟踪的技术。3D 物体检测跟踪的基础也是图像识别，但比前述 2D 图像检测识别跟踪要复杂得多，原因在于现实世界中的物体是三维的，从不同角度看到的物体形状、纹理都不一样，在进行图像特征值对比时需要的数据和计算量比 2D 图像要大得多。

在 AR Foundation 中，3D 物体检测识别跟踪通过预先记录 3D 物体的空间特征信息，在真实环境中寻找对应的 3D 物体，并对其姿态进行跟踪。与 2D 图像检测跟踪类似，要在 AR Foundation 中实现 3D 物体检测跟踪也需要一个参考物体库，这个参考物体库中的每个对象都是一个 3D 物体的空间特征信息。获取参考物体空间特征信息可以通过扫描真实 3D 物体采集其特征信息，生成以.arobject 为扩展名的参考物体空间特征信息文件。这个.arobject 文件只包括参考物体的空间特征信息，而不是参考物体的数字模型，它不能用该文件复原参考物体三维结构。参考物体空间特征信息对快速、准确检测识别 3D 物体起着关键作用。

4.2.1 获取参考物体空间特征信息

Apple 公司提供了一个获取物体空间特征信息的扫描工具,但该扫描工具是一个 XCode 工程源码,需要自己编译,源码名为 Apple's Object Scanner app,读者可自行下载并使用 XCode 编译。该扫描工具的主要功能是扫描真实世界中的物体并导出.arobject 文件,可作为 3D 物体检测识别的参考物体的文件。

使用扫描工具进行扫描的过程其实是对物体表面 3D 特征值信息与空间位置信息的采集过程,这是一个计算密集型的工作,为确保扫描过程流畅、高效,建议使用高性能的 iOS 设备,当然扫描工作可以在任何支持 ARKit 的设备上进行,只是高性能 iOS 设备可以更好地完成这一任务。

参考物体空间特征信息对后续 3D 物体检测识别速度、准确性有直接影响,因此,正确地扫描并生成.arobject 文件非常重要,遵循下述步骤操作可以提高扫描成功率。下面,我们引导大家一步一步完成这个扫描过程。

(1)将需要扫描的物体放置在一个干净不反光的平整面上(如桌面、地面),运行扫描工具,使被扫描物体位于摄像头正中间位置,在扫描工具检测物体时会出现一个空心长方体(包围盒),移动手机,将包围盒大致放置在物体的正中间位置,如图 4-12(a)所示,屏幕上也会提示包围盒的相关信息。但这时包围盒可能与实际物体尺寸不匹配,单击"Next"按钮可调整包围盒大小。

▲图 4-12 扫描采集 3D 参考物体空间特征信息

(2)在正式扫描之前需要调整包围盒的大小,扫描工具程序只采集包围盒内的物体空间特征信息,因此,包围盒大小对采集信息是否完整非常关键。围绕着被扫描物体移动手机,扫描工具会尝试自动调整包围盒的大小,如果自动调整结果不是很理想,也可以手动调整,方法是长按长方体的一个面,当这个面出现延长线时可以移动该面,长方体 6 个面都可以采用类似方法进行调整。包围盒不要过大或过小,过小可能会采集不到完整的物体空间特征信息,过大可能会采集到周围环境中的物体信息,不利于快速检测识别 3D 物体。调整好后单击"Scan"按钮即可对物体空间特征信息进行采集,如图 4-12(b)所示。

(3)在开始扫描物体后,扫描工具会给出视觉化的信息采集提示,通过将成功采集过的区域用淡黄色标识出来,引导用户完成全部信息采集工作,如图 4-12(c)所示。

(4)缓慢移动手机(保持被扫描物体不动),从不同角度扫描物体,确保包围盒的所有面都成功扫描（通常底面不需要扫描，只需要扫描前后左右上5个面即可），如图4-12（d）所示，扫描工具程序会在所有面的信息采集完后自动进入下一步，或者在采集完所有信息后可以手动单击"Finish"按钮进行下一步，如果在未能扫描采集到足够信息时单击"Finish"则会提示采集信息不足，如图4-13所示。

（5）在采集完物体空间特征信息后，扫描工具程序会在物体上显示一个三维彩色坐标轴，如图4-14（a）所示。这个坐标轴的原点表示这个物体的原点（这个原点代表的就是模型局部坐标系原点），可以通过拖动三个坐标轴边上的小圆球调整坐标轴的原点位置。在图4-14（a）中可以看到"Load Model"按钮，单击该按钮可以加载一个usdz格式模型文件，加载完后会在三维坐标轴原点显示该模型，就像是在真实环境中检测到3D物体并加载数字模型一样。通过加载模型可以直观看到数字模型与真实三维物体之间的位置关系，如果位置不合适可以重复步骤（5）调整三维坐标轴原点位置，直到加载后的数字模型位置达到预期要求。

▲图4-13 未能扫描采集到足够信息提示

（6）在调整好坐标轴后可以对采集的空间特征信息进行测试验证，单击"Test"按钮进行测试，如图4-14（b）所示。将被扫描物体放置到不同的环境、不同的光照条件下，使用手机摄像头从不同的角度查看该物体，看能否正确检测出物体的位置及姿态。如果验证时出现无法检测识别的问题，说明信息采集不太完整或有问题，需要重新扫描采集一次，如果验证无问题则可导出使用。导出可以直接单击"Share"按钮导出该单个物体采集的空间特征信息的.arobject文件，如图4-14（c）所示，也可以单击左上角的"Merge Scans"合并多个物体空间特征信息文件，如图4-14（c）所示，合并可以是合并之前采集导出的.arobject文件，也可以开始新的物体扫描合并两次扫描结果。

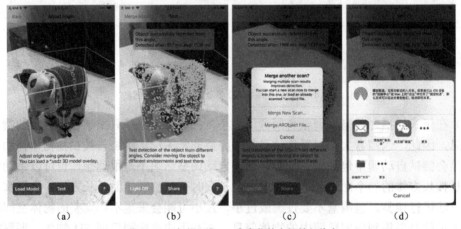

(a)   (b)   (c)   (d)

▲图4-14 扫描采集3D参考物体空间特征信息

（7）在单击"Share"按钮后该工具程序会将采集的物体空间特征信息导出为.arobject文件，在打开的导出对话框中，如图4-14（d）所示，可以选择不同的导出方式，如可以保存到云盘，也可以通过邮件、微信等媒介发送给他人，还可以通过AirDrop（隔空投送）直接投送到 Mac 计算机或其他 iOS 设备。在使用 AirDrop 投送到 Mac 计算机时，只需要在计算机上打开 Finder，单击"隔空投送"，接收来自手机发送的文件即可（在已完成配对的情况下，还需要打开 Mac 计算机的蓝牙），如图 4-15 所示，接收的文件存储在下载文件夹中，后辍为.arobject。

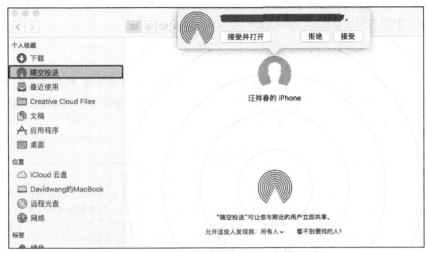

▲图 4-15　采用"隔空投送"方式将采集的信息发送到 Mac 计算机上

在得到参考物体空间特征信息文件，即.arobject 文件后，就可以将其用于后续的 3D 物体检测识别中了。

4.2.2　扫描获取物体空间特征信息的注意事项

如前所述，参考物体空间特征信息对 3D 物体识别的速度、准确性有非常大的影响，因此，在扫描获取参考物体空间特征信息时，遵循以下原则可大大增强参考物体空间特征信息的可用性，提高其保真度。

1. 扫描环境

（1）确保扫描时的照明条件良好、被扫描物体有足够的光照，通常要在 250～400 流明。良好的照明有利用采集物体特征值信息。

（2）使用白光照明，避免用暖色或冷色灯光照明。

（3）背景干净，最好是无反光、非粗糙的中灰色背景，干净的背景有利于分离被扫描物体与周边环境。

2. 被扫描物体

（1）将被扫描物体放置在摄像机镜头正中间，最好与周边物体分开一段距离。

（2）被扫描物体最好有丰富的纹理细节。无纹理、弱纹理、反光物体不利于特征值信息提取。

（3）被扫描物体大小适中，不宜过大或过小。ARKit 扫描或检测识别 3D 物体时对可放在桌面的中等尺寸物体有特殊优化。

（4）被扫描物体最好是刚体，不会在扫描与检测识别时发生融合、折叠、扭曲等影响特征值和空间信息的形变。

（5）扫描时的环境光照与检测识别时的环境光照信息一致时效果最佳，应防止扫描与检测识别时光照差异过大。

（6）在扫描物体时应逐面缓慢扫描，不要大幅度地快速移动手机。

在获取参考物体的空间特征信息.arobject 文件后就可以将其做为参考物体进行真实环境 3D 物体的检测识别跟踪了。虽然 3D 物体检测识别跟踪在技术上与 2D 图像检测识别跟踪有非常大的差异，但在 AR Foundation 中，3D 物体检测识别跟踪与 2D 图像检测识别跟踪在使用界面、操作步骤上几乎完全一致，这大大方便了开发者使用。

4.2.3　AR Tracked Object Manager

在 AR Foundation 中，3D 物体检测识别跟踪系统依据参考物体库中的参考物体空间特征信息尝试在周围环境中检测匹配的 3D 物体并跟踪，与 2D 图像识别跟踪类似，3D 物体检测识别跟踪也有一些特定的术语，如表 4-3 所示。

表 4-3　　　　　　　　　　　　3D 物体跟踪术语表

术语	描述说明
Reference Object	识别 3D 物体的过程也是一个特征值对比的过程，AR Foundation 将从摄像头中获取的图像信息与参考物体库的参考物体空间特征值信息进行对比，存储在参考物体库中的用于对比的物体空间特征信息就叫做参考物体（物体空间特征信息并不是数字模型，也不能据此恢复出 3D 物体）。一旦对比成功，真实环境中的 3D 物体将与参考物体库的参考物体建立对应关系，每一个真实 3D 物体的姿态信息也一并被检测
Reference Object Library	参考物体库用来存储一系列的参考物体空间特征信息用于对比，每一个 3D 物体跟踪程序都必须有一个参考物体库，但需要注意的是，参考物体库中存储的实际是参考物体的空间特征值信息而不是原始 3D 物体网格信息，这有助于提高对比速度与增强鲁棒性。参考物体库越大，3D 物体检测对比就会越慢，相比于 2D 图像检测识别，3D 物体检测识别需要对比的数据更大、计算也更密集。因此，在同等条件下，参考物体库中可容纳的参考物体数量要比 2D 图像库中的参考图像数量少得多
Provider	AR Foundation 架构在底层 SDK 3D 物体跟踪 API 之上，也就是说 AR Foundation 并不具体负责 3D 物体检测识别过程的算法，它只提供一个接口，具体 3D 物体检测识别由算法提供方提供
AR Object Anchor	记录真实世界中被检测识别的 3D 物体位置与姿态的锚点，该锚点由 Session 在检测识别 3D 物体后自动添加到每一个被检测到的对象上。通过该锚点，可以将虚拟物体对象渲染到指定的空间位置上

在 AR Foundation 中，3D 物体属于可跟踪对象，由 AR Tracked Object Manager 组件进行统一管理，该组件通常挂载在 AR Session Origin 对象上，其有 Reference Library 和 Tracked Object Prefab 两个属性，如图 4-16 所示。

▲图 4-16　AR Tracked Object Manager 组件

AR Tracked Object Manager 组件负责对 3D 物体的检测识别和跟踪，并可以在已检测到的 3D 物体位置渲染虚拟对象。该组件依据参考物体库中的参考物体空间特征信息不断尝试在环境中检测 3D 物体，因此，只有预置在参考物体库中的 3D 物体才有可能被检测到。

1. Reference Library

参考物体库。AR Foundation 检测 3D 物体的依据，可以静态设置也可以在运行时动态添加，但只要 AR Tracked Object Manager 一开始启动 3D 物体检测跟踪，参考物体库就不能为 null。

2. Tracked Object Prefab

检测 3D 物体后，需要进行实例化的预制体。在实例化时，AR Foundation 会确保每一个实例化后的对象都有一个 AR Tracked Object 组件，如果预制体没有挂载该组件，AR Tracked Object Manager 会自动为其挂载一个，也可以在运行时通过代码获取该实例化对象。

4.2.4 3D 物体识别跟踪基本操作

在 AR Foundation 中，3D 物体识别跟踪与 2D 图像识别跟踪操作步骤基本一致，分为两步。第一步是建立一个参考物体库，第二步是在场景中挂载 AR Tracked Object Manager 组件，并将一个需要实例化的 Prefab 赋给其 TrackedObjectPrefab 属性，下面我们来具体操作。

按上述步骤，在 Unity 中新建一个工程。首先建立一个参考物体库，在 Project 窗口中的 ObjectLib 文件夹下右击并依次选择 Create➤XR➤Reference Object Library 新建一个参考物体库，并命名为 RefObjectLib，如图 4-17 所示。

▲图 4-17 新建一个参考物体库

选择新建的 RefObjectLib 参考物体库，在 Inspector 窗口中，单击 "Add Reference Object" 添加参考物体，将上节导出的 Elephant.arobject 文件拖入工程中，并将其拖动到 Reference Object Assets 属性框中，如图 4-18 所示。

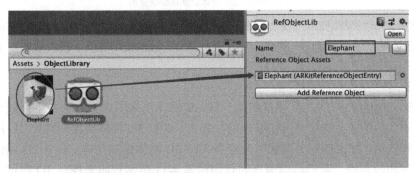

▲图 4-18 将参考物体空间特征信息文件添加到参考物体库中

每一个参考物体都有一个 Name 属性。Name 用于标识参考物体，这一属性在做 3D 物体检测对比时没有作用，但在对比匹配成功后我们可以通过参考物体名字获知是哪个参考物体。参考物体名字可以重复，因为在跟踪时，跟踪系统还会给每一个参考物体一个 referenceObject.guid 值，这个值是一个全局唯一值，可用于标识一个参考物体。

完成上述工作之后，在 Hierarchy 窗口中选择 AR Session Origin，并为其挂载 AR Tracked Object Manager 组件，将第一步制作的 RefObjectLib 参考物体库拖到 Reference Library 属性中，并设置相应的 Prefab，如图 4-19 所示。

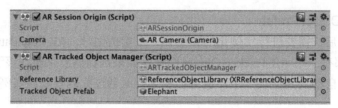

▲图 4-19　设置 AR Tracked Object Manager 组件属性

最后需要说明的是，动态物体跟踪与底层 SDK 的算法有非常大的关系，不同的底层 SDK 对参考物体的格式、处理方式都有不同的要求，对特定平台具体应用开发需要参阅该平台的 SDK 资料。AR Foundation 目前只支持 iOS 平台对 3D 物体的检测识别跟踪。

编译运行，效果如图 4-20 所示。

（a）

（b）

▲图 4-20　3D 物体识别跟踪效果图

3D 物体检测识别跟踪技术上比 2D 图像检测识别跟踪技术要复杂得多，但 AR Foundation 对这两种技术在使用上进行了统一，提供给开发人员完全一致的使用界面，极大地方便了应用开发。

4.2.5　3D 物体跟踪启用与禁用

在 AR Foundation 中，与 2D 图像跟踪一样，实例化出来的虚拟对象并不会随着被跟踪物体的消失而消失，而是会继续停留在原来的位置上。并且 3D 物体检测跟踪比 2D 图像检测跟踪还要更消耗资源，如果在不需要的时候应当关闭 3D 物体跟踪功能。参考 2D 图像检测识别跟踪功能的关闭与启用，我们可以编写如代码清单 4-11 所示代码来控制 3D 物体跟踪的启用与禁用以及加载虚拟对象的显示与隐藏。

代码清单 4-11
```
1.  using System.Collections;
2.  using System.Collections.Generic;
3.  using UnityEngine;
4.  using UnityEngine.XR.ARFoundation;
5.  using UnityEngine.UI;
6.
7.  [RequireComponent(typeof(ARTrackedObjectManager))]
8.  public class AppController : MonoBehaviour
9.  {
```

```
10.
11.      public Text m_ToggleObjectdDetectionText;
12.      private ARTrackedObjectManager mARTrackedObjectManager;
13.      void Awake()
14.      {
15.          mARTrackedObjectManager = GetComponent<ARTrackedObjectManager>();
16.      }
17.
18.      #region 启用与禁用物体跟踪
19.      public void ToggleObjectTracking()
20.      {
21.          mARTrackedObjectManager.enabled = !mARTrackedObjectManager.enabled;
22.
23.          string ObjectDetectionMessage = "";
24.          if (mARTrackedObjectManager.enabled)
25.          {
26.              ObjectDetectionMessage = "禁用物体跟踪";
27.              SetAllObjectsActive(true);
28.          }
29.          else
30.          {
31.              ObjectDetectionMessage = "启用物体跟踪";
32.              SetAllObjectsActive(false);
33.          }
34.
35.          if (m_ToggleObjectdDetectionText != null)
36.              m_ToggleObjectdDetectionText.text = ObjectDetectionMessage;
37.      }
38.
39.      void SetAllObjectsActive(bool value)
40.      {
41.          foreach (var obj in mARTrackedObjectManager.trackables)
42.              obj.gameObject.SetActive(value);
43.      }
44.      #endregion
45. }
```

将该脚本挂载在 AR Session Origin 对象上，并使用一个按钮负责控制跟踪功能的开启与关闭（详细步骤见 3.1 节平面检测的开启与关闭），运行效果如图 4-21 所示。

（a）　　　　　　　　　　　　（b）

▲图 4-21　3D 物体跟踪启用与禁用示意图

4.2.6　多物体识别跟踪

与 2D 图像跟踪相似，在 AR Tracked Object Manager 组件中，有一个 Tracked Object Prefab

属性，这个属性即需要实例化的虚拟对象。AR Foundation，默认是支持多 3D 物体识别跟踪的（需要配置参考物体库），即 AR Foundation 会在每一个检测识别的 3D 物体上实例化一个虚拟对象，如图 4-22 所示。

▲图 4-22　AR Foundation 默认支持多 3D 物体识别跟踪

为解决多参考物体多虚拟对象的问题，我们需要自己负责虚拟对象的实例化。首先将 AR Tracked Object Manager 组件下的 Tracked Object Prefab 属性清空，然后新建一个 C#脚本文件，命名为 MultiObjectTracking，并编写如代码清单 4-12 所示代码。

代码清单 4-12

```
1.  using System.Collections;
2.  using System.Collections.Generic;
3.  using UnityEngine;
4.  using UnityEngine.XR.ARFoundation;
5.
6.
7.  [RequireComponent(typeof(ARTrackedObjectManager))]
8.  public class MultiObjectTracking : MonoBehaviour
9.  {
10.     ARTrackedObjectManager ObjTrackedManager;
11.     private Dictionary<string, GameObject> mPrefabs = new Dictionary<string, GameObject>();
12.
13.     private void Awake()
14.     {
15.         ObjTrackedManager = GetComponent<ARTrackedObjectManager>();
16.     }
17.
18.     void Start()
19.     {
20.         mPrefabs.Add("Book", Resources.Load("Book") as GameObject);
21.         mPrefabs.Add("Elephant", Resources.Load("Elephant") as GameObject);
22.     }
23.
24.     private void OnEnable()
25.     {
26.         ObjTrackedManager.trackedObjectsChanged += OnTrackedObjectsChanged;
27.     }
28.     void OnDisable()
29.     {
30.         ObjTrackedManager.trackedObjectsChanged -= OnTrackedObjectsChanged;
31.     }
32.     void OnTrackedObjectsChanged(ARTrackedObjectsChangedEventArgs eventArgs)
33.     {
34.         foreach (var trackedObject in eventArgs.added)
```

```
35.          {
36.              OnImagesChanged(trackedObject);
37.          }
38.          // foreach (var trackedImage in eventArgs.updated)
39.          // {
40.          //     OnImagesChanged(trackedImage.referenceImage.name);
41.          // }
42.      }
43.
44.      private void OnImagesChanged(ARTrackedObject refObject)
45.      {
46.          Debug.Log("Image name:"+ refObject.referenceObject.name);
47.          Instantiate(mPrefabs[refObject.referenceObject.name], refObject.transform);
48.      }
49. }
```

该脚本从 Resources 文件夹下动态地加载模型，并根据检测识别到物体的参考物体名实例化不同的虚拟对象。将该脚本挂载在 AR Session Origin 对象上（将上文所述的 AppController 脚本移除），为确保代码正确运行，我们还要完成两项工作，第一项工作是将需要实例化的预制体（Prefabs）放到 Resources 文件夹中方便动态加载，第二项工作是确保脚本中 mPrefabs 字典库的 key 与 RefObjectLib 参考物体库中的参考物体名一致，如图 4-23 所示。

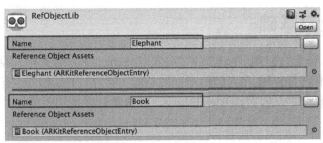

▲图 4-23　参考物体名应与 mPrefabs 字典库中的 key 值对应

至此，我们已实现实例化多参考物体多虚拟对象功能，编译运行，扫描检测 3D 物体，AR 应用会根据 3D 物体的不同加载不同的虚拟对象，效果如图 4-24 所示。

(a)　　　　　　　　　　　　(b)

▲图 4-24　实例化多个虚拟对象示意图

第 5 章 人脸检测跟踪

在计算机人工智能（Artificial Intelligence，AI）物体检测识别领域，人们最先研究的是人脸检测识别，目前技术发展最成熟的也是人脸检测识别。人脸检测识别已经广泛应用于安防、机场车站闸机、人流控制、安全支付等众多社会领域，也广泛应用于直播特效、美颜、Animoji 等娱乐领域。

5.1 人脸检测基础

AR Foundation 底层的 SDK（ARCore、ARKit、SenseAR）均支持人脸检测，并且支持多人脸同时检测。但不同的 SDK 在人脸检测上的功能（能力）不尽相同，有的支持人脸区域划分，有的支持表情属性，有的支持 BlendShape，在具体开发使用时需要关注底层所能提供的人脸检测功能。

5.1.1 人脸检测概念

人脸检测（Face Detection）是利用计算机图像学技术在数字图像或视频中自动定位人脸的技术。人脸检测不仅应该检测出人脸在图像或视频中的位置，还应该检测出其大小与方向（姿态）。人脸检测是有关人脸图像分析应用的基础，包括人脸识别和验证、监控场合的人脸跟踪、面部表情分析、面部属性识别（性别、年龄、微笑、痛苦）、面部光照调整和变形、面部形状重建、图像视频检索等。这几年，随着神经网络的发展，人脸检测成功率与准确率大幅度提高，并开始大规模实用，如机场和火车站人脸验票、人脸识别身份认证等。

人脸识别（Face Recognition）是指利用人脸检测技术确定两张人脸是否对应同一个人，人脸识别技术是人脸检测技术的扩展和应用，也是很多其他应用的基础。目前，AR Foundation 仅提供人脸检测，而不提供人脸识别功能。

人脸跟踪（Face Tracking）是指将人脸检测扩展到视频序列，跟踪同一张人脸在视频序列中的位置。理论上讲，任何出现在视频中的脸都可以被跟踪，也就是说，在连续视频帧中检测到的人脸可以被识别为同一个人。人脸跟踪不是人脸识别的一种形式，它是根据视频序列中人脸的位置和运动推断不同视频帧中的人脸是否属于同一人的技术。

人脸检测属于模式识别的一类，但人脸检测成功率受到很多因素的影响，影响人脸检测成功率的因素主要如表 5-1 所示。

表 5-1　　　　　　　　　　　影响人脸检测成功率的主要因素

术语	描述说明
图像大小	人脸图像过小会影响检测效果，人脸图像过大会影响检测速度，图像大小反映在实际应用场景中就是人脸离摄像头的距离
图像分辨率	越低的图像分辨率越难检测，图像大小与图像分辨率直接影响摄像头识别距离。目前 4K 摄像机看清人脸的最远距离是 10 米左右，移动手机检测距离更短一些
光照环境	过亮或过暗的光照环境都会影响人脸检测效果
模糊程度	实际场景中主要是运动模糊，人脸相对于摄像机的移动经常会产生运动模糊
遮挡程度	五官无遮挡、脸部轮廓清晰的图像有利于人脸检测。有遮挡的人脸会对人脸检测成功率造成影响
采集角度	人脸相对于摄像机角度不同也会影响人脸检测效果。正脸最有利于检测，偏离角度越大越不利于检测

随着人工智能技术的持续发展，在全球信息化、云计算、大数据的支持下，人脸检测识别技术也会越来越成熟，同时应用面会越来越广，可以预见，以人脸检测为基础的人脸识别技术将会呈现网络化、多识别融合、云互联的发展趋势。

5.1.2　人脸检测技术基础

人的头部是一个三维结构体，通常采用欧拉角来精确描述头部的姿态，这里的欧拉角源自笛卡儿左手坐标系，并规定绕 y 轴逆时针旋转角度为正，绕 z 轴顺时针旋转角度为正，如图 5-1 所示。在人脸检测中，通常把绕 y 轴旋转叫做 y 欧拉角，绕 z 轴旋转叫 r 欧拉角，我们平时做的摇头动作就是 y 欧拉角，而偏头的动作就是 r 欧拉角，如图 5-2 所示，绕 x 轴旋转在人脸检测中通常很少用到。

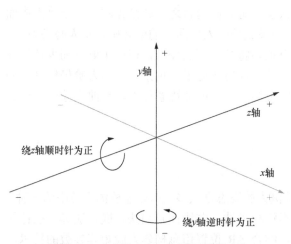

▲图 5-1　基于笛卡儿左手坐标系的欧拉角

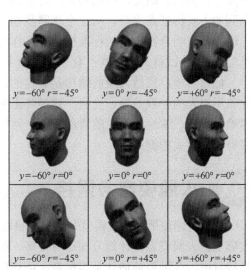

▲图 5-2　人脸检测中的欧拉角示意图

人脸检测技术的复杂性之一是人的头部是一个三维结构体，并且是一个动态的三维结构体，摄像机捕捉到的人脸很多时候都不是正面的，而是有一定角度且时时处于变化中的。当然，人脸检测的有利条件是人脸有很多特征，如图 5-3 所示，可以利用这些特征做模式匹配。但需要注意的是，在很多人脸检测算法中，人脸特征并不是人脸轮廓检测的前提，换句话说，人脸检测是独立于人脸特征的，且通常是先检测出人脸轮廓再进行特征检测，因为特征检测需要花费额外的时间，会对人脸检测效率产生影响。

▲图 5-3 人脸特征点示意图

人脸结构具有对称性，人脸特征会分布在 y 轴两侧的一定角度的范围内，通常来说，人脸特征分布情况如表 5-2 所示。

表 5-2	人脸特征分布情况
y 欧拉角	人脸特征
小于−36 度	左眼、左嘴角、左耳、鼻底、左脸颊
−36 度至−12 度	左眼、左嘴角、鼻底、下嘴唇、左脸颊
−12 度至 12 度	左嘴角、右嘴角、上下嘴唇、鼻底
12 度至 36 度	右眼、右嘴角、鼻底、下嘴唇、右脸颊
大于 36 度	右眼、右嘴角、右耳、鼻底、右脸颊

人脸检测不仅需要找出人脸轮廓，还需要检测出人脸姿态（包括人脸位置和面向方向）。为了解决人脸姿态问题，一般的做法是制作一个三维人脸正面"标准模型"，这个模型需要制作得非常精细，因为它将影响到人脸姿态估计的精度。在有了这个三维标准模型之后，对人脸姿态检测的思路是在检测到人脸轮廓后对标准模型进行旋转，使标准模型上的特征点与检测到的人脸特征点重合。从这个思路我们可以看到，对姿态检测其实是个不断尝试的过程，选取特征点吻合得最好的标准模型姿态作为人脸姿态。简而言之，就是先制作一个"人皮面具"，努力尝试将人皮面具"套"在人脸上，如果成功则人皮面具的姿态确定是人脸姿态。

如前所述，虽然人脸的结构是确定的，有很多特征点可供校准，但由于姿态和表情的变化、不同人的外观差异、光照、遮挡等影响，准确地检测处于各种条件下的人脸仍然是较为困难的事情。幸运的是，随着深度神经网络的发展，在一般环境条件下，目前人脸检测准确率有了非常大的提高。

5.2 人脸姿态与网格

前节所述使用"标准模型"匹配人脸以检测人脸姿态是众多人脸姿态检测方法中的一种。实际上，人脸姿态估计的方法还有很多，如柔性模型法、非线性回归法、嵌入法等。在计算机视觉中，头部姿势估计是指推断头部朝向，结合 AR 位置信息构建人脸矩阵参数的技术，有利因素是人体头部运动范围是有限的，可以借此消除一些误差。

5.2.1 人脸姿态

人脸姿态估计主要获得人体脸部朝向的角度信息，为快速地检测人脸姿态，通常应预先定义一个 6 个关键点的 3D 脸部模型（左眼角、右眼角、鼻尖、左嘴角、右嘴角、下颌），如图 5-4 所示，然后使用计算机图像算法检测出视频帧中人脸对应的 6 个关键点，并将这 6 个关键点与标准模型中对应的关键点进行拟合，解算出旋转向量，最后将旋转向量转换为欧拉角。理论上流程如此，但在实际中，可能并不能同时检测到人脸的6个关键点（如遮挡、视觉方向、光照等原因），因此人脸姿态估计通常还会进行信息推测以增强鲁棒性。

庆幸的是，在 AR Foundation 中，我们完全可以不用了解这些底层细节，AR Face Manager 组件已处理好了这一切。AR Face Manager 组件如图 5-5 所示。

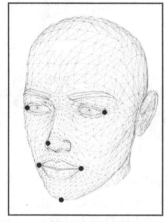

▲图 5-4 6特征点解算人脸姿态示意图

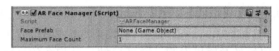

▲图 5-5 AR Face Manager 组件

AR Face Manager 组件负责检测人脸，但其使用底层 Provider 提供的算法进行检测，不同的底层对人脸检测的要求也不一样，一般都是使用前置摄像头，ARCore 在使用前置摄像头时会禁用后置摄像头，因此所有平面检测、运行跟踪、环境理解、图像跟踪等都会失效，为提高性能，在使用人脸检测时最好禁用这些功能。ARKit3.0 以后则可以同时使用前置与后置摄像头。

与其他的 Trackable Manager 组件一样，AR Face Manager 组件在检测到人脸时会使用人脸的姿态实例化一个预制体，即图 5-5 中的 FacePrefab 属性，这个属性可以不设置，但设置后，在实例化预制体时，AR Face Manager 组件会负责为该预制体挂载一个 ARFace 组件，ARFace 组件包含了检测到的人脸的相关信息。Maximum Face Count 属性用于设置在同一场景中检测的人脸数量，ARCore 与 ARKit 都支持多人脸检测，设置较小的值有助于性能优化。

由于当前并不是所有的设备都支持人脸检测功能，AR Face Manager 组件提供了一个 supported 属性用于检查用户设备是否支持人脸检测，可以通过这个属性查看设备支持情况。AR Face Manager 组件还提供了 facesChanged 事件，我们可以通过注册事件来获取新检测、更新、移除人脸时的消息，进行个性化处理。AR Face Manager 组件对每一个检测到的人脸都会生成一个唯一的 TrackableId，利用这个 TrackableId 值可以跟踪每一张独立的人脸。

另外，在人脸检测和后续过程中，AR Foundation 会自动进行环境光检测与估计，不需要开发人员手动编写相关代码。

在 AR Foundation 中，AR Face Manager 组件完成了人脸姿态检测（使用底层 Provider 算法），我们可以通过以下方法验证 AR Foundation 的人脸姿态检测效果。首先建立一个交点在原点的三轴正交坐标系 Prefab，如图 5-6 所示。

新建一个场景，选中 Hierarchy 窗口的 AR Session Origin 对象，为其挂载 AR Face Manager 组件，设置 Maximum Face Count 属性设置为 1，并将刚制作的三轴正交坐标系 Prefab 赋给 Face Prefab 属性。

编译运行,将前置摄像头对准人脸,效果如图 5-7 所示。

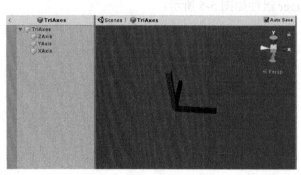

▲图 5-6　建立三轴正交坐标系

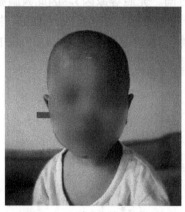

▲图 5-7　人脸姿态检测示意图

从图 5-7 可以看出,AR Foundation 检测出来的人脸姿态坐标原点位于人脸鼻尖位置,y 轴向上,z 轴向里,x 轴向左。对比图 5-6 和图 5-7 可以看到,x 轴朝向是相反的,这是因为我们使用的是前置摄像头,这种反转 x 轴朝向的处理,在后续人脸处理上挂载虚拟物体时,可以保持虚拟物体正确的三轴朝向。

5.2.2　人脸网格

除了人脸姿态,AR Foundation 还提供了每一个检测到的人脸的网格,该网格可以覆盖检测到的人脸形状,这张网格数据也是由底层 SDK 提供,包括顶点、索引、法向、纹理坐标等相关信息,如图 5-8 所示。ARCore 人脸网格包含 468 个顶点,ARKit 人脸网格包含 1220 个顶点,SenseAR 人脸网格则包含多达 11 510 个顶点,对普通消费级应用来讲已经足够了。利用这些网格,开发者只需要操控网格上的坐标和特定区域的锚点就可以轻松地在人脸上附加一些特效,如面具、眼镜、虚拟帽子,或者对人脸进行扭曲等。

在 AR Foundation 中,人脸网格信息由 AR Face 组件提供,而人脸网格的可视化则由 AR Face Mesh Visualizer 组件实现,该组件会根据 AR Face 提供的网格数据更新显示网格信息。在检测到人脸时显示人脸网格与显示模型非常类似,需要先制作一个预制体 Prefab,区别是这个预制体中没有模型,因为网格信息与网格可视化都由专门的组件负责实现。

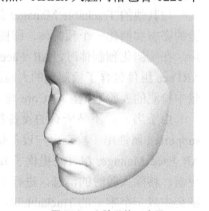

▲图 5-8　人脸网格示意图

在 Hierarchy 窗口中新建一个空对象,命名为 FaceMesh,并在其上挂载 AR Face 与 AR Face Mesh Visualizer 组件,同时挂载 Mesh Renderer 和 Mesh Filter 渲染组件,如图 5-9 所示。

我们的目标是使用京剧脸谱纹理渲染网格,为了将"眼睛"与"嘴"露出来,需要提前将眼睛与嘴的部分镂空,并将图像保存为带 Alpha 通道的 PNG 格式,并且在渲染时需要将镂空部分剔除掉,因此,编写一个 Shader 脚本,代码如代码清单 5-1 所示。

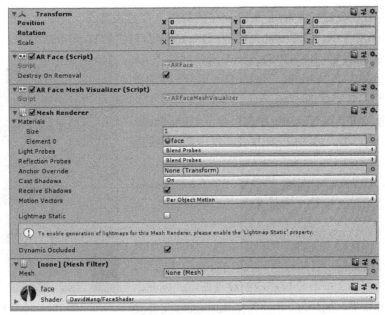

▲图 5-9　制作人脸网格 Prefab

代码清单 5-1

```
1.   Shader "DavidWang/FaceShader" {
2.       Properties{
3.          _MainTex("Texture", 2D) = "white" {}
4.       }
5.       SubShader{
6.           Tags{ "Queue" = "AlphaTest" "IgnoreProjector" = "True" "RenderType" =
             "TransparentCutout" }
7.
8.           Cull Off
9.
10.         CGPROGRAM
11.      #pragma surface surf Standard vertex:vert fullforwardshadows
12.      #pragma target 3.0
13.
14.       sampler2D _MainTex;
15.
16.         struct Input {
17.             float2 uv_MainTex;
18.             float y : TEXCOORD0;
19.         };
20.
21.         void vert(inout appdata_full v,out Input o) {
22.           o.uv_MainTex = v.texcoord.xy;
23.           o.y = v.vertex.y;
24.         }
25.
26.         void surf(Input IN, inout SurfaceOutputStandard o) {
27.             fixed4 c = tex2D(_MainTex, IN.uv_MainTex);
28.             o.Alpha = c.w;
29.             clip(o.Alpha - 0.1);
30.             o.Albedo = c.rgb;
31.
32.         }
33.         ENDCG
34.      }
35.      FallBack "Diffuse"
36.   }
```

在 Shader 脚本中，剔除透明区域使用的是 clip(x) 函数，该函数功能是丢弃参数 x 值小于

0 的像素。然后我们新建一个使用该 Shader 的材质，命名为 face，并赋上京剧脸谱纹理。

将 FaceMesh 对象制作成 Prefab，并删除 Hierarchy 窗口中的 FaceMesh 对象，再将 FaceMesh 预制体赋给 Hierarchy 窗口中 AR Session Origin 对象下 AR Face Manager 组件的 FacePrefab 属性，编译运行，将前置摄像头对准人脸，效果如图 5-10 所示。

进一步思考，AR Face Manager 组件只有一个 FacePrefab 属性，只能实例化一类人脸网格，如果要实现川剧中的变脸效果该如何处理？

前文提到，AR Face Manager 组件有一个 facesChanged 事件，因此我们可以注册这个事件来实现需要的功能，思路如下。

现实变脸实质就是要更换掉渲染的纹理，因此我们只需要在 AR Face Manager 组件检测到人脸的 added 事件中，在其实例化人脸网格之前替换掉相应的纹理即可。为此，我们需要制作几张类似的纹理，并放置在 Resources 文件夹中以便运行时加载。新建一个 C#脚本，命名为 ChangeFace，编写如代码清单 5-2 所示代码。

▲图 5-10 人脸面具效果图

代码清单 5-2

```
1.  using System.Collections;
2.  using System.Collections.Generic;
3.  using UnityEngine;
4.  using UnityEngine.XR.ARFoundation;
5.
6.  [RequireComponent(typeof(ARFaceManager))]
7.  public class ChangeFace : MonoBehaviour
8.  {
9.      private GameObject mFacePrefab;
10.     ARFaceManager mARFaceManager;
11.     private Material _material;
12.     private int TextureIndex = 0;
13.     private Texture2D[] mTextures = new Texture2D[3];
14.
15.     private void Awake()
16.     {
17.         mARFaceManager = GetComponent<ARFaceManager>();
18.     }
19.     void Start()
20.     {
21.         mFacePrefab = mARFaceManager.facePrefab;
22.         _material = mFacePrefab.transform.GetComponent<MeshRenderer>().material;
23.         mTextures[0] = (Texture2D)Resources.Load("face0");
24.         mTextures[1] = (Texture2D)Resources.Load("face1");
25.         mTextures[2] = (Texture2D)Resources.Load("face2");
26.     }
27.
28.     private void OnEnable()
29.     {
30.         mARFaceManager.facesChanged += OnFacesChanged;
31.     }
32.     void OnDisable()
33.     {
34.         mARFaceManager.facesChanged -= OnFacesChanged;
35.     }
36.     void OnFacesChanged(ARFacesChangedEventArgs eventArgs)
37.     {
38.
39.
```

```
40.        foreach (var trackedFace in eventArgs.added)
41.        {
42.            OnFaceAdded(trackedFace);
43.        }
44.        /*
45.        foreach (var trackedFace in eventArgs.updated)
46.        {
47.            OnFaceUpdated(trackedFace);
48.        }
49.        foreach (var trackedFace in eventArgs.removed)
50.        {
51.            OnFaceRemoved(trackedFace);
52.        }
53.        */
54.    }
55.
56.    private void OnFaceAdded(ARFace refFace)
57.    {
58.        TextureIndex = (++TextureIndex) % 3;
59.        _material.mainTexture = mTextures[TextureIndex];
60.        // Debug.Log("TextureIndex:" + TextureIndex);
61.    }
62. }
```

上述代码的主要逻辑就是在 AR Face Manager 组件实例化人脸网格之前替换纹理，将该脚本也挂载在 Hierarchy 窗口中的 AR Session Origin 对象上。编译运行，将前置摄像头对准人脸，在检测到人脸、手在脸前拂过时，虚拟人脸网格纹理就会随之替换，效果如图 5-11 所示。

▲图 5-11 变脸效果示意图

5.3 人脸区域与多人脸检测

AR Foundation 在进行人脸检测时需要借助底层 Provider 提供的算法及功能特性，不同的底层能提供的功能特征也不相同。如在 ARCore 人脸检测中，提供人脸区域的概念与功能，而在 ARKit 人脸检测中，则提供 BlendShape 功能。

5.3.1 人脸区域

ARCore 在进行人脸检测时其实是同时运行了两个实时深度神经网络模型：一个负责检测整张图像并计算人脸位置的探测模型，另一个借助通用 3D 网格模型通过回归方式检测并预测大致的面部结构。

ARCore 在检测人脸时，除了提供一张有 468 个点的人脸网格之外，还对网格特定区域进行了标定,如图 5-12 所示。ARCore 提供的人脸网格包括了顶点信息、中心点姿态信息、人脸区域信息。其中中心点位于人体头部的中央位置,中心点也是人脸网格顶点的坐标原点,即人脸网格的局部空间原点。

▲图 5-12 ARCore 区域定位点示意图

ARCore 目前定义了 3 个人脸局部区域,即图 5-12 所示的 3 个黄色小圈区域,可以在应用开发中直接使用。为方便开发者开发,ARCore 在代码中定义了一个 ARCoreFaceRegion 枚举,该枚举如表 5-3 所示。

表 5-3　　　　　　　　　　　　　ARCoreFaceRegion 枚举

属性	描述
ForeheadLeft	定位人脸模型的左前额
ForeheadRight	定位人脸模型的右前额
NoseTip	定位人脸模型的鼻尖

因为人脸特征,在有这 3 个局部区域定位后,我们可以方便地将虚拟物体挂载到人脸上。以后应该还会继续扩充 ARCoreFaceRegion 枚举,至少会包括眼睛、耳朵、嘴部、脸颊,更方便我们精确定位检测到的人脸模型的具体位置。

下面以鼻尖区域(NoseTip)为例,演示将盔甲面罩戴在人脸上。

思路如下。

(1)制作一个盔甲面罩,将眼睛部分镂空。

(2)注册 AR Face Manager 组件的 facesChanged 事件,在 added、updated 中将面罩挂在 NoseTip 位置上。

为了将面罩挂在 NoseTip 位置上,我们需要在人脸区域中找到 NoseTip,新建一个 C#脚本,命名为 SingleFaceRegionManager,编写如代码清单 5-3 所示代码。

代码清单 5-3

```
1.  [RequireComponent(typeof(ARFaceManager))]
2.  [RequireComponent(typeof(ARSessionOrigin))]
3.  public class SingleFaceRegionManager : MonoBehaviour
4.  {
5.      [SerializeField]
6.      private GameObject mRegionPrefab;
7.      private ARFaceManager mARFaceManager;
8.      private GameObject mInstantiatedPrefab;
```

```
9.      private ARSessionOrigin mSessionOrigin;
10.     private NativeArray<ARCoreFaceRegionData> mFaceRegions;
11.
12.     private void Awake()
13.     {
14.         mARFaceManager = GetComponent<ARFaceManager>();
15.         mSessionOrigin = GetComponent<ARSessionOrigin>();
16.         mInstantiatedPrefab = Instantiate(mRegionPrefab, mSessionOrigin.trackablesParent);
17.     }
18.
19.     private void OnEnable()
20.     {
21.         mARFaceManager.facesChanged += OnFacesChanged;
22.     }
23.     void OnDisable()
24.     {
25.         mARFaceManager.facesChanged -= OnFacesChanged;
26.     }
27.     void OnFacesChanged(ARFacesChangedEventArgs eventArgs)
28.     {
29.
30.
31.         foreach (var trackedFace in eventArgs.added)
32.         {
33.             OnFaceChanged(trackedFace);
34.         }
35.
36.         foreach (var trackedFace in eventArgs.updated)
37.         {
38.             OnFaceChanged(trackedFace);
39.         }
40.         /*
41.         foreach (var trackedFace in eventArgs.removed)
42.         {
43.             OnFaceRemoved(trackedFace);
44.         }
45.         */
46.     }
47.
48.     private void OnFaceChanged(ARFace refFace)
49.     {
50.         var subsystem = (ARCoreFaceSubsystem)mARFaceManager.subsystem;
51.         subsystem.GetRegionPoses(refFace.trackableId, Allocator.Persistent, ref mFaceRegions);
52.         for (int i = 0; i < mFaceRegions.Length; ++i)
53.         {
54.             var regionType = mFaceRegions[i].region;
55.             if (regionType == ARCoreFaceRegion.NoseTip)
56.             {
57.                 mInstantiatedPrefab.transform.localPosition = mFaceRegions[i].pose.position;
58.                 mInstantiatedPrefab.transform.localRotation = mFaceRegions[i].pose.rotation;
59.             }
60.         }
61.     }
62.
63.     void OnDestroy()
64.     {
65.         if (mFaceRegions.IsCreated)
66.             mFaceRegions.Dispose();
67.     }
68. }
```

在上述代码中，为了更有效地利用模型而不是在每次检测到人脸 added、updated 时重新实例化盔甲面罩，我们只在 Awake()函数中实例化了一个 Prefab，并在 added、updated 中实时更新该实例化对象的姿态。将脚本挂载在 Hierarchy 窗口中的 AR Session Origin 对象上，并将盔甲面罩赋给 mRegionPrefab 属性，同时将 AR Face Manager 组件中的 Face Prefab 属性置空。编译运行，将手机前置摄像头对准人脸，效果如图 5-13 所示。

正如前文所述，ARCore 的区域标定只是方便让我们以更精确的方式在特定位置挂载虚拟物体。底层 SDK 在检测到人的头部时，都会提供人的头部中心点的姿态信息，加之人脸结构的固定性，即使没有区域的概念，我们也可以通过操控模型偏移一定的距离将模型挂载在人脸的指定位置，如我们可以通过调整模型位置只使用 ARFaceManager 组件将眼镜模型挂载在人眼上，如图 5-14、图 5-15 所示。

▲图 5-13　在 ARCore 区域定位点挂载虚拟物体示意图

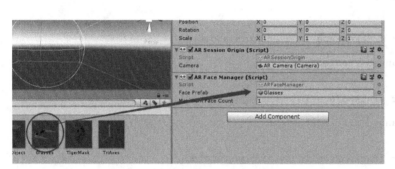

▲图 5-14　只使用 AR Face Manager
组件在特定位置挂载虚拟对象

▲图 5-15　只使用 AR Face Manager
在特定位置挂载虚拟对象示意图

但是相比于特征区域，这种通过模型偏移的方式有一个问题，因为我们是通过相对中心点的偏移将虚拟物体挂载到特定位置，由于个体差异这个偏移量会很大，如适合挂在小孩脸上的眼镜挂在成人脸上时，眼镜就会偏下（小孩眼睛离中心点距离比成人短），因此在能使用区域位置特性时应尽量使用，可以提高模型定位精度。

5.3.2　多人脸检测

ARCore 与 ARKit 都支持多人脸检测，在多人脸检测中，除了注册 facesChanged 事件，我们也可以直接在 Update() 函数中进行处理，代码如代码清单 5-4 所示。

代码清单 5-4

```
1.   using System.Collections.Generic;
2.   using Unity.Collections;
3.   using UnityEngine;
4.   using UnityEngine.XR.ARFoundation;
5.   using UnityEngine.XR.ARSubsystems;
6.   using UnityEngine.XR.ARCore;
7.   
8.   [RequireComponent(typeof(ARFaceManager))]
9.   [RequireComponent(typeof(ARSessionOrigin))]
10.  public class ARCoreFaceRegionManager : MonoBehaviour
11.  {
12.      [SerializeField]
13.      GameObject mRegionPrefab;
14.      ARFaceManager mFaceManager;
15.      ARSessionOrigin mSessionOrigin;
16.      NativeArray<ARCoreFaceRegionData> mFaceRegions;
```

```csharp
17.     Dictionary<TrackableId, Dictionary<ARCoreFaceRegion, GameObject>> mInstantiatedPrefabs;
18.
19.     void Start()
20.     {
21.         mFaceManager = GetComponent<ARFaceManager>();
22.         mSessionOrigin = GetComponent<ARSessionOrigin>();
23.         mInstantiatedPrefabs = new Dictionary<TrackableId, Dictionary<ARCoreFaceRegion,
            GameObject>>();
24.     }
25.
26.     void Update()
27.     {
28.         var subsystem = (ARCoreFaceSubsystem)mFaceManager.subsystem;
29.         if (subsystem == null)
30.             return;
31.         foreach (var face in mFaceManager.trackables)
32.         {
33.             Dictionary<ARCoreFaceRegion, GameObject> regionGos;
34.             if (!mInstantiatedPrefabs.TryGetValue(face.trackableId, out regionGos))
35.             {
36.                 regionGos = new Dictionary<ARCoreFaceRegion, GameObject>();
37.                 mInstantiatedPrefabs.Add(face.trackableId, regionGos);
38.             }
39.
40.             subsystem.GetRegionPoses(face.trackableId, Allocator.Persistent, ref mFaceRegions);
41.             for (int i = 0; i < mFaceRegions.Length; ++i)
42.             {
43.                 var regionType = mFaceRegions[i].region;
44.                 if (regionType == ARCoreFaceRegion.NoseTip)
45.                 {
46.                     GameObject go;
47.                     if (!regionGos.TryGetValue(regionType, out go))
48.                     {
49.                         go = Instantiate(mRegionPrefab, mSessionOrigin.trackablesParent);
50.                         regionGos.Add(regionType, go);
51.                         //Debug.Log("Object Count :" + mInstantiatedPrefabs.Count);
52.                     }
53.
54.                     go.transform.localPosition = mFaceRegions[i].pose.position;
55.                     go.transform.localRotation = mFaceRegions[i].pose.rotation;
56.                 }
57.             }
58.         }
59.     }
60.
61.     void OnDestroy()
62.     {
63.         if (mFaceRegions.IsCreated)
64.             mFaceRegions.Dispose();
65.     }
66. }
```

代码中我们也是在 NoseTip 位置挂载模型，在 ForeheadLeft 或 ForeheadRight 位置挂载虚拟物体，处理方式与前文完全一致。上述代码中，我们在所有检测到的人脸的 NoseTip 位置挂载相同的虚拟物体模型，如果需要挂载不同的虚拟物体，可以设置一个 Prefabs 组用于保存所有待实例化的预制体，然后用一个随机数发生器随机实例化虚拟物体。当前，我们无法做到在特定的人脸上挂载特定的虚拟物体，因为 ARCore、ARKit 只提供人脸检测而不是人脸识别，如果需要此功能，还需要结合其他技术共同完成。

5.4 BlendShapes

苹果公司在 iPhone X 及后续机型上增加了一个深度摄像机（TrueDepth Camera），利用这个深度摄像机可以更加精准地捕捉用户的面部表情，获取更详细的面部特征点信息。

5.4.1 BlendShapes 基础

ARKit 提供了一种更加抽象的表示面部表情的方式利用深度摄像机采集用户面部表情特征，这种表示方式叫作 BlendShapes。BlendShapes 可以翻译成形状融合，它在 3ds Max 中叫变形器，这个概念原本用于描述通过参数控制模型网格的位移，苹果公司借用了这个概念，在 ARKit 中专门用于表示通过人脸表情因子驱动模型的技术。BlendShapes 在技术上是一组存储了用户面部表情特征运动因子的"字典"，共包含 52 组特征运动数据，ARKit 会根据深度摄像机采集的用户表情特征值实时设置相对应的运动因子。利用这些运动因子可以驱动 2D 或者 3D 人脸模型，这些模型会实时呈现与用户一致的表情。

ARKit 实时提供全部 52 组运动因子，其中包括 7 组左眼运动因子数据、7 组右眼运动因子数据、27 组嘴与下巴运动因子数据、5 组眉毛运动因子数据、3 组脸颊运动因子数据、2 组鼻子运动因子数据、1 组舌头运动因子数据，如图 5-16 所示。但在使用时可以选择利用全部或者只利用一部分数据，如只关注眼睛运动，则只利用眼睛相关运动因子数据。

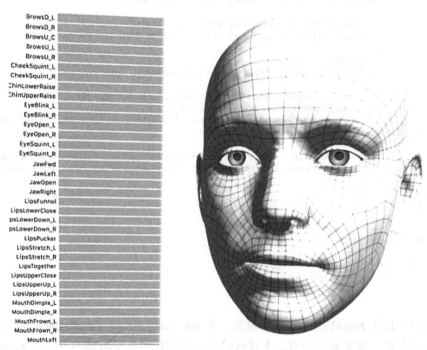

▲图 5-16　ARKit 定义的 52 组表情特征运动因子示意图

每一组运动因子表示一个 ARKit 识别的人脸表情特征，每一组运动因子都包括一个表示人脸特定表情的定位符与一个表示表情程度的浮点类型值，表情程度值的范围为[0,1]，0 表示没有表情，1 表示完全表情。在图 5-17 中，这个表情定位符为 mouthSmileRight，代表右嘴角的表情定位，左图中表情程度值为 0，即没有任何右嘴角表情，右图中表情值为 1，即最大的右嘴角表情运动，而 0 到 1 之间的中间值则会对网格进行融合，形成一种过渡表情，这也是 BlendShapes 名字的由来。ARKit 会实时捕这些运动因子，利用这些运动因子我们可以驱动 2D、3D 人脸模型，这些模型会同步用户的面部表情。当然，我们可以只取其中的一部分所关注的运动因子，但如果想精确模拟用户的表情，建议全部使用这 52 组运动因子数据。

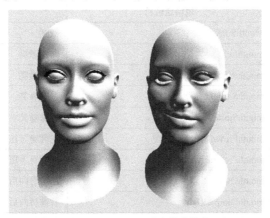

▲图 5-17　运动因子对人脸表情的影响示意图

5.4.2　BlendShapes 技术原理

ARKit 对人脸表情特征位置定义了 52 组运动因子数据，使用了 BlendShapeLocation 来作为表情定位符，表情定位符定义了特定表情，如 mouthSmileLeft、mouthSmileRight 等，与其对应的运动因子则表示表情运动范围。这 52 组 BlendShapeLocation 表情定位符及其描述如表 5-4 所示。

表 5-4　　　　　　　　　　　BlendShapeLocation 表情定位符及其描述

区域	表情定位符	描述
Left Eye（7）	eyeBlinkLeft	左眼眨眼
	eyeLookDownLeft	左眼目视下方
	eyeLookInLeft	左眼注视鼻尖
	eyeLookOutLeft	左眼向左看
	eyeLookUpLeft	左眼目视上方
	eyeSquintLeft	左眼眯眼
	eyeWideLeft	左眼睁大
Right Eye（7）	eyeBlinkRight	右眼眨眼
	eyeLookDownRight	右眼目视下方
	eyeLookInRight	右眼注视鼻尖
	eyeLookOutRight	右眼向左看
	eyeLookUpRight	右眼目视上方
	eyeSquintRight	右眼眯眼
	eyeWideRight	右眼睁大
Mouth and Jaw（27）	jawForward	努嘴时下巴向前
	jawLeft	撇嘴时下巴向左
	jawRight	撇嘴时下巴向右
	jawOpen	张嘴时下巴向下
	mouthClose	闭嘴
	mouthFunnel	稍张嘴并双唇张开

续表

区域	表情定位符	描述
Mouth and Jaw（27）	MouthPucker	抿嘴
	mouthLeft	向左撇嘴
	mouthRight	向右撇嘴
	mouthSmileLeft	左撇嘴笑
	mouthSmileRight	右撇嘴笑
	mouthFrownLeft	左嘴唇下压
	mouthFrownRight	右嘴唇下压
	mouthDimpleLeft	左嘴唇向后
	mouthDimpleRight	右嘴唇向后
	mouthStretchLeft	左嘴角向左
	mouthStretchRight	右嘴角向右
	mouthRollLower	下嘴唇卷向里
	mouthRollUpper	下嘴唇卷向上
	mouthShrugLower	下嘴唇向下
	mouthShrugUpper	上嘴唇向上
	mouthPressLeft	下嘴唇压向左
	mouthPressRight	下嘴唇压向右
	mouthLowerDownLeft	下嘴唇压向左下
	mouthLowerDownRight	下嘴唇压向右下
	mouthUpperUpLeft	上嘴唇压向左上
	mouthUpperUpRight	上嘴唇压向右上
Eyebrows（5）	browDownLeft	左眉向外
	browDownRight	右眉向外
	browInnerUp	蹙眉
	browOuterUpLeft	左眉向左上
	browOuterUpRight	右眉向右上
Cheeks（3）	cheekPuff	脸颊向外
	cheekSquintLeft	左脸颊向上并回旋
	cheekSquintRight	右脸颊向上并回旋
Nose（2）	noseSneerLeft	左蹙鼻子
	noseSneerRight	右蹙鼻子
Tongue（1）	tongueOut	吐舌头

需要注意的是，在表 5-4 中表情定位符的命名是基于人脸方向的，如 eyeBlinkRight 定义的是人脸右眼，但在呈现 3D 模型时我们对模型进行了镜像处理，看到的人脸模型右脸其实在左边。

有了表情特征运动因子后，就需要使用到 Unity 的 SkinnedMeshRenderer.SetBlendShapeWeight() 方法进行网格融合，该方法原型如下。

public void SetBlendShapeWeight(int index, float value);

该方法有两个参数，index 参数为需要融合的网格索引，其值必须小于 Mesh.blendShapeCount 值；value 参数为需要设置的 BlendShapes 权重值，这个值与模型设定值相关，可以是[0,1]，也可以是[0,100]等。

该方法主要功能是设置指定网格索引的 BlendShapes 权重值，这个值表示从源网格到目标网格的过滤（源网格与目标网格拥有同样的拓扑结构，但两者的顶点位置有差异），最终值符合以下公式：

$$v_{fin} = (1 - value) \times v_{src} + value \times v_{des}$$

因此，通过设置网格的 BlendShapes 权重值可以将网格从源网格过渡到目标网格，如图 5-18 所示。

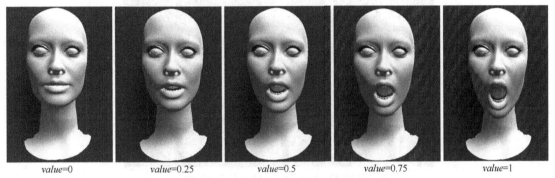

▲图 5-18 BlendShapes 权重值对网格影响示意图

5.4.3 BlendShapes 的使用

从前文中我们已经知道，使用 ARKit 的 BlendShapes 功能需要满足两个条件：一是有一个带有深度摄像机的移动设备；二是有一个 BlendShapes 已定义好的模型，这个模型 BlendShapes 定义最好与表 5-4 完全对应。

为模型添加 BlendShapes 可以在 3ds Max 软件中定义变形器，并做好对应的网格变形，如图 5-19 所示。

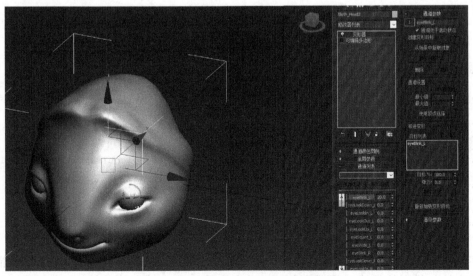

▲图 5-19 在模型制作时设置网格变形标记

在满足以上两个条件后,使用 BlendShapes 就变得相对简单了,实现的思路如下。

(1) 获取 ARKit 表情特征运动因子。这可以使用 ARKitFaceSubsystem.GetBlendShape Coefiicients()方法获取到,该方法会返回一个 Unity NativeArray 数组,里面包括 52 组表情特征运动因子数据。

(2) 模型挂载 Skinned Mesh Renderer 组件,其 BlendShapes 与模型中定义的 BlendShapes 标记符一致,如图 5-20 所示,绑定 ARKit 的表情特征定位符与 Skinned Mesh Renderer 中的 BlendShapes,使其保持一致。

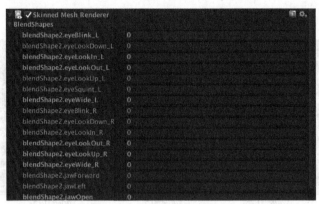

▲图 5-20 设置 Skinned Mesh Renderer

(3) 在 Face 数据发生改变时更新所有的表情特征运动因子,核心示例代码如代码清单 5-5 所示。

代码清单 5-5

```
1.  void UpdateFaceFeatures()
2.  {
3.      if (skinnedMeshRenderer == null || !skinnedMeshRenderer.enabled ||
            skinnedMeshRenderer.sharedMesh == null)
4.      {
5.          return;
6.      }
7.      using (var blendShapes = m_ARKitFaceSubsystem.GetBlendShapeCoefficients
           (m_Face.trackableId, Allocator.Temp))
8.      {
9.          foreach (var featureCoefficient in blendShapes)
10.         {
11.             int mappedBlendShapeIndex;
12.             if (m_FaceArkitBlendShapeIndexMap.TryGetValue(featureCoefficient.
                  blendShapeLocation, out mappedBlendShapeIndex))
13.             {
14.                 if (mappedBlendShapeIndex >= 0)
15.                 {
16.                     skinnedMeshRenderer.SetBlendShapeWeight(mappedBlendShapeIndex,
                          featureCoefficient.coefficient * coefficientScale);
17.                 }
18.             }
19.         }
20.     }
21. }
```

实现 BlendShapes 核心思想其实很简单,就是使用人的表情来驱动模型对应的表情,因此人的表情与模型的表情必须要建立一一对应关系,通过实时更新达到同步驱动的目的。

BlendShapes 实现效果如图 5-21 所示。

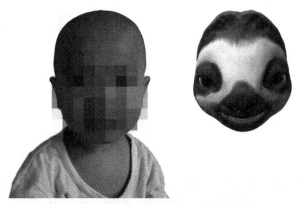

▲图 5-21　BlendShapes 效果图

第 6 章 光影效果

光影是影响物体感观的非常重要的部分，在真实环境中，人脑通过对光影进行分析，可以迅速定位物体空间位置、光源位置、光源强弱、物体三维结构、物体之间的关系、周边环境等，光影还影响人们对物体表面材质属性的直观感受。在 AR 中，光影效果直接影响 AR 虚拟物体的真实感。本章我们主要学习在 AR 中实现光照估计、环境光反射、阴影生成等相关知识，提高 AR 中虚拟物体渲染的真实性。

6.1 光照基础

在现实世界中，光扮演了极其重要的角色，没有光，万物将失去色彩，没有光，世界将一片漆黑。在 3D 数字世界中亦是如此，3D 数字世界是一个使用数学精确描述的世界，光照计算是影响到这个数字世界可信度的极其重要的因素。

在图 6-1 中，图（a）是无光照条件下的球体（并非全黑是因为设置了环境光），这个球体看起来与一个 2D 圆形并无区别，图（b）是有光照条件下的球体，立体形象已经呈现，有高光、有阴影。这只是一个简单的示例，事实上我们对环境的视觉感知就是通过光与物体材质的交互而产生的。

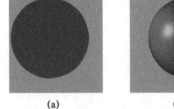

▲图 6-1　光照影响人脑对物体形状的判断

3D 数字世界真实度与 3D 数字世界使用的光照模型有直接关系，越高级的光照模型对现实世界模拟得越好，场景看起来就越逼真，当然计算开销也越大，特别是对实时渲染的应用来说，这时一个合适的折中方案选择就很关键。

本节中，我们将首先学习一些光照基本知识，然后介绍 AR Foundation 如何利用光照估计技术使 AR 体验更真实，并继续扩展其中的一些基本技术，改进 AR 应用真实感。

6.1.1 光源

顾名思义，光源是光的来源，常见的光源有阳光、星光、灯光等。光的本质其实很复杂，它是一种电磁辐射却有波粒二相性（我们不会深入去研究光学，那将是一件非常复杂且枯燥的工作，在计算机图形学中，只需要了解一些简单的光学属性并应用即可）。在实时渲染中，通常把光源当成一个没有体积的点，用 L 来表示它的方向，使用辐照度（Irradiance）来量化光照强度。对平行光而言，它的辐照度可通过计算在垂直于 L 的单位面积上单位时间内穿过的能量来衡量。在图形学中考虑光，我们只要想象光源会向空间中发射带有能量的光子，然后这些光子会和物体表面发生作用（反射、折射和吸收），最后的结果是我们看到物体的颜色和各种纹理。

6.1.2 光与材质的交互

当光照射到物体表面时，一部分能量被物体表面吸收，另一部分被反射，如图 6-2 所示，对于透明物体而言，还有一部分光穿过透明体，产生折射光。被物体吸收的光能转化为热量，只有反射光和折射光能够进入眼睛，产生视觉效果。反射和折射产生的光决定了物体呈现的亮度和颜色，即反射和折射光的强度决定了物体表面的亮度，而它们含有的不同波长、光的比例决定了物体表面的色彩。所以，物体表面光照颜色由入射光、物体材质，以及材质和光的交互规律共同决定。

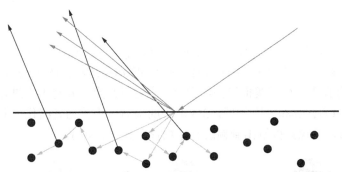

▲图 6-2　光与物体表面的交互，反射、折射、散射、次表面散射

材质可以认为是决定光与物体表面相互作用的属性。这些属性包括表面反射和吸收的光的颜色、材料的折射系数、表面光滑度、透明度。通过指定材质属性，我们可以模拟各种真实世界的表面，如木材、石头、玻璃、金属和水。

在计算机图形学光照模型中，光源可以发出不同强度的红、绿和蓝光，这样我们就可以模拟许多光色。当光从光源向外传播并与物体碰撞时，其中一些光可能被吸收，另一些则可能被反射（对于透明物体，如玻璃，有些光线可以透过介质，但这里不考虑透明度）。反射光沿着新的反射路径传播，可能会击中其他物体，其中一些光又被吸收和反射。光线在完全被吸收之前可能会击中许多物体，最终，一些光线会进入我们的眼睛，如图 6-3 所示。

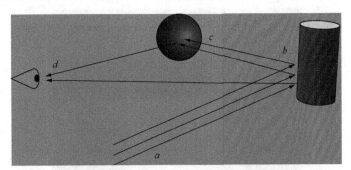

▲图 6-3　入射到眼睛中的光是光源与界环境进行多次交互后综合的结果

根据三原色理论，眼睛的视网膜包含 3 种光感受器，每一种感光器对特定的红光、绿光和蓝光敏感（有些重叠）。传入人眼的 RGB 光的强度不同。对光感受器产生的刺激也不同。当光感受器受到刺激（或不刺激）时，神经脉冲从视神经向大脑发出指令，大脑综合所有光感受器的刺激脉冲产生图像（如果闭上眼睛，感受器细胞就不会受到任何刺激，默认大脑会将其标记为黑色）。

在图 6-3 中，假设圆柱体表面材料反射 75%的红光，75%的绿光，而球体反射 25%的红光，吸收其余的红光，也假设光源发出的是白光。当光照射圆柱体时，所有的蓝光都被吸收，只有 75%的红光和绿光被反射（即中等强度的黄光）。这种光随后被散射，其中一些进入眼睛，另一些射向球体。进入眼睛的部分主要刺激红色和绿色的锥细胞到中等的程度，观察者会认为圆柱体是一种半明亮的黄色。其他光线向球体散射并击中球体，球体反射 25%的红光并吸收其余部分，因此，稀释后的红光（中高强度红色）被进一步稀释和反射，所有进入的绿光都被吸收，剩余的红光随后进入眼睛，刺激锥细胞到一个较低的程度，因此观察者会认为球体是一种暗红色的球。这就是光与材质的交互过程。

6.1.3　3D 渲染

计算机图形学中，3D 渲染又被称为着色（Shading），它是指对 3D 模型进行纹理与光照处理并光栅化成像素的过程。图 6-4 直观地展示了 3D 渲染过程。在 3D 渲染中，顶点着色器（Shader）从来没有真正渲染过线框模型，相反，它们只是定位并对顶点进行着色，然后输入片元 Shader 进行照明计算和阴影处理，3D 渲染的最后一步称为光栅化，即是生成每个像素的颜色信息，随后这些像素被输出到帧缓存中由显示器进行显示。

▲图 6-4　AR 渲染物体的过程

> **提示**　这里讨论的渲染过程是指利用 DirectX 或 OpenGL 在 GPU 上进行标准的实时渲染过程，目前已有一些渲染方式采用另外的渲染架构，但那不在我们的讨论范围之内。

Unity 对模型或场景提供多种渲染模式，如图 6-5 所示，有的如 Wireframe、Shaded、Shaded Wireframe 有比较明确的意义，有的则不那么明显。

▲图 6-5　Unity 提供的渲染模式

6.2 光照估计

AR 与 VR 在光照上最大的不同在于 VR 世界是纯数字世界，有完整的数学模型，而 AR 则是将计算机生成的虚拟物体或关于真实物体的非几何信息叠加到真实世界的场景之上实现对真实世界的增强，融合了真实世界与数字世界。就光照而言，VR 中的光照完全由开发人员决定，光照效果是一致的，而在 AR 中则不得不考虑真实世界的光照信息与虚拟的 3D 光照信息的一致性。举个例子，如果在 AR 3D 应用中设置一个模拟太阳的高亮度方向光，而用户是在晚上使用这个 AR 应用，如果不考虑光照一致性，那么渲染出来的虚拟物体的光照与真实世界其他物体的光照反差将会非常明显，由于人眼对光照信息高度敏感，这种渲染可以说是完全失败的，完全没有沉浸感。在 AR 中，由于用户与真实世界的联系并未被切断，对光照的交互方式也要求更自然，如果真实世界的物体阴影向左而渲染出来的虚拟物体

▲图 6-6 真实环境阴影与虚拟对象阴影保持一致能有效地增强虚拟对象的真实感

阴影向右，这也是让人难以接受的，所以在 AR 中，必须要达到虚拟光照与真实光照一致，如图 6-6 所示，虚拟物体渲染出来的阴影应与真实环境中的阴影基本保持一致，这样才能提高虚拟物体的可信度和真实感。

6.2.1 3D 光照

Unity 标准着色器（Standard Shader）使用基于物理的渲染（Physically Based Rendering，PBR）或照明模型，这个光照模型非常复杂，当然渲染效果比较真实。PBR 着色器在 PC 平台广泛应用，在移动平台性能通常表现得比较差，移动设备的 GPU 通常不支持 PBR 着色器所需的附加指令，因此，为提高性能与效果，在移动平台做渲染最好使用自定义的针对移动端特别优化的照明着色器。

作为对比，分别采用 ARCore/DiffuseWithLightEstimation、Mobile Diffuse、Standard（Roughness setup）在相同光照情况下对物体进行渲染，渲染效果如图 6-7 所示。

▲图 6-7 使用 3 种不同的着色器对同一物体进行渲染

在图 6-7 中左边是使用 Standard（Roughness setup）渲染的效果、中间使用的是 ARCore/DiffuseWithLightEstimation、右边使用的是 Mobile Diffuse。从渲染效果来看，Standard（Roughness setup）看起来最自然，ARCore/DiffuseWithLightEstimation、Mobile Diffuse 渲染出来的效果有点理想化而且明显要明亮许多。如果使用 Mobile Diffuse 作为照明着色器渲染物体的 AR 应用将会看到物体渲染有些发白且缺少细节，原因在于 Mobile Diffuse 着色器的光源（强度

和方向）保持不变，这意味着我们的模型总是得到相同的光（方向和强度）。而在真实世界中，当用户移动时，光的方向和强度会发生急剧改变（如用户从户外走到户内，这时光照会发生剧烈的变化）。当我们使用手机等设备经历这个过程时，手机设备的相机会尝试对此进行补偿，但仍然可以看到光照的明显变化。这个变化会导致 AR 应用虚拟物体渲染时出现非常大的问题，那就是光照的不一致性。

6.2.2 光照一致性

光照一致性，指让虚拟物体具有与真实场景相同的光照效果。光照一致性的目标是使虚拟物体的光照情况与真实场景中的光照情况一致，虚拟物体与真实物体有着一致的明暗、阴影效果，以增强虚拟物体的真实感。解决光照一致性问题的关键是获取真实场景中的光照信息，准确的光照信息能够实现更加逼真的增强现实效果。光照一致性包含的技术性问题很多，完全的解决方案需要场景精确的几何模型和光照模型，以及场景中物体的光学属性描述，这样才可能绘制出真实场景与虚拟物体的光照交互，包括真实场景中的光源对虚拟物体产生的明暗、阴影和反射以及虚拟物体对真实物体的明暗、阴影和反射的影响。光照一致性问题是增强现实技术中的一个难点，光照模型的研究是解决光照一致性问题的重要手段，其主要研究如何根据物理光学的有关定律，采用计算机来模拟自然界中光照的物理过程。

由于光照一致性涉及的问题很多，实现虚实场景的一致性光照，一个关键的环节是要获取现实环境中真实光照的分布信息。目前对真实环境光照的估计方法主要包括：借助辅助标志物的方法、借助辅助拍摄设备的方法、基于图像的分析方法等等，AR Foundation 使用的就是基于图像的分析方法。

6.2.3 光照估计操作

在 AR Foundation 中应用光照估计，首先要打开 AR Foundation 光照估计功能，在 Hierarchy 窗口中，依次选择 AR Session Origin➤AR Camera，然后在 Inspector 窗口的 AR Camera Manager 组件中，选择其 Light Estimation Mode 为 "Ambient Intensity"，如图 6-8 所示。

▲图 6-8 开启 AR Foundation 光照估计功能

在 Project 窗口中新建一个 C#脚本，命名为 LightEstimation，编写代码如清单 6-1 所示。

代码清单 6-1

```
1.  using UnityEngine;
2.  using UnityEngine.XR.ARFoundation;
```

6.2 光照估计

```
3.
4.   public class LightEstimation : MonoBehaviour
5.   {
6.       [SerializeField]
7.       private ARCameraManager mCameraManager;
8.       private Light mLight;
9.
10.      void Awake()
11.      {
12.          mLight = GetComponent<Light>();
13.      }
14.
15.      void OnEnable()
16.      {
17.          if (mCameraManager != null)
18.              mCameraManager.frameReceived += FrameChanged;
19.      }
20.
21.      void OnDisable()
22.      {
23.          if (mCameraManager != null)
24.              mCameraManager.frameReceived -= FrameChanged;
25.      }
26.
27.      void FrameChanged(ARCameraFrameEventArgs args)
28.      {
29.          if (args.lightEstimation.averageBrightness.HasValue)
30.          {
31.              mLight.intensity = args.lightEstimation.averageBrightness.Value ;
32.              Debug.Log("Light Intensity:"+args.lightEstimation.averageBrightness.Value);
33.          }
34.
35.          if (args.lightEstimation.averageColorTemperature.HasValue)
36.          {
37.              mLight.colorTemperature = args.lightEstimation.averageColorTemperature.Value;
38.              Debug.Log("Light Color Temperature:"+args.lightEstimation.
                 averageColorTemperature.Value);
39.          }
40.
41.          if (args.lightEstimation.colorCorrection.HasValue)
42.          {
43.              mLight.color = args.lightEstimation.colorCorrection.Value
44.              Debug.Log("Light Color Correction:" + args.lightEstimation.colorCorrection
                 .Value );
45.          }
46.      }
47.  }
```

为应用该脚本，我们将在 Directional Light 组件上挂载 LightEstimation 脚本，并将 AR Session Origin➤AR Camera 赋给 mCameraManager 属性，如图 6-9 所示。

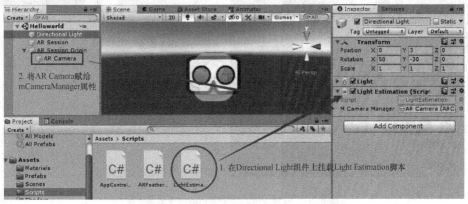

▲图 6-9 开启 AR Foundation 光照估计功能

编译运行，Debug 输出如图 6-10 所示，通过观察输出记录我们发现 3 个事实：一是 Light Color Temperature 没有输出；二是 Light Color Correction 值非常接近 1，Light Intersity 的值只有 Light 设定值的一半左右；三是光照估计每帧都会执行。

出现事实一的原因是我们使用的手机操作系统平台为 Android，在 Android 平台上，ARCore 没有 Light Color Temperature 的概念。在 ARCore 中，光照估计会对环境中的光照强度（Intensity）、颜色（Color）、方向（Direction）进行评估计算，在 AR Foundation 中，计算了光照强度（Intensity）、颜色校正（Light Color Correction）。在 iOS 平台上使用 ARKit 时没有 Light Color Correction 的概念，ARKit 只对环境中的光照强度（AmbientIntensity）、颜色色温（AmbientColorTemperature）进行估计，因此在 iOS 平台，Light Color Correction 也不会输出。

```
Unity           (Filename: ./Runtime/Export/Debug/Debug.bindings.h Line: 48)
Unity           Light Color Correction:RGBA(0.979, 1.000, 0.996, 0.431)
Unity
Unity           (Filename: ./Runtime/Export/Debug/Debug.bindings.h Line: 48)
Unity           Light Intersity:0.4263393
Unity
Unity           (Filename: ./Runtime/Export/Debug/Debug.bindings.h Line: 48)
Unity           Light Color Correction:RGBA(0.979, 1.000, 0.999, 0.426)
Unity
Unity           (Filename: ./Runtime/Export/Debug/Debug.bindings.h Line: 48)
Unity           Light Intersity:0.4263393
```

▲图 6-10　光照估计 Debug 输出情况

通过事实二我们可以看到，在实际应用中，颜色校正值其实是比较微弱的。同时我们也看到了光照强度值大概率在 0.4~0.5 浮动，因此有时为了让效果更明显，我们会通过乘以一个系数来对强度、颜色值进行纠偏，例如乘以 2 扩大影响范围。

ARCore 与 ARKit 的光照估计技术都是建立在图像分析方法基础之上的综合技术，使虚拟物体能够根据环境光照信息改变光照情况，增强虚拟物体在现实世界中的真实感。基于图像的光照估计算法需要对摄像头获取的每一帧图像中的每一个像素点进行数学运算，计算量非常大，因此，如果不需要光照估计时应当及时地关闭光照估计功能。关闭光照估计的方法是选择场景 AR Session Origin➤AR Camera，将其 AR Camera Manager 组件中的 LightEstimationMode 属性设为 "Disable"。

在同一光照条件下更换不同的背景模拟环境光，虚拟物体光照会发生比较明显的变化（为强化效果，我们将 Color Correction 乘以系数 5），如图 6-11 所示。

（a）

（b）

▲图 6-11　环境光变化影响虚拟物体渲染效果图

6.3 环境光反射

在 AR 中实现环境光反射是非常高级的，它也是增强 AR 虚拟物体可信度的一个重要组成部分，虚拟物体反射其周边环境的环境光，能极大地增强其真实感，但因为 AR 中对环境光的估计信息往往都不完整，需要利用人工智能技术推算补充不完整的环境信息，因此，AR 中的环境光反射不能做到非常精准。

6.3.1 Cubemap

Cubemap，中文为立方体贴图，通常用于环境映射，Unity 中的 Skybox 就是立方体贴图。立方体贴图也常被用来作为具有反射属性物体的反射源。Cubemap 是一个由 6 个独立的 2D 正方形纹理组成的纹理集合，包含了 6 个 2D 纹理，每个 2D 纹理为立方体的一个面，6 个 2D 纹理共组成一个有贴图的立方体，如图 6-12 所示。

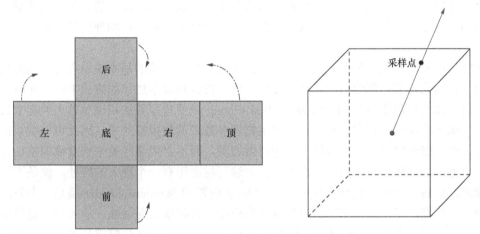

▲图 6-12 Cubemap 展开与采样示意图

在图 6-12 左图中，沿着虚线箭头方向折叠可以将这 6 个面封闭成一个立方体，形成一个纹理面向内的贴图集合，这也是立方体贴图名字的由来。立方体贴图最大的特点是构成了一个 720 度全封闭的空间，因此如果组成立方体贴图的 6 个纹理选择连续无缝贴图就可以实现 720 度无死角的纹理采样，形成完美的天空盒效果。

与 2D 纹理采样使用 UV 坐标不同，立方体贴图需要一个 3D 查找向量进行采样，我们定义这个查找向量为起点位于立方体中心点的 3D 向量，如图 6-12 右图所示，在 3D 查找向量与立方体相交处的纹理就是需要采样的纹理。若在 GLSL、HLSL、Cg 中都定义了立方体贴图采样函数，可以非常方便地进行 Cubemap 采样操作。

Cubemap 因其 720 度封闭的特性常常用来模拟在某点处的周边环境，实现反射、折射效果，如根据赛车位置实时更新 Cubemap 可以模拟赛车车身对周边环境的反射效果。在 AR 中，我们也是利用同样的原理来实现虚拟物体对真实环境的反射效果。

立方体贴图需要 6 个无缝的纹理，使用静态的纹理可以非常好地模拟全向场景，但静态纹理不能反映物体的动态变化，如赛车车身对周围环境的反射效果，如果使用静态纹理将不能反射路上行走的人群和闪烁的霓虹灯，这时就需要使用实时动态生成的 Cubemap，实时生成 Cubemap 的方法稍后我们会进行讲述，这种方式能非常真实地模拟赛车对环境的反射效果，但性能开销比较大，通常都需要进行优化。

6.3.2 PBR 渲染

光照模型（Illumination model）也称为明暗模型，用于计算物体某点处的光强（颜色值）。从数学角度而言，光照模型就是一个公式，使用这个公式来计算在某个点的光照效果。就算法理论基础而言，光照模型分为两类：一类是基于物理理论的，另一类是基于经验模型的。基于物理理论的光照模型，偏重于使用物理的度量和统计方法，比较典型的有 ward BRDF 模型，其中的不少参数需要由仪器测量，使用这种光照模型的好处是效果非常真实，但是计算复杂，实现起来也较为困难；基于物理渲染（Physicallly Based Rendering，PBR）也是基于物理模型的，PBR 对物体表面采用微平面进行建模，利用辐射度，加上光线追踪技术来进行渲染。经验模型更加偏重于使用特定的概率公式，使之与一组某种类型的表面材质相匹配，所以经验模型大多比较简洁，但效果偏向理想化。物理模型与经验模型两者之间的界限并不是清晰到"非黑即白"的地步，无论何种光照模型本质上还是基于物理的，只不过在求证方法上各有偏重而已。通常来说，经验模型更简单、对计算更友好，而物理模型更复杂且计算量更大。

PBR 是在不同程度上都基于与现实世界的物理原理更相符的基本理论所构成的渲染技术的集合。正因为基于物理的渲染目的是使用一种更符合物理学规律的方式来模拟光线，所以这种渲染方式与通常使用的 Phong 或者 Blinn-Phong 光照模型算法相比总体上看起来要更真实一些。除了看起来更真实以外，由于使用物理参数来调整模拟效果，因此可以编写出通用的算法，通过修改物理参数来模拟不同的材质表面，而不必依靠经验来修改或调整让光照效果看上去更自然。使用基于物理参数的方法来编写材质还有一个更大的好处，就是不论光照条件如何，这些材质看上去都会是正确的。Unity 内置的 Standard Shader 就是一个万能的基于物理的着色器，可以通过不同的参数设置来模拟各种材质表面属性，从木质到金属都可以仅由一个着色器来模拟，如可以通过调整 Metallic 和 Smoothness 值模拟从非金属到金属的所有材质，如图 6-13 所示。

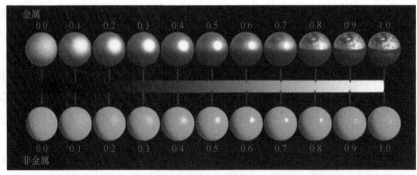

▲图 6-13 PBR 流程中 Metallic 与 Smoothness 对材质外观的质感影响

虽然如此，PBR 仍然只是对基于物理原理的现实世界的一种近似，这也就是它被称为基于物理的着色（Physically Based Shading）的原因。判断一种 PBR 光照模型是否是基于物理的，必须满足以下 3 个条件：基于微平面（Microface）的表面模型；能量守恒；应用基于物理的 BRDF。

6.3 环境光反射

在 PBR 的基础上，我们可以在 AR 中实现对环境的反射（不使用 PBR 也可以实现反射），通过调整 Metallic 和 Smoothness 或者 Specular 和 Smoothness 可以实现不同程度的反射效果，如图 6-14 所示。

▲图 6-14　在 AR 中实现对环境光反射效果图

AR Foundation 中，在使用 PBR 渲染虚拟物体时，如果要想虚拟物体具有反射效果，必须在着色器中开启 Reflections，同时为表现高光效果，也应该开启 Specular Highlights，如图 6-15 所示。

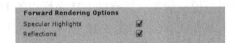

▲图 6-15　在 PBR 中开启 Specular Highlights 及 Reflections

6.3.3　Reflection Probe

在 Unity 中，带反射材质的物体默认会对 Skybox 产生反射，但不能对其周边的环境产生反射，为解决这个问题，Unity 提出了 Reflection Probe（反射探头、反射探针）的概念，所谓的 Reflection Probe 其实就是一个点，在这个点上向 6 个方向以 90 度视场角拍摄 6 张照片（这 6 个方向分别是 +x、-x、+y、-y、+z、-z），因为视场角是 90 度，这 6 张照片捕捉了它周围各个方向的球面图，然后将捕获的图像存储为一个 Cubemap，就可供具有反射材质的对象使用。在给定的场景中可以使用多个反射探头，并且可以设置目标使用最近探头产生的 Cubemap。

Reflection Probe 有 Probe Origin 和 Size 属性，Probe Origin 为反射探头的原点，Size 定义了从其本身原点出发可以抓取的图像的范围，Probe Origin 和 Size 共同构成了反射探头的反射盒和所在位置，如图 6-16 所示。只有在反射盒里的物体才能被拍摄捕获，才能被利用该反射探头的物体所反射。

如果要使用反射探头生成的 Cubemap，还需要设置反射物体 Mesh Renderer 中的 Reflection Probes 选项，选择 Blend Probes 或者 Blend Probes And Skybox，如图 6-17 所示。

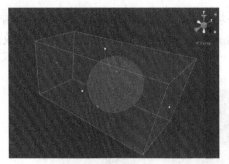

▲图 6-16　反射盒示意图

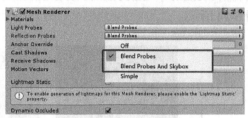

▲图 6-17　设置 Relfection Probes 为 Blend Probes 或者 Blend Probes And Skybox

每一个反射探头的工作实质是不断拍摄其所在位置的 6 个方向的纹理制作成立方体贴图供反射物体使用，这是一个性能消耗很大的操作，实时的反射探头每帧都会生成一个立方体贴图，在提供对动态物体良好的反射时也会对性能有比较大的影响，为了降低性能消耗，常用的做法有烘焙（Bake）、手动更新（manually），如对一个大厅的反射，可以预先烘焙到纹理中，但这种方式不能反映运行过程中的环境变化，手动更新可以根据需要在合适的时机人工更新，达到比较好的性能与表现均衡。

6.3.4　纹理采样过滤

纹理采样过滤（Texture Sampling Filter）是指对采样纹理的过滤算法，这里我们只针对 AR Foundation 中对反射的 3 种采样过滤方式（Point、Bilinear、Trilinear）讲解。在虚拟物体显示时，很多时候物体的尺寸与提供的纹理并不能一一对应，如在放大、缩小模型时，纹理就会发生形变，为了达到更好的视觉效果，需要对采样的纹理进行处理。

为了方便阐述，我们从一维的角度来说明，假如现有一张 256×256 的纹理，其在 x 轴上就有 256 个像素点，若在使用中模型的某一顶点的 UV 坐标中的 U 值为 0.13852676，那么其对应的像素点为 256×0.13852676=35.46，如图 6-18 所示。在纹理中，小数是没有定义的，因此，35.46 并不能直接对应一个像素点的值。

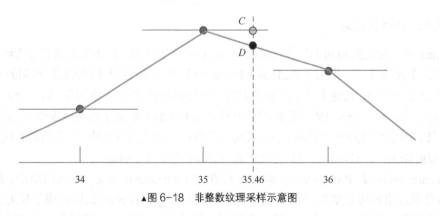

▲图 6-18　非整数纹理采样示意图

采样过滤就是为了解决这类纹理不能直接对应的问题。Point 过滤处理的方式是四舍五入取最近的值，因此其值为 C，与 35 对应的像素值一致。Bilinear 过滤的处理方式是在最近的两个值之间作插值，即在 35 与 36 所对应的值间根据小数值做插值，其值为 D。可以看到，Point 过滤比 Bilinear 过滤简单得多，但是 Bilinear 过滤比 Point 过滤结果更平滑，其效果如图 6-19

所示。图（a）为原图，图（b）为使用 Point 过滤且放大后的图像，可以看到明显的块状，图（c）为使用 Bilinear 过滤且放大后的图像，效果要平滑得多。

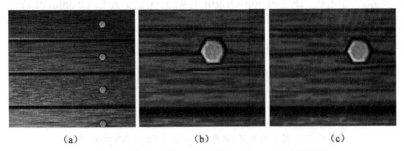

▲图 6-19　纹理采样 Point 过滤与 Bilinear 过滤效果图

Trilinear 解决的是在不同 LOD（Levels Of Detail）间过滤纹理的问题，原理如图 6-20 所示，其实质是进行两次插值计算：先进行一次 Bilinear 过滤计算出 C_b 与 C_a 的值，然后在不同的 LOD 间进行一次 Bilinear 过滤，因此结果更加平滑。

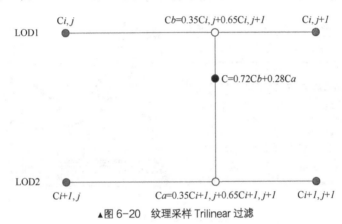

▲图 6-20　纹理采样 Trilinear 过滤

在 AR Foundation 中使用环境光反射时，为了达到更好的效果，通常我们都会选择 Bilinear 或者 Trilinear 纹理采样过滤模式，如图 6-21 所示。

▲图 6-21　AR Foundation 纹理采样过滤模式

6.3.5　使用 Environment Probe

在 AR Foundation 中，环境反射功能可以使虚拟物体反射真实世界中的环境信息，从而更好地将虚拟场景与真实世界环境融合。AR 环境反射是一个高级功能，需要学习掌握相关知识才能运用自如，明白原理后，在 AR Foundation 中使用时非常简单。在 AR Foundation 中使用环境反射的基本步骤如下。

（1）在场景中的 AR Session Origin 对象上挂载 AR Environment Probe Manager 组件并作相应设置。

（2）确保需要反射的虚拟对象带有反射材质并能反射 Probe。

（3）使用自动或者手动方式设置反射探头捕获环境信息供反射体使用。

按照上述步骤，首先在 AR Session Origin 对象上挂载 AR Environment Probe Manager 组件，我们这里选择手动设置反射探头，因此不勾选"Automatic Placement"，并选择纹理过滤模式为"Trilinear"，如图 6-22 所示。

▲图 6-22　挂载并设置 AR Environment Probe Manager 组件

然后给需要反射的虚拟物体设置反射材质，本节中我们使用的是 Unity 中的 Standard Shader，并设置其 Mesh Renderer 组件中的 Light Probes 和 Reflection Probes 均为 Blend Probes，以使其使用反射探头生成的 Cubemap，勾选上 Standard Shader 中 Forward Rendering Options 的 Specular Highlights 和 Reflections，如图 6-23 所示。

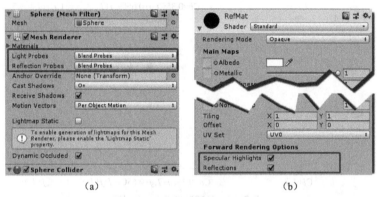

▲图 6-23　设置反射材质

为在虚拟物体放置位置生成一个反射探头，新建一个 C#脚本，命名为 AppController，并编写代码如代码清单 6-2 所示。

代码清单 6-2

```
1.   using System.Collections;
2.   using System.Collections.Generic;
3.   using UnityEngine;
4.   using UnityEngine.XR.ARFoundation;
5.   using UnityEngine.XR.ARSubsystems;
6.
7.   [RequireComponent(typeof(ARRaycastManager))]
8.   public class AppController : MonoBehaviour
9.   {
10.      public GameObject spawnPrefab;
11.      static List<ARRaycastHit> Hits;
12.      private ARRaycastManager mRaycastManager;
13.      private ARENvironmentProbeManager mProbeManager;
14.      private ARENvironmentProbe mProbe;
15.      private GameObject spawnedObject = null;
16.      private void Awake()
17.      {
18.          Hits = new List<ARRaycastHit>();
19.          mRaycastManager = GetComponent<ARRaycastManager>();
```

```
20.         mProbeManager = GetComponent<AREnvironmentProbeManager>();
21.     }
22.
23.     void Update()
24.     {
25.         if (Input.touchCount == 0)
26.             return;
27.         var touch = Input.GetTouch(0);
28.         if (mRaycastManager.Raycast(touch.position, Hits, TrackableType.
            PlaneWithinPolygon | TrackableType.PlaneWithinBounds))
29.         {
30.             var hitPose = Hits[0].pose;
31.             var probePose = hitPose;
32.             probePose.position.y += 0.2f;
33.             if (spawnedObject == null)
34.             {
35.                 spawnedObject = Instantiate(spawnPrefab, hitPose.position+ new Vector3
                    (0f,0.05f,0f), hitPose.rotation);
36.                 mProbe = mProbeManager.AddEnvironmentProbe(probePose, new Vector3
                    (0.6f, 0.6f, 0.6f), new Vector3(1.0f, 1.0f, 1.0f));
37.             }
38.             else
39.             {
40.                 spawnedObject.transform.position = hitPose.position;
41.                 mProbe.transform.position = hitPose.position;
42.             }
43.         }
44.     }
45. }
```

在上述代码中，我们手动添加了一个反射探头并运用了反射，代码的其他内容稍后进行分析。编译运行，在放置虚拟物体后，可以旋转一下手机，扩大 AR 应用对环境信息的感知，效果如图 6-24 所示。左图为没有反射的虚拟物体，右图为采用了环境反射的虚拟物体，可以看到，虚拟物体反射了计算机屏幕及其他周边环境。

▲图 6-24　使用环境光反射与不使用环境光反射效果图

6.3.6　AR Environment Probe Manager

在 AR Foundation 中，由 AR Environment Probe Manager 负责管理环境反射相关任务，

AR Environment Probe Manager 有 3 个属性：分别是 Automatic Placement、Environment Texture Filter Mode、Debug Prefab。

1. Automatic Placement

AR Foundation 既允许自动放置反射探头也允许手动放置反射探头，或者两者同时使用。在自动放置模式下，由应用程序设备自动选择合适的位置放置反射探头；在手动放置模式下，由开发人员在指定位置放置反射探头。自动放置由底层 SDK 提供算法，自主选择在何处及如何放置反射探头，以获得比较高质量的环境信息，自动放置的确定依赖于在实际环境中检测到的关键特征点信息。手动放置主要是为了获得特定虚拟对象的最精确环境信息，绑定反射探头与虚拟对象位置可以提高反射渲染的质量，因此，手动将反射探头放置在重要的虚拟对象中或其附近会为该对象生成最准确的环境信息。通常而言，自动放置可以提供对真实环境比较好的宏观环境信息，而手动放置能提供在某一个点上对周围环境更准确的环境映射，从而提升反射的质量。

反射探头负责捕获环境纹理信息，每个反射探头都有一个比例（Scale）、方向（Orientation）、位置（Position）和大小（Size）。比例、方向和位置属性定义了反射探头相对于 Session 空间的空间信息，大小则定义了反射探头反射的范围。无限大小表示环境纹理可用于全局，而有限大小表示反射探头只能捕获其周围特定区域的环境信息。

在手动放置时，为了使放置的反射探头能更好地发挥作用，通常反射探头的放置位置与大小的设置应遵循以下原则。

（1）反射探头的位置应当放在需要反射的虚拟物体顶部中央，高度应该为虚拟物体高度的 2 倍，如图 6-25 所示。这可以确保反射探头下部与虚拟物体下部对齐，并捕获到虚拟物体放置平面的环境信息。

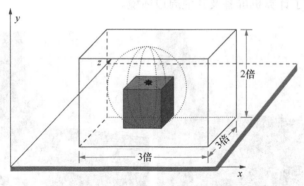

▲图 6-25　手动放置反射探头示意图

（2）反射探头的长与宽应该为虚拟物体长与宽的 3 倍，确保反射探头能捕获到虚拟物体周边的环境信息。

（3）反射探头可以朝向任何方向，但是，Unity 的反射探头只支持轴对齐模式，因此，最好在放置时就设置成轴对齐模式。

2. Environment Texture Filter Mode

环境纹理过滤模式主要可选为 Point、Bilinear、Trilinear。为达到比较好的视觉效果，一般我们选择 Bilinear 或者 Trilinear。

3. Debug Prefab

该属性用于在调试时可视化反射探头，在发布时应置为空。

在 AR Foundation 中，AR Environment Probe Manager 组件提供如表 6-1 所示常用方法管理环境反射。

表 6-1　　　　　　　　　　　　　　常用方法与事件

方法	描述
AddEnvironmentProbe(Pose pose, Vector3 scale, Vector3 size)	添加一个 AREnvironmentProbe，参数 pose 指定了放置的位置与方向，参数 scale 指定了相对于 Session 空间的比例，参数 size 指定了反射探头可探测的环境范围
GetEnvironmentProbe(TrackableId trackableId)	根据 TrackableId 获取一个 AREnvironmentProbe
RemoveEnvironmentProbe(AREnvironmentProbe probe)	移除一个 AREnvironmentProbe，如果移除成功则返回 true，否则返回 false
environmentProbesChanged	在反射探头发生变化时触发的事件，如创建一个新的 AREnvironmentProbe、对一个现存的 AREnvironmentProbe 进行更新、移除一个 AREnvironmentProbe

6.3.7　性能优化

在 AR 中使用反射探头反射环境可以大大增强虚拟物体的可信度，但由于 AR 摄像头获取的环境信息不充分，需要利用人工智能的方式对不足信息进行补充，计算量大，对资源要求高，这对移动平台的性能与电池续航提出了非常高的要求，因此为更好地扬长避短，在 AR 中使用反射探头反射真实环境需要注意以下几点。

1. 避免精确反射

如上所述，AR 中从摄像头获取的信息不足以对周围环境进行精准的再现，即不能生成完整的 Cubemap，因此反射体对环境的反射也不能做到非常精准，希望利用反射探头实现对真实环境的镜面反射是不现实的。通常的做法是通过合理的设计，发挥反射增强虚拟物体可信度的优势，但也要同时避免对真实环境的精确反射。因为在 AR 中不能获取到完全的 Cubemap 并且 Cubemap 更新也不实时（为降低硬件消耗），通常在小面积上可以使用高反射率而在大面积上使用低反射率，达到既营造反射效果又避免反射不准确而带来的负面效果。

2. 对移动对象的处理

烘焙的环境贴图不能反映环境的变化，实时的反射探头又会带来过大的性能消耗，对移动对象的反射处理需要特别进行优化。在设置反射探头时可以考虑以下方法。

（1）如果移动物体移动路径可知或可以预测，可以提前在其经过的路径上放置多个反射探头并进行烘焙，这样移动物体可以根据距离的远近对不同的反射探头生成 Cubemap 采样。

（2）创建一个全局的环境反射，如 Skybox，当移动物体移动出某个反射探头的范围时仍然可以反射，而不是突然出现反射中断。

（3）当移动物体移动到一个新的位置后重新创建一个反射探头并销毁原来位置的反射探头。

3. 防止滥用

在 AR 中，生成 Cubemap 不仅是在某个点拍摄 6 个方向的照片做贴图。由于真实环境信息的不充分，AR 需要更多时间收集来自摄像头的图像信息，并且还要使用人工智能算法对缺失的信息进行计算补充，这是个耗时耗性能的过程。过多使用反射探头不仅不会带来反射效果的实质性提升，相反会导致应用卡顿和电量快速消耗。在 AR 中，当用户移动位置或者调整虚拟对象大小时，应用程序都会重新创建反射探头，因此我们需要限制此类更新，如更新频率不应大于每秒 1 次。

4. 避免突然切换

突然地移除反射探头或者添加新的反射探头会让用户感到不适。在 AR Foundation 中使用自动放置反射探头的模式，只要 Session 开始，就会创建一个全局的类似 Skybox 的大背景以防止反射突然的切换。在手动放置时，开发者应该确保反射的自然过渡，确保虚拟物体始终能反映合适的环境，或者使用一个全局的在各种环境下都能适应的静态 Cubemap 作为过渡手段。

6.4 使用内置实时阴影

阴影在现实生活中扮演着非常重要的角色，通过阴影我们能直观感受到光源位置、光源强弱、物体离地面的距离、物体轮廓等，并迅速在大脑中构建环境空间信息，如图 6-26 所示。阴影的产生与光源密切相关，阴影的产生也与环境光密切相关。阴影还影响人对空间环境的判断，是构建立体空间信息的重要参考因素。

与真实世界一样，在数字世界中阴影的生成也需要光源，同时，在 AR 中生成阴影与在 VR 中生成阴影相比有很大不同，VR 是纯数字世界，在其环境中肯定能找到接受阴影的对象，但 AR 中却不一定有这样的对象，如将一个 AR 虚拟物体放置在真实桌面上，这时虚拟物体投射的阴影

▲图 6-26 光照与阴影影响人脑对空间环境的认知理解

没有接受物体（桌面并不是数字世界中的对象，无法直接接受来自虚拟物体的阴影），因此就不能生成阴影。为使虚拟物体产生阴影，我们的思路是在虚拟物体下方放置一个接受阴影的对象，这个对象需要能接受阴影但又不能有任何材质表现，即除了阴影部分，其他地方需要透明，这样才不会遮挡现实世界中的物体。

6.4.1 ShadowMap 技术原理

在 Unity 内置阴影实现中，实时阴影混合了多种阴影生成算法，根据要求可以是 ShadowMap、Screen space ShadowMap、Cascaded Shadow 等，ShadowMap 按技术又可以分为 Standard Shadow Mapping、PCF、PSM、LISPSM、VSM、CSM / PSSM 等。之所以分这么多阴影生成算法，是因为平衡需求与复杂度。阴影生成的理论本身并不复杂，有光线照射的地方就是阳面（没有阴影），没有被光照射的地方就是阴面（有阴影）。但现实环境中光照非常复杂，阴影千差万别，有在太阳光直射下棱角特别分明的阴影，有在只有环境光照射下界线特别不分明的超软阴影，也有介于这两者之间的阴影，目前没有一种统一的算法可以满足各种阴影生成要求，因此发展了各类阴影算法处理在特定情况下生成阴影的问题。

ShadowMap 技术需要进行两次渲染：第一次从光源的视角渲染一张 RenderTexture，将深度值写入纹理，这张深度纹理称之为深度图；第二次从正常的摄像机视角渲染场景，在渲染场景时需要将当前像素到光源的距离与第一次渲染后的深度图中对应的深度信息作比较，如果距离比深度图中取出的值大就说明该点处于阴影中，如图 6-27 所示。

在第一次渲染中，从光源视角出发，渲染的是光源位置可见的像素，记录这些深度信息到深度图中，如 D 点对应的深度信息是 L1；第二次从摄像机视角渲染场景，这次渲染的是摄像机位

置可见的像素，如 E 点，计算 E 点到灯光的距离是 $L2$，将 $L2$ 与深度图中对应的深度值作比较，从图 6-27 中可以看到，在第一次渲染时，与 E 点对应的深度信息是 $L1$，并且 $L1<L2$，这说明从光源的视角看，E 点被其他点挡住了，因此 E 点不能被灯光照射到，即 E 点处于阴影中。

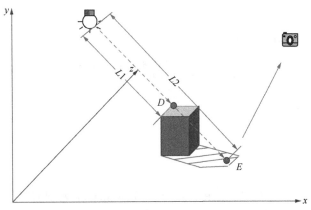

▲图 6-27　ShadowMap 技术原理

> **提示**　特别需要注意的是距离比较一定要在同一坐标空间中才有意义，即示例中的 $L1$ 与 $L2$ 的大小对比一定要在同一坐标空间中进行。

6.4.2　使用实时阴影

如前所述，在 AR 中生成阴影一方面需要有光源，另一方面还需要有一个能接受并显示阴影的载体。本节中我们将采用 Unity 内置的阴影解决方案生成 AR 实时阴影，采用 Directional Light 作光源，使用一个 Plane 做阴影接受和显示载体。

首先，制作一个接受阴影且透明的 Plane，在 Project 窗口中新建一个 Shader，命名为 ARShadow，编写如代码清单 6-3 所示 Cg 代码，该 Shader 的功能就是显示阴影。

代码清单 6-3

```
1.  Shader "Davidwang/MobileARShadow"
2.  {
3.      SubShader{
4.          Pass {
5.              Tags { "LightMode" = "ForwardBase" "RenderType" = "Opaque" "Queue" = "Geometry+1" "ForceNoShadowCasting" = "True"  }
6.              LOD 150
7.              Blend Zero SrcColor
8.              ZWrite On
9.
10.             CGPROGRAM
11.             #pragma vertex vert
12.             #pragma fragment frag
13.             #include "UnityCG.cginc"
14.             #pragma multi_compile_fwdbase
15.             #include "AutoLight.cginc"
16.
17.             struct v2f
18.             {
19.                 float4 pos : SV_POSITION;
20.                 LIGHTING_COORDS(0,1)
21.             };
22.
```

```
23.
24.            v2f vert(appdata_base v)
25.            {
26.                v2f o;
27.                o.pos = UnityObjectToClipPos(v.vertex);
28.                TRANSFER_VERTEX_TO_FRAGMENT(o);
29.                return o;
30.            }
31.
32.            fixed4 frag(v2f i) : COLOR
33.            {
34.                float attenuation = LIGHT_ATTENUATION(i);
35.                return fixed4(1.0,1.0,1.0,1.0) * attenuation;
36.            }
37.
38.            ENDCG
39.        }
40.    }
41.    Fallback "VertexLit"
42.
43. }
```

然后新建一个材质，亦命名为 ARShadow，选择 Shader 为刚编写的 MobileARShadow。在 Hierarchy 窗口中新建一个 Plane，将其 Scale 值修改为（0.1,0.1,0.1），然后将 ARShadow 材质赋给它，并制作成 Prefab，命名为 ARPlane，删除 Hierarchy 窗口中的 Plane，到此，接受阴影的平面制作完成。

在 Hierarchy 窗口选择 Directional Light，然后在 Inspector 窗口中对其属性进行设置。先测试一下硬阴影，将 Shadow Type 设置为 Hard Shadows，其余参数设置如图 6-28 所示，详细参数会在后文说明。

在 Unity 菜单栏依次选择 Edit➤Project Settings，打开 Project Settings 对话框，选择 Quality，单击其右侧 Android 图标下的黑色小三角形，在下拉菜单中选择 Very High 或者 Ultra，然后选择 Shadows 为 Hard Shadows Only，选择 Shadow Projection 为 Close Fit，如图 6-29 所示。

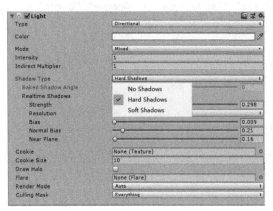

▲图 6-28 设置 Light 的阴影参数

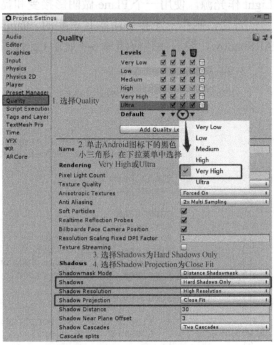

▲图 6-29 设置 Project 的 Quality 属性

在 Project 窗口中新建一个 C#脚本，命名为 AppController，编写如代码清单 6-4 所示代码。

代码清单 6-4

```csharp
1.  using System.Collections.Generic;
2.  using UnityEngine;
3.  using UnityEngine.XR.ARFoundation;
4.  using UnityEngine.XR.ARSubsystems;
5.
6.  [RequireComponent(typeof(ARRaycastManager))]
7.  public class AppController : MonoBehaviour
8.  {
9.      public  GameObject spawnPrefab;
10.     public GameObject ARPlane;
11.     static List<ARRaycastHit> Hits;
12.     private ARRaycastManager mRaycastManager;
13.     private GameObject spawnedObject = null;
14.     private float mARCoreAngle = 180f;
15.     private void Start()
16.     {
17.         Hits = new List<ARRaycastHit>();
18.         mRaycastManager = GetComponent<ARRaycastManager>();
19.     }
20.
21.     void Update()
22.     {
23.         if (Input.touchCount == 0)
24.             return;
25.         var touch = Input.GetTouch(0);
26.         if (mRaycastManager.Raycast(touch.position, Hits, TrackableType.PlaneWithinPolygon | TrackableType.PlaneWithinBounds))
27.         {
28.             var hitPose = Hits[0].pose;
29.             if (spawnedObject == null)
30.             {
31.                 spawnedObject = Instantiate(spawnPrefab, hitPose.position, hitPose.rotation);
32.                 spawnedObject.transform.Rotate(Vector3.up, mARCoreAngle);
33.                 var p = Instantiate(ARPlane, hitPose.position, hitPose.rotation);
34.                 p.transform.parent = spawnedObject.transform;
35.             }
36.             else
37.             {
38.                 spawnedObject.transform.position = hitPose.position;
39.             }
40.         }
41.     }
42. }
```

该脚本的主要功能是在检测到的平面上放置虚拟对象。在放置虚拟对象时，同时实例化一个接受阴影的平面，并设置该平面为虚拟对象的子对象，以便将其与虚拟对象绑定。将该脚本挂载在场景中的 AR Session Origin 对象上，并将虚拟物体与前面制作好的 AR Plane 赋给相应属性，如图 6-30 所示。

编译运行，寻找一个平面，在放置虚拟对象后，效果如图 6-31 所示。

从图 6-31 中可以看到，这时生成的阴影锯齿非常严重，基本无法使用，其性能消耗基本保持在 20ms～30ms，如图 6-32 所示。

接下来我们测试软阴影，在上述工程中，将 Directional Light 的 Shadow Type 设置为 Soft Shadows，其余参数设置保持不变。然后在 Unity 菜单栏依次选择 Edit➤Project Settings，打开 Project Settings 对话框，选择 Quality 选项卡，再选择 Shadow Projection 为 Stable Fit，效果与性能消耗分别如图 6-33、图 6-34 所示。

▲图 6-30　设置脚本参数属性　　　　　　▲图 6-31　Unity 内置 Hard Shadows 效果图

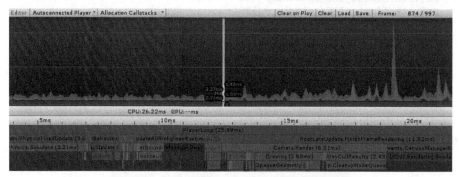

▲图 6-32　Unity 内置 Hard Shadows 性能消耗示意图

▲图 6-33　Unity 内置 Soft Shadows 并选择 Stable Fit 效果图

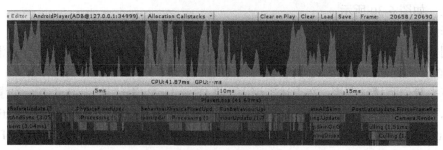

▲图 6-34　Unity 内置 Soft Shadows 并选择 Stable Fit 性能消耗示意图

在使用 Soft Shadows 并选择 Shadow Projection 为 Stable Fit 后，阴影的质量有了比较大的改观，也柔和了许多，但阴影与虚拟对象贴合得不紧密，同时性能消耗上升到 40ms～50ms。

保持 Directional Light 属性 Shadow Type 为 Soft Shadows，选择 Shadow Projection 为 Close Fit，效果与性能消耗分别如图 6-35、图 6-36 所示。

▲图 6-35　Unity 内置 Soft Shadows 并选择 Close Fit 效果图

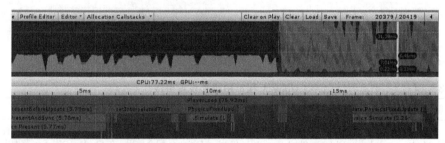

▲图 6-36　Unity 内置 Soft Shadows 并选择 Close Fit 性能消耗示意图

从图 6-35、图 6-36 可以看出，在选择 Shadow Projection 为 Close Fit 后，阴影与虚拟对象贴合得非常好，整体效果也还不错，但边缘过渡还是比较生硬，性能消耗上升到 60ms～80ms。对比可以发现，Shadow Type 与 Shadow Projection 选项对阴影质量影响很大。Stable Fit 对 Shadowmap 使用的是球形渐隐，Close Fit 使用的是线性渐隐，Close Fit 通常用于渲染较高分辨率的阴影。但在相机移动时阴影会轻微摆动，Stable Fit 渲染的阴影分辨率较低，不过相机移动时不会发生摆动。另外也可以看出，阴影生成对性能影响还是比较大的，高分辨率的实时阴影可能导致性能消耗成倍增加。

6.4.3　阴影参数详解

Unity 阴影系统非常强大复杂，在 Directional Light 属性中，光源光照常用阴影参数如表 6-2 所示。

表 6-2　　　　　　　　　　　　　　　光源光照常用阴影参数

属性	描述
Strength	阴影强度，值越大阴影越浓，越小阴影越淡，范围为[0,1]，默认值为 1
Resolution	阴影分辨率，Use Quality Settings 为使用 Project Settings 中的设置值，通常会选择该选项，因为 Project Settings 中可设置的参数更丰富。按分辨率从低到高依次为 Low Resolution、Medium Resolution、High Resolution、Very High Resolution，分辨率越高，阴影边缘的锯齿效应就越平滑越不明显
Bias	偏移量，范围为[0,2]，默认值为 0.05，描述阴影与模型的位置关系，值越大阴影与模型偏移越大，其与 Normal Bias 一并用于防止自阴影（Shadow acne）和阴影偏离（peter-panning）

续表

属性	描述
Normal Bias	法向偏移量，范围为[0,3]，默认值为 0.4，建议取值范围[0.3,0.7]，该属性实际用于调整表面坡度偏移量，坡度越大偏移量应该越大，但过大的偏移量会导致阴影偏离，因此固定的偏移量需要法向偏移量来修正
Near Plane	近平面，产生阴影的最小距离，范围为[0.1,10]，调整该值可以调整近阴影裁剪平面

在 Project Settings 对话框中，选择 Quality 选项卡，如图 6-37 所示，这里可以设置整体的质量表现，从左到右依次为台式计算机、iOS、Android、WebGL，从上到下质量越来越高。在效果越来越好的同时性能消耗也会同步增加。

在 Project Settings 对话框中与阴影相关的设置图 6-38 所示。

▲图 6-37 Unity 质量设置界面

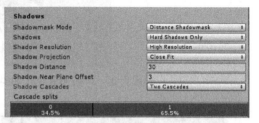
▲图 6-38 UnitySetting 面板中与阴影相关设置界面

图 6-37、图 6-38 中的 Unity 工程常用阴影设置参数如表 6-3 所示。

表 6-3　　　　　　　　　　Unity 工程常用阴影设置参数

属性	描述
Shadowmask Mode	阴影遮罩模式，只在光源为 Mix 模式才有用，Shadowmask 表示所有静态物体都使用烘焙阴影，Distance Shadowmask 与 Shadow Distance 配合使用，在 Shadow Distance 范围内使用实时阴影，在范围外使用烘焙阴影。因此，Distance Shadowmask 性能消耗比 Shadowmask 要高
Shadows	阴影模式，分为 Disable Shadows、Hard Shadows Only、Hard and Soft Shadows（分别为无阴影、硬阴影、软硬阴影）
Shadow Resolution	阴影分辨率，按分辨率从低到高依次为 Low Resolution、Medium Resolution、High Resolution、Very High Resolution，分辨率越高，阴影边缘越平滑，锯齿效应越不明显
Shadow Projection	阴影投影，Directional Light 的阴影投影方式。Close Fit 渲染高分辨率的阴影，Stable Fit 渲染低分辨率的阴影
Shadow Distance	阴影可见距离，为提高性能，在此距离内渲染阴影，在此距离外的阴影不渲染
Shadow Near Plane Offset	近平面阴影偏移，用于处理近平面处大三角形导致的阴影扭曲问题
Shadow Cascades	层叠阴影，分为 No Cascades、Two Cascades、Four Cascades，更高的层叠阴影带来更好的阴影边缘柔和效果，层叠阴影对性能消耗非常大
Cascade splits	层叠切片，用于调整层叠阴影叠加效果

Unity 自带的阴影系统实现了 ShadowMap、Screen space Shadowmap、Cascaded Shadow 等阴影效果，也可以控制阴影偏移量与法向偏移量，能普适于常见应用。

6.5 Projector 阴影

在前节中，我们使用 Unity 内置的 Shadow 生成算法生成了阴影，在使用 Soft Shadows 时，如果想得到更加柔和的阴影，就需要调高 Quality Level、Shadow Resolution、Shadow Cascades 设置值，但调高这些参数会对性能产生比较明显的影响。本节我们使用一个免费的

6.5 Projector 阴影

Unity 插件 DynamicShadowProjector 来实现更柔和的阴影。经测试，在不大幅提高性能消耗的情况下可以获得比内置阴影更好的阴影效果。

读者可以在 Asset Store 上下载导入 DynamicShadowProjector 组件，DynamicShadowProjector 组件使用投影的方式产生阴影而不是使用 ShadowMap，可以作为移动平台阴影生成的一个很好的替代品，而且几乎可以在所有设备上运行。

6.5.1 ProjectorShadow

继续使用上节的工程程序，因为我们现在使用 DynamicShadowProjector 组件，所以首先需要关闭 Unity 自带的阴影生成功能。在 Hierarchy 窗口中选中 Directional Light，修改其属性 Shadow Type 为 No Shadows，禁止其生成阴影。

接下来，我们需要制作一个带有 Shadow Projector 的虚拟对象 prefab。

（1）在 Hierarchy 窗口中新建一个空对象，命名为 Softspider。

（2）将前一节制作的 ARPlane 及虚拟对象 SPIDER 拖到场景 Softspider 对象下，并调整好位置关系，通常为了防止生成的阴影与检测到的平面交叠在渲染时出现闪烁的问题，需将 ARPlane 在 y 轴的位置稍微向上提一点。

（3）在 Softspider 对象下新建一个空对象，命名为 softshadow，在其 Inspector 窗口中，单击 "Add Component" 按钮，依次选择 Scripts➤DynamicShadowProjector➤Draw Target Object，或者直接在搜索框中输入 Draw Target Object，为其添加 DrawTargetObject 组件，默认会自动添加所依赖的其他组件，如图 6-39 所示。

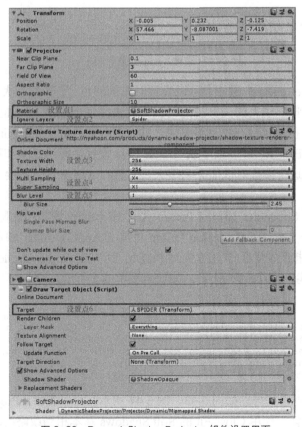

▲图 6-39 DynamicShadowProjector 组件设置界面

这时，在 Hierarchy 窗口中，Softspider 对象形成的结构层次如图 6-40 所示。

（4）进行相应设置。将 Projector 组件下的 Material 设置为 DynamicShadowProjector 组件自带的 SoftShadowProjetor，并将 Softspider 对象下的 SPIDER 对象赋给 DrawTargetObject 组件下的 Target 属性。这两个参数设置最为重要，一个负责使用特定的 Shader 渲染阴影，一个为需要渲染阴影的对象，如图 6-39 设置点 1 和设置点 6 所示。

根据需要调整 Projector 组件下的其他参数，并在 Scene 窗口中调整 Projector 的位置及旋转方向，直至在 Scene 窗口右下角的 Shadow Texture 小窗口中看见虚拟对象的阴影，如图 6-41 所示。

▲图 6-40 Softspider 预制体结构层次图

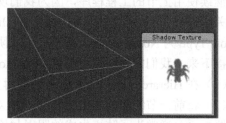

▲图 6-41 设置 Projector 阴影示意图

为防止阴影投射到虚拟物体本身，还需要将虚拟物体排除在阴影渲染对象外。具体的做法是在 Hierarchy 窗口中选中 Softspider 下的 SPIDER 对象，在 Inspector 为其新建一个 Layer，命名为 Spider，如图 6-42 所示。设置 softshadow 对象中 Projector 组件下的 Ignore Layers 为 Spider，如图 6-39 设置点 2 所示。

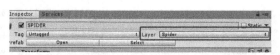

▲图 6-42 设置 Spider 对象所属的 Layer

在 ShadowTextureRenderer 组件中可以设置阴影的颜色、阴影纹理大小，其中阴影纹理大小直接影响阴影的质量，越大的阴影越清晰但内存占用率会越高。Multi Sampling 与 Super Sampling 主要是用于抗锯齿。在移动设备中，建议只设置 Multi Sampling，值越大效果越好但性能开销也越大。Blur Level 与其子属性 Blur Size 设置阴影边缘柔和程度，值越高阴影越柔和，需要注意的是这个参数对性能影响很大，并且在 iOS 平台可能会导致问题，建议慎重设置。

设置好之后，将 Softspider 制作成 Prefab 并从 Hierarchy 窗口中删除，然后将 Softspider Prefab 赋给 Hierarchy 窗口中 AR Session Origin 对象上 AppController 脚本的 Spawn Prefab 属性。因为我们已经将接受阴影的平面放置到 Prefab，所以在 AppController 脚本中无需再实例化一个 ARPlane，可以注释掉这些代码，如代码清单 6-5 所示。

代码清单 6-5

```
1.  spawnedObject = Instantiate(spawnPrefab, hitPose.position, hitPose.rotation);
2.  // spawnedObject.transform.Rotate(Vector3.up, mARCoreAngle);
3.  // var p = Instantiate(ARPlane, hitPose.position, hitPose.rotation);
4.  //   p.transform.Translate(0, 0.000012f, 0);
5.  //   p.transform.parent = spawnedObject.transform;
```

运行后效果与性能消耗分别如图 6-43、图 6-44 所示，可以看出，Projector 阴影比 Soft 阴影更加柔和，性能消耗与使用 Close Fit 的 Soft Shadows 基本相当或略有增加。

▲图 6-43　Projector 阴影效果图

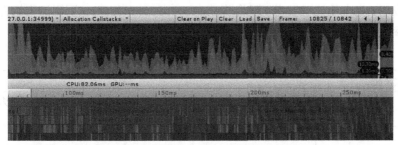

▲图 6-44　Projector 阴影性能消耗示意图

6.5.2　BlobShadow

在实际应用中，有时我们可能还会使用斑点阴影（Blob Shadow，或者叫模糊阴影），这种阴影是一种超柔和的阴影，往往用于实现模拟真实场景中只有环境光而没有明确光源的超柔和阴影效果，如图 6-45 所示。

使用 DynamicShadowProjector 组件也可以制作这种动态的斑点阴影，基本步骤与上节基本一致，只是需要将渲染阴影的材质替换为 BlobShadowProjector，实际运行效果与性能消耗分别如图 6-46、图 6-47 所示。

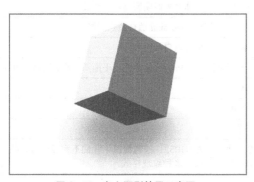

▲图 6-45　斑点阴影效果示意图

▲图 6-46　Blob 阴影效果图

在我们的测试中发现，斑点阴影生成与上节中的投影阴影生成性能消耗相差不大，但关于 DynamicShadowProjector 组件，官方文档不建议在移动端使用 Blob Shadow，因此在开发中还需要根据实际情况进行评估。

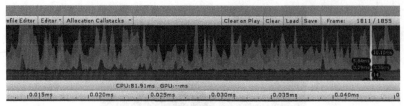

▲图 6-47 Blob 阴影性能消耗示意图

6.5.3 参数详解

DynamicShadowProjector 组件作为 Unity 内置阴影的一个替代品，可以实现更柔和更模糊的阴影效果，用户可控度高，可以控制在哪些区域、哪些物体上产生或更新阴影，也可以通过大量的参数对阴影的质量进行精细的控制，还可以实现超柔和的斑点阴影，在实际项目中可以灵活应用。为方便读者参考，现将其 ShadowTextureRenderer 阴影渲染组件中影响阴影生成的常见参数列成表 6-4。

表 6-4　　　　　　　　　ShadowTextureRenderer 组件常见参数

参数属性	描述
Shadow Color	阴影颜色。在 Projector 使用 Shader 调整阴影颜色和强度时，设置为黑色有利于提升性能
Texture Width	render texture 宽度
Texture Height	render texture 高度
Multi Sampling	使用 multisampling level 抗锯齿，该参数设置需要硬件支持
Super Sampling	使用 supersampling level 抗锯齿，因为 Supersampling 使用更大的内部 render texture 纹理，因此，建议在移动平台使用 multisampling
Blur Level	模糊程度，0 为硬阴影，1、2、3 为软阴影，值越高阴影越模糊，但性能开销越大，在使用软阴影时，建议使用更小的纹理尺寸
Blur Size	模糊过滤器尺寸，只有 Blur Level 选择软阴影才有效
Mip Level	设置 mipMap，不使用 mipMap 时设置为 0
Single Pass Mipmap Blur	使用单个 Shader pass 做 mipMap 模糊，这比通常的模糊方法更快
Mipmap Blur Size	模糊过滤器尺寸
Don't update while out of view	勾选时，当阴影 Projector 在视锥平截头体之外时阴影将不再更新
Blur Filter	模糊过滤器类型，Uniform 适合软阴影，Gaussian 适合斑点阴影
Mipmap Falloff	mipMap 衰减类型，通常选择 linear，也可以自行设置
Near Clip Plane	摄像机渲染 render texture 时的近平面，与 Projector 中的近平面不一样，默认为 0.01
Blur Shader	模糊 Shader，使用默认值即可
Downsample Shader	降采样 Shader，使用默认值即可
Copy Mipmap Shader	复制 Shader，使用默认值即可
Preferred Texture Formats	用于设置 render texture 格式，默认为 ARGB32，通常情况下我们不需要修改该值，为了适应特定移动平台 GPU，也可以设置多种纹理格式

6.6　Planar 阴影

Unity 内置的 Shadowmap 阴影与 Projector 投影阴影生成方式都具有普适的特点，适用范围广,并且均是通过物理和数学的方式生成阴影,因此阴影能够投射到自身以及不规则的物体表面,与场景复杂度没有关系。但通过前文的学习我们可以看到,这两种生成阴影的方法在带来较好效果的同时,性能开销也是比较大的,特别是在使用高分辨率高质量实时软阴影时,非常有可能成为性能瓶颈。

在某些情况下,我们可能并不需要那么高质量、高通用性的阴影,或者由于性能制约不能使用那么高质量的阴影,因此可能会寻求一个"适用于某些特定场合"的"看起来正确"的实时阴影以降低性能开销。本节我们将学习一种平面投影阴影(Planar Projected Shadow),以适应一些对性能要求非常高,以降低阴影质量换取性能的应用场景。

6.6.1 数学原理

在光源产生阴影时,阴影区域其实就是物体在投影平面上的投影区域,因此为简化阴影渲染,可以直接将物体的顶点投射到投影平面上,并在这些投影区域里用特定的颜色着色,如图 6-48 所示。

阴影计算转化为求物体在平面上投影的问题,求投影可以使用解析几何求投影的方法,也可以使用平面几何的方法。在图 6-48 中,阴影计算可以转化为数学模型如下:已知空间内一个方向向量 $L(L_x,L_y,L_z)$ 和一个点 $P(P_x,P_y,P_z)$,求点 P 沿着 L 方向在平面 $y = h$ 上的投影位置 $Q(Q_x,Q_y,Q_z)$。

下面我们使用平面几何的计算方式进行推导,为简化问题,只在二维空间内进行推导,三维空间可以类推。在二维空间中,图 6-48 所描述的问题可以抽象成图 6-49,即求点 P 沿 L 方向在直线上的投影 Q。

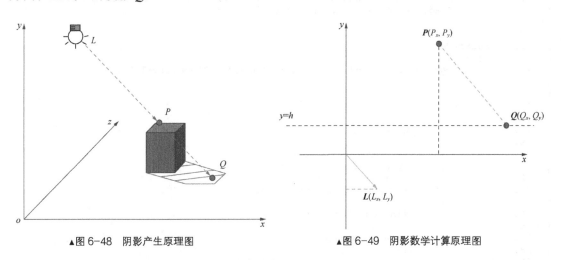

▲图 6-48 阴影产生原理图　　▲图 6-49 阴影数学计算原理图

观察图 6-49,根据相似三角形定理,可以得到下面公式:

$$-\frac{L_y}{P_y - h} = \frac{L_x}{Q_x - P_x}$$

因此

$$Q_x = P_x - \frac{L_x(P_y - h)}{L_y}$$

$$Q_y = h$$

坐标 $Q(Q_x, Q_y)$ 为要求的投影点坐标，推广到三维空间，坐标 $Q(Q_x, Q_y, Q_z)$ 计算公式如下：

$$Q_x = P_x - \frac{L_x(P_y - h)}{L_y}$$

$$Q_y = h$$

$$Q_z = P_z - \frac{L_z(P_y - h)}{L_z}$$

该公式即阴影投影公式。

6.6.2 代码实现

在有了计算公式以后，就可以使用 Shader 对阴影进行渲染，为了与原有渲染流程统一，我们只需要在原来渲染的 Shader 中多写一个 Pass 进行阴影渲染即可，具体 Shader 如代码清单 6-6 所示。

代码清单 6-6

```
1.  // Wrote by David Wang 2019.9.20
2.  Shader "Davidwang/PlanarShadow"
3.  {
4.      Properties
5.      {
6.          _MainTex("Texture", 2D) = "white" {}
7.          _ShadowColor("_ShadowColor",color) = (0.5, 0.5, 0.5, 1.0)
8.          _ShadowFalloff("ShadowInvLen", float) = 1.2
9.      }
10.
11.     SubShader
12.     {
13.         Tags{ "RenderType" = "Opaque" "Queue" = "Geometry+10" }
14.         LOD 100
15.
16.         Pass
17.         {
18.             CGPROGRAM
19.
20.             #pragma vertex vert
21.             #pragma fragment frag
22.             // make fog work
23.             #pragma multi_compile_fog
24.
25.             #include "UnityCG.cginc"
26.
27.             struct appdata
28.             {
29.                 float4 vertex : POSITION;
30.                 float2 uv : TEXCOORD0;
31.             };
32.
33.             struct v2f
34.             {
35.                 float2 uv : TEXCOORD0;
36.                 UNITY_FOG_COORDS(1)
37.                 float4 vertex : SV_POSITION;
38.             };
39.
40.             sampler2D _MainTex;
41.             float4 _MainTex_ST;
42.
```

```
43.                v2f vert(appdata v)
44.                {
45.                    v2f o;
46.                    o.vertex = UnityObjectToClipPos(v.vertex);
47.                    o.uv = TRANSFORM_TEX(v.uv, _MainTex);
48.                    UNITY_TRANSFER_FOG(o,o.vertex);
49.                    return o;
50.                }
51.
52.                fixed4 frag(v2f i) : SV_Target
53.                {
54.                    fixed4 col = tex2D(_MainTex, i.uv);
55.                // apply fog
56.                UNITY_APPLY_FOG(i.fogCoord, col);
57.                    return col;
58.            }
59.
60.            ENDCG
61.        }
62.
63.        Pass
64.        {
65.            //用使用模板测试以保证Alpha显示正确
66.            Stencil
67.            {
68.                Ref 0
69.                Comp equal
70.                Pass incrWrap
71.                Fail keep
72.                ZFail keep
73.            }
74.
75.            //透明混合模式
76.            Blend SrcAlpha OneMinusSrcAlpha
77.
78.            //关闭深度写入
79.            ZWrite off
80.
81.            //深度稍微偏移防止阴影与地面穿插
82.            Offset -1 , 0
83.
84.            CGPROGRAM
85.            #pragma vertex vert
86.            #pragma fragment frag
87.
88.            #include "UnityCG.cginc"
89.            struct appdata
90.            {
91.                float4 vertex : POSITION;
92.            };
93.
94.            struct v2f
95.            {
96.                float4 vertex : SV_POSITION;
97.                float4 color : COLOR;
98.            };
99.
100.            float4 _LightDir;
101.            float4 _ShadowColor;
102.            float _ShadowFalloff;
103.
104.            float3 ShadowProjectPos(float4 vertPos)
105.            {
106.                float3 shadowPos;
107.
108.                //得到顶点的世界空间坐标
109.                float3 worldPos = mul(unity_ObjectToWorld , vertPos).xyz;
110.
111.                //灯光方向
```

```
112.                float3 lightDir = normalize(_LightDir.xyz);
113.
114.                //阴影的世界空间坐标（低于地面的部分不做改变）
115.                shadowPos.y = min(worldPos.y , _LightDir.w);
116.                shadowPos.xz = worldPos.xz - lightDir.xz * max(0 , worldPos.
                   y - _LightDir.w) / lightDir.y;
117.
118.                return shadowPos;
119.            }
120.
121.            v2f vert(appdata v)
122.            {
123.                v2f o;
124.
125.                //得到阴影的世界空间坐标
126.                float3 shadowPos = ShadowProjectPos(v.vertex);
127.
128.                //转换到裁切空间
129.                o.vertex = UnityWorldToClipPos(shadowPos);
130.
131.                //得到中心点世界空间坐标
132.                float3 center = float3(unity_ObjectToWorld[0].w , _LightDir.w ,
                   unity_ObjectToWorld[2].w);
133.                //计算阴影衰减
134.                float falloff = 1 - saturate(distance(shadowPos , center) *
                   _ShadowFalloff);
135.
136.                //阴影颜色
137.                o.color = _ShadowColor;
138.                o.color.a *= falloff;
139.
140.                return o;
141.            }
142.
143.            fixed4 frag(v2f i) : SV_Target
144.            {
145.                return i.color;
146.            }
147.            ENDCG
148.        }
149.    }
150. }
```

在 Shader 脚本中，第一个 Pass 是正常的物体着色渲染，第二个 Pass 负责阴影投影着色，其中_LightDir.xyz 是灯光方向，_LightDir.w 是接受阴影渲染的平面高度，_ShadowColor 为阴影颜色。_LightDir 可以在运行中通过 C#脚本将值传过来，在运行中动态传值是因为不能提前知道灯光方向和检测到的平面（接受阴影渲染）的高度信息。使用模板与混合是为了营造阴影衰减的效果，如图 6-50 所示。

▲图 6-50　阴影衰减示意图

计算中心点世界空间坐标代码如下。

```
float3 center =float3( unity_ObjectToWorld[0].w , _LightPos.w , unity_ObjectToWorld[2].w);
```

该公式中 unity_ObjectToWorld 是 Unity 内置矩阵，这个矩阵每一行的第 4 个分量分别对应物体 Transform 的 x、y、z 的值。

float falloff = 1-saturate(distance(shadowPos , center) * _ShadowFalloff)语句所做工作是计算衰减因子，以便于后面的混合。

相应地，我们需要修改 AppContoller 控制脚本，如代码清单 6-7 所示。

代码清单 6-7

```csharp
using System.Collections.Generic;
using UnityEngine;
using UnityEngine.XR.ARFoundation;
using UnityEngine.XR.ARSubsystems;

[RequireComponent(typeof(ARRaycastManager))]
public class AppControler : MonoBehaviour
{
    public  GameObject spawnPrefab;
    public GameObject ARPlane;
    public Light mLight;

    static List<ARRaycastHit> Hits;
    private ARRaycastManager mRaycastManager;
    private GameObject spawnedObject = null;
    private float mARCoreAngle = 180f;
    private List<Material> mMatList = new List<Material>();
    private float mPlaneHeight = 0.0f;

    private void Start()
    {
        Hits = new List<ARRaycastHit>();
        mRaycastManager = GetComponent<ARRaycastManager>();
    }

    void Update()
    {
        if (Input.touchCount == 0)
            return;
        var touch = Input.GetTouch(0);
        if (mRaycastManager.Raycast(touch.position, Hits, TrackableType.PlaneWithinPolygon | TrackableType.PlaneWithinBounds))
        {
            var hitPose = Hits[0].pose;
            if (spawnedObject == null)
            {
                spawnedObject = Instantiate(spawnPrefab, hitPose.position, hitPose.rotation);
                spawnedObject.transform.Rotate(Vector3.up, mARCoreAngle);
                spawnedObject.transform.Translate(0, 0.02f, 0);
                var p = Instantiate(ARPlane, hitPose.position, hitPose.rotation);
                mPlaneHeight = hitPose.position.y;
                p.transform.parent = spawnedObject.transform;

                GameObject spider = GameObject.FindGameObjectWithTag("spider");
                SkinnedMeshRenderer[] renderlist = spider.GetComponentsInChildren<SkinnedMeshRenderer>();
                foreach (var render in renderlist)
                {
                    if (render == null)
                        continue;

                    mMatList.Add(render.material);
                }
            }
            else
            {
                spawnedObject.transform.position = hitPose.position;
                spawnedObject.transform.Translate(0, 0.02f, 0);
                mPlaneHeight = hitPose.position.y + 0.02f;
            }
        }
        if(spawnedObject != null)
            UpdateShader();
    }

    private void UpdateShader()
    {
```

```
66.         Vector4 projdir = new Vector4(mLight.transform.forward.x, mLight.transform
                .forward.y, mLight.transform.forward.z, mPlaneHeight);
67.         foreach (var mat in mMatList)
68.         {
69.             if (mat == null)
70.                 continue;
71.             mat.SetVector("_LightDir", projdir);
72.         }
73.     }
74. }
```

为了方便地找到虚拟对象的 Mesh Renderer，我们给该 Mesh 加了个 Tag "spider"，同时为了实时反映虚拟物体的位置变化与光照变化，我们还对光照方向与阴影投影平面进行了实时更新，编译运行，阴影效果与性能消耗如图 6-51、图 6-52 所示。

▲图 6-51　Spider 阴影效果图

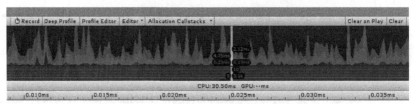

▲图 6-52　Spider 阴影性能消耗示意图

从图 6-51 可以看到，阴影的渲染效果整体还是不错的，更关键的是与使用实时软阴影相比，性能提升非常大，这也是当前很多游戏使用平面投影阴影代替内置阴影的主要原因。

从平面投影阴影数学原理可以看到，该阴影只会投影到指定的平整平面，不能投影到凸凹不平的平面。平面投影阴影不会投射阴影到其他虚拟对象，同时该阴影也不会自行截断，即会穿插到其他虚拟物体或墙体里面去。但在 AR 中，这些问题都不是很严重的问题，为了提高 AR 应用性能而使用该阴影是一个不错的选择。

6.7　伪阴影

在前述章节中，我们实现的阴影都是实时阴影，阴影会根据虚拟物体的形状、移动、灯光而产生变化，实时阴影在带来更好适应性的同时也会消耗大量计算资源，特别是在移动设备上，这会挤占其他功能的正常运行资源，造成应用卡顿。在 VR 中，我们可以将光照效果烘焙进场景中以达到提高性能的目的，然而由于 AR 场景源自真实环境，无法预先烘焙场景（在复杂 AR 场景中，包括物体自身阴影，也可以采用光照烘焙方法提高性能）。但如果 AR 中的虚拟物体是刚体，不发生形变，且不能脱离 AR 平面时，我们可以采用预先制作阴影的方法实现阴影效果，利用这种方式制作的阴影不会消耗计算资源，非常高效。

6.7.1 预先制作阴影

预先制作阴影就是在虚拟物体下预先放置一个平面，平面渲染纹理是与虚拟物体匹配的阴影纹理，以此来模拟阴影。因为这个阴影是使用图像的方法来实现的，所以其最大的优势是不浪费计算资源，其次是阴影可以根据需要自由处理成硬阴影、软阴影、超软阴影、斑点阴影等类型，自主性强。缺点是阴影一旦设定后在运行时不能依据环境变化而产生变化，不能对环境进行适配。

下面演示伪阴影的使用方法，为防止 Unity 内置阴影产生干扰，首先关闭场景中 Directional Light 阴影产生功能，如图 6-53 所示。

然后制作一张与虚拟物体相匹配的阴影效果图，通常这张图应该是带 Alpha 通道的 PNG 格式阴影纹理图，如图 6-54 所示。

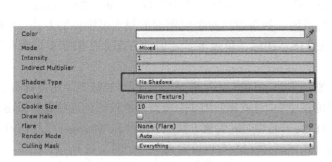 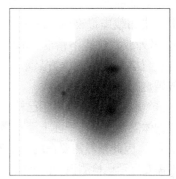

▲图 6-53　关闭 Unity 自带阴影　　　　▲图 6-54　制作一张带 Alpha 通道 PNG 格式阴影纹理图

新建一个材质，命名为 ARShadow，材质使用 Unlit➤Transparent 着色器以实现透明效果，纹理使用刚制作的阴影纹理，如图 6-55 所示。

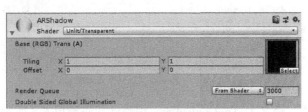

▲图 6-55　设置材质使用的着色器及纹理

在 Hierarchy 窗口中新建一个空对象，命名为 ARPlane，并将虚拟物体模型作为子物体放置在其下。在 ARPlane 下创建一个 Quad 对象，将其 x 轴旋转 90 度以使其平铺，将前文制作的 ARShadow 材质赋给它，并调整 Quad 对象与模型的相对关系，使阴影与虚拟物体匹配，如图 6-56 所示。

通过预先制作阴影的方法，避免了在运行时实时计算阴影，没有阴影计算性能开销。并且可以预先设置阴影的类型,实现硬阴影、软阴影、超软阴影以及斑点阴影等,在真实场景中的效果如图 6-57 所示。可以看到,这个阴影效果在模拟普通环境下的阴影时非常用效。

▲图 6-56　制作带阴影的预制体

▲图 6-57　伪阴影实测效果图

6.7.2　一种精确放置物体的方法

在之前的操作中,我们加载虚拟物体的做法通常是先识别显示平面,然后通过手势在平面上单击加载虚拟物体,这种方式的问题是过程不直接(先识别显示平面,然后通过单击加载),另外放置位置不精准。本节我们讲述一种规避这两个问题的加载虚拟物体的方法:直接在可放置虚拟物体的地方显示一个放置指示图标,单击屏幕任何地方都会在指示图标所在位置放置虚拟物体。

虽然现在不再需要显示已检测识别的平面,但我们还是需要平面检测功能(为了增强真实感,虚拟物体需要放置在平面上而不是悬浮在空中,这就需要用平面检测功能检测到可放置虚拟物体的平面),因此依然需要在场景中的 AR Session Origin 对象上挂载 AR Plane Manager 组件,但由于不需要显示已检测识别的平面,所以其 Plane Prefab 可以设置为空,如图 6-58 所示。

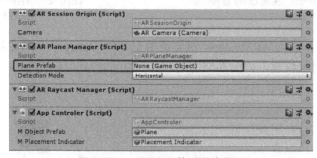

▲图 6-58　无需显示已检测识别的平面

新建一个 C#脚本,命名为 AppController,编写如代码清单 6-8 所示代码。

代码清单 6-8

```
1.  using System.Collections.Generic;
2.  using UnityEngine;
3.  using UnityEngine.XR.ARFoundation;
4.  using UnityEngine.XR.ARSubsystems;
5.
6.  [RequireComponent(typeof(ARRaycastManager))]
7.  public class AppController : MonoBehaviour
8.  {
```

```csharp
9.      public GameObject mObjectPrefab;
10.     public GameObject mPlacementIndicator;
11.
12.     private ARRaycastManager mRaycastManager;
13.     private Pose placementPose;
14.     private GameObject placementIndicatorObject;
15.     private bool placementPoseIsValid = false;
16.
17.     void Start()
18.     {
19.         mRaycastManager = GetComponent<ARRaycastManager>();
20.         ARSessionOrigin mSession = GetComponent<ARSessionOrigin>();
21.         placementIndicatorObject = Instantiate(mPlacementIndicator, mSession.
            trackablesParent);
22.     }
23.
24.     void Update()
25.     {
26.         UpdatePlacementPose();
27.         UpdatePlacementIndicator();
28.
29.         if (placementPoseIsValid && Input.touchCount > 0 && Input.GetTouch(0).phase
            == TouchPhase.Began)
30.         {
31.             Instantiate(mObjectPrefab, placementPose.position, Quaternion.identity);
32.         }
33.     }
34.
35.     private void UpdatePlacementIndicator()
36.     {
37.         if (placementPoseIsValid)
38.         {
39.             placementIndicatorObject.SetActive(true);
40.             placementIndicatorObject.transform.SetPositionAndRotation(placementPose.
                position, placementPose.rotation);
41.         }
42.         else
43.         {
44.             placementIndicatorObject.SetActive(false);
45.         }
46.     }
47.
48.     private void UpdatePlacementPose()
49.     {
50.         var screenCenter = Camera.current.ViewportToScreenPoint(new Vector3(0.5f, 0.5f));
51.         var hits = new List<ARRaycastHit>();
52.         mRaycastManager.Raycast(screenCenter, hits, TrackableType.PlaneWithinPolygon |
            TrackableType.PlaneWithinBounds);
53.
54.         placementPoseIsValid = hits.Count > 0;
55.         if (placementPoseIsValid)
56.         {
57.             placementPose = hits[0].pose;
58.
59.             var cameraForward = Camera.current.transform.forward;
60.             var cameraBearing = new Vector3(cameraForward.x, 0, cameraForward.z).normalized;
61.             placementPose.rotation = Quaternion.LookRotation(cameraBearing);
62.         }
63.     }
64. }
```

该脚本首先实例化一个指示图标，然后使用射线检测的方式检查与识别平面的相交情况寻找可放置点（射线一直从设备屏幕的正中央位置发出，不再需要用手去单击），在检测到与平面相交后显示并实时更新指示图标姿态，当放置位置有效（指示图标显示）时单击屏幕，会在指示图标所在位置放置虚拟物体。

将该脚本挂载在场景中的 **AR Session Origin** 对象上，并为其赋上指示图标与虚拟物体 Prefab，编译运行,当检测到平面时会显示可放置指示图标,单击屏幕任何地方都会在指示图标显示位置放置虚拟物体,效果如图 6-59 所示。

▲图 6-59　使用指示图标方式精确放置虚拟物体示意图

第 7 章 持久化存储与多人共享

到现在为止，前文章节中的所有 AR 应用案例都有一个问题，即应用运行中的数据不能持久化保存。在应用启动后我们所扫描检测到的平面、加载的虚拟物体、做的环境检测、设备姿态等都会在应用关闭后丢失。在很多应用背景下，这种模式是可以被接受的，每次打开应用都会是崭新的，不受前一次操作的影响，但对一些需要连续间断性进行的应用或者多人共享的应用来说这种模式就有很大的问题，这时我们更希望应用能保存当前状态，在下一次进入时能直接从当前状态进行下一步操作而不是从头再来，或者我们希望能与别人共享体验。本章我们将主要学习 AR 应用如何持久化地保存数据以及跨设备多人共享 AR 体验。

7.1 锚点

在持久化与共享 AR 体验技术实施过程中，ARCore 与 ARKit 都引入了锚点（Anchor）的概念。在 AR Foundation 本地运行中，Reference Point（参考点）与 Anchor 有同样的作用（AR Foundation 中没有 Anchor 的概念），但在通过网络共享时，我们还是会直接使用原生概念 Cloud Anchor（对应 ARCore）与 ARAnchor（对应 ARKit），以使描述更准确。

7.1.1 锚点概述

从第 3 章中我们知道，锚点是指将虚拟物体固定在 AR 空间上的一种技术。被赋予 Anchor 的对象将被视为固定在空间上的特定位置，并自动进行姿态校正，通过锚点可以确保物体在空间中保持相同的位置和方向，让虚拟物体在 AR 场景中看起来是待在原地不动的，如图 7-1 所示。

▲图 7-1 连接到锚点上的虚拟对象像是固定在现实世界空间中一样

7.1.2 使用锚点

使用锚点的基本步骤如下。

（1）在可跟踪对象（例如平面）或 Session 上下文中创建锚点（也可以在检测到的特征点上创建锚点）。

（2）将一个或多个虚拟物体连接到该锚点。

在 AR Foundation 中，很多时候不需要开发者手动创建锚点，系统会自动处理相关问题，但在使用网络进行 AR 共享时则必须创建锚点。通常我们可能需要使用锚点的场景如表 7-1 所示。

表 7-1　　　　　　　　　　　　　需要使用锚点的场景

使用场景	连接目标
让虚拟对象看起来像"焊接"到可跟踪对象上，并与可跟踪对象具有相同的旋转效果。包括看起来粘在平面表面、保持相对于可跟踪对象的位置，例如漂浮在可跟踪对象的上方或前方	可跟踪对象
让虚拟物体在整个用户体验期间看起来以相同姿态固定在现实世界空间中	Session
在共享 AR 体验时必须使用锚点	Session

一般来说，虚拟对象之间、虚拟对象与可跟踪对象之间、虚拟对象与现实世界空间之间存在相互关系时，可以将一个或多个物体连接到一个锚点以便保持它们之间的相互位置关系。

有效使用锚点可以提升 AR 应用的真实感和性能，连接到附近锚点的虚拟对象会在整个 AR 体验期间看起来逼真地保持它们的位置和彼此之间的相对位置关系，而且借助于锚点有利于减少 CPU 开销。

但同时，锚点又是一种对资源消耗比较大的可跟踪对象，锚点的跟踪、更新、管理需要大量的计算开销，因此需要谨慎使用并在不需要的时候及时分离锚点。

使用锚点的注意事项如下。

（1）尽可能复用锚点。在大多数情况下，应当让多个相互靠近的物体使用同一个锚点，而不是为每个物体创建一个新锚点。如果物体需要保持与现实世界空间中的某个可跟踪对象或位置之间独特的空间关系，则需要为对象创建新锚点。因为锚点将独立调整姿态以响应 AR Foundation 在每一帧中对现实世界空间的估算，如果场景中的每个物体都有自己的锚点，则会带来很大的性能开销。另外，独立锚定的虚拟对象可以相对彼此平移或旋转，从而破坏虚拟物体的相对位置应保持不变的 AR 场景体验。

（2）保持物体靠近锚点。锚定物体时，最好让需要连接的虚拟对象尽量靠近锚点，避免将物体放置在离锚点几米远的地方，避免 AR Foundation 更新世界空间坐标而产生意外旋转运动。如果确实需要将物体放置在离现有锚点几米远的地方，应该创建一个更靠近此位置的新锚点，并将物体连接到新锚点。

（3）分离未使用的锚点。为提升应用性能，通常需要将不再使用的锚点分离。在 AR 应用运行时，每个可跟踪对象的跟踪、更新都会产生一定的 CPU 开销，AR Foundation 不会释放具有连接锚点的可跟踪对象，从而造成无谓的性能损失。

7.1.3 云锚点

云锚点（Cloud Anchors）是 ARCore 中的概念，在 v1.2 版本的 ARCore SDK 中，Google 引入了云锚点的 API，打开了 AR 应用多人协作及跨平台共享的大门。ARCore 利用谷歌云服务器（Google Cloud Platform，GCP）来存储和解析锚点及特征点信息，这是多方共享 AR 体验的基石（国内用户不能正常访问 GCP）。为在不同平台共享体验，Google 为 iOS 设备建立了一个专门的库，其 Cloud Anchor 数据库可以在 ARKit 上运行，因此 ARCore 支持与 ARKit 共享云锚点。但在 iOS 平台上，系统将使用其内置的 ARKit 功能，如运动跟踪和环境评估，并将这些数据同步到云端，假设开发人员为两种平台构建相同的应用程序，则无论使用的是哪种平台，都可以在 Android 和 iOS 之间同步 AR 云锚点数据以共享体验，如图 7-2 所示。

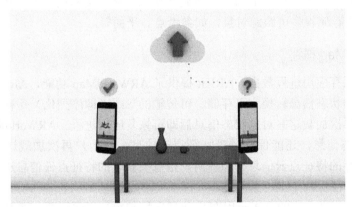

▲图 7-2　Cloud Anchor 共享示意图

顾名思义，云锚点即托管在云上的锚点信息，借助云锚点，可以让同一环境中的多台设备、不同平台（Android、iOS）使用相同的锚点信息。同一环境中的用户可以将云锚点添加到他们自己的设备上看到的 AR 场景中，AR 应用可以渲染连接到云锚点的 3D 对象，从而让用户能够查看连接在云锚点上的虚拟对象并同步与对象进行交互，ARCore SDK 使用 Google 服务器托管和解析锚点。因此，要使用云锚点，用户首先需要将锚点托管到云上，在另一用户请求这些锚点时，托管服务需要解析这些锚点信息并将相关锚点信息同步到该用户设备上。

1. 托管锚点

当一个用户托管锚点时会在给定物理空间的公共坐标系中映射这些锚点。在托管锚点时，ARCore 会将相关可视映射数据从用户的环境发送到 GCP，上传后，此数据会被处理成稀疏的点云图，类似于 ARCore 点云。当然，为了安全和保护隐私，任何人员无法根据稀疏点图确定用户的地理位置或者重建任何图像和用户的物理环境。

2. 解析锚点

当一个用户向云服务器发起解析请求时，服务器通过解析锚点可以让给定物理空间中的多台设备将之前托管的锚点添加到他们的场景中。云锚点解析请求时会将可视特征描述符从当前帧发送到服务器，服务器会尝试将可视特征与数据库中的稀疏点图匹配，如果解析成功，服务器会将相关锚点及其连接的虚拟物体信息发送回请求方。AR 应用利用服务器发回的相关信息恢复云锚点及其连接的虚拟物体在场景中的姿态，因此每个用户在他们的设备上都能看到场景中的虚拟对象，达到锚点信息及连接在上面的虚拟对象共享的目的。

AR Foundation 理论上是支持云锚点的，因为 ARCore 支持，但使用云锚点需要开发者自己处理与 GCP 通信、坐标空间转换、锚点的托管与解析等，这相对比较复杂，并且目前国内无法正常访问 GCP。鉴于此，本书不再演示该功能，如读者对这部分技术感兴趣，建议参考笔者的另一本书《基于 Unity 的 ARCore 开发实战详解》。

7.2 ARWorldMap

ARWorldMap 是 ARKit 提供的功能。用户可以将检测扫描到的空间信息数据（Landmark、ARAnchor、Planes 等）存储到 ARWorldMap 以便在应用中断后恢复数据、继续进行操作。一个用户也可以将 ARWorldMap 发送给其他用户，其他用户在加载接收到的 ARWorldMap 后，就可以在相同的环境里看到同样的信息，达到共享 AR 体验的目的。在 AR Foundation 中，ARWorldMap 可以存储很多可跟踪对象，如参考点、平面等。

7.2.1 ARWorldMap 概述

为持久化地保存应用进程数据，ARKit 提供了 ARWorldMap 功能，ARWorldMap 本质是将用户场景对象的状态信息转换为可存储、可传输的形式（即序列化）保存到文件系统或者数据库，当用户再次加载这些对象状态信息后即可恢复应用进程。ARWorldMap 不仅能保存场景中对象的状态信息，还能保存场景特征点云信息，在用户再次加载这些状态数据后，ARKit 可通过保存的特征点云信息与当前用户摄像头获取的特征点云信息进行对比从而更新当前用户的坐标，确保两个坐标系匹配。

如图 7-3 所示，设备①的 AR 应用在启动完环境扫描、平面检测、虚拟物体放置等相关操作后，可以将其当前应用场景中的对象状态信息、环境特征点信息、设备姿态信息序列化保存到文件系统或数据库系统。稍后，设备①或者设备③可以加载这些信息以恢复设备①之前的应用进程，重新定位设备、还原虚拟物体。设备①也可以将对象状态信息、环境特征点信息、设备姿态信息序列化后通过网络传输给设备②，设备②接收并加载这些信息后也可以恢复设备①之前的应用进程，从而达到共享体验的目的。

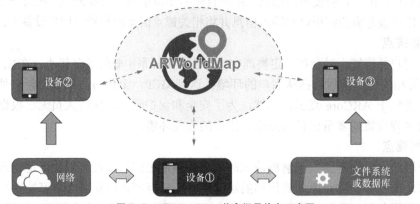

▲图 7-3　ARWorldMap 共享场景信息示意图

不管是将场景对象状态、设备姿态信息存储到文件系统还是通过网络传输给其他设备，都需要对数据进行序列化，在读取到数据后需要进行反序列化还原对象信息，如图 7-4 所示。

> 提示　序列化是一个将结构对象转换成字节流的过程。序列化使得对象信息更加紧凑，更具可读性，同时降低错误发生概率，有利于通过网络传输或者在文件及数据库中持久化保存。

7.2 ARWorldMap

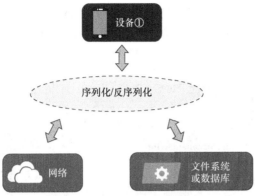

▲图 7-4 ARWorldMap 保存场景信息示意图

7.2.2 ARWorldMap 实例

本节我们将演示保存与加载 ARWorldMap。在 AR 共享体验中，ARAnchor 非常重要，没有 ARAnchor 就无法实现共享体验，因此我们需要挂载 AR Reference Point Manager 组件。为方便在场景中添加 ARAnchor，新建一个 C#脚本，命名为 AppController，编写如代码清单 7-1 所示代码。

代码清单 7-1

```
1.  using System.Collections;
2.  using System.Collections.Generic;
3.  using UnityEngine;
4.  using UnityEngine.XR.ARFoundation;
5.  using UnityEngine.XR.ARSubsystems;
6.
7.  [RequireComponent(typeof(ARRaycastManager))]
8.  [RequireComponent(typeof(ARReferencePointManager))]
9.  public class AppController : MonoBehaviour
10. {
11.     static List<ARRaycastHit> Hits;
12.     private ARRaycastManager mRaycastManager;
13.     private ARReferencePointManager mARReferencePointManager;
14.     private void Start()
15.     {
16.         Hits = new List<ARRaycastHit>();
17.         mRaycastManager = GetComponent<ARRaycastManager>();
18.         mARReferencePointManager = GetComponent<ARReferencePointManager>();
19.     }
20.
21.     void Update()
22.     {
23.         if (Input.touchCount == 0)
24.             return;
25.         var touch = Input.GetTouch(0);
26.         if (mRaycastManager.Raycast(touch.position, Hits, TrackableType.PlaneWithinPolygon | TrackableType.PlaneWithinBounds))
27.         {
28.             var hitPose = Hits[0].pose;
29.             var refPoint = mARReferencePointManager.AddReferencePoint(hitPose);
30.             if (refPoint==null)
31.                 Debug.Log("添加 ARAnchor 失败！");
32.
33.         }
34.     }
35. }
```

代码清单 7-1 主要功能就是添加 ARAnchor，在创建 ARAnchor 时会使用 ARReferencePointManager

组件中 Prefab 属性指定的预制体实例化虚拟物体。将 AppController 脚本挂载在 Hierarchy 窗口中的 AR Session Origin 对象上，同时挂载 AR Reference Point Manager 组件，如图 7-5 所示。

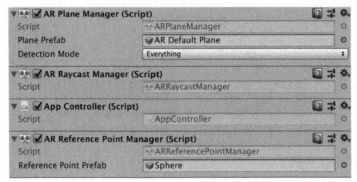

▲图 7-5　在 ARSessionOrigin 对象上挂载所需要脚本及组件

现在已经完成了场景及 ARAnchor 的添加，接下来处理 ARWorldMap 保存与加载。新建一个 C#脚本，命名为 ARWorldMapController，编写如代码清单 7-2 所示代码。

代码清单 7-2

```
1.  using System.Collections;
2.  using System.Collections.Generic;
3.  using System.IO;
4.  using Unity.Collections;
5.  using UnityEngine;
6.  using UnityEngine.UI;
7.  using UnityEngine.XR.ARFoundation;
8.  using UnityEngine.XR.ARSubsystems;
9.  using UnityEngine.XR.ARKit;
10. 
11. public class ARWorldMapController : MonoBehaviour
12. {
13.     public Text mMsg;
14.     private ARSession mARSession;
15.     private void Start()
16.     {
17.         mARSession = GetComponent<ARSession>();
18.     }
19.     public void OnSaveButton()
20.     {
21.         Showmessage("开始保存");
22.         StartCoroutine(Save());
23.     }
24.     public void OnLoadButton()
25.     {
26.         Showmessage("开始加载");
27.         StartCoroutine(Load());
28.     }
29.     public void OnResetButton()
30.     {
31.         mARSession.Reset();
32.         Showmessage("重置成功");
33.     }
34. 
35. #region Helper Function
36. 
37.     IEnumerator Save()
38.     {
39.         var sessionSubsystem = (ARKitSessionSubsystem)mARSession.subsystem;
40.         if (sessionSubsystem == null)
```

```csharp
41.        {
42.            Showmessage(string.Format("设备不支持"));
43.            yield break;
44.        }
45.        var request = sessionSubsystem.GetARWorldMapAsync();
46.        while (!request.status.IsDone())
47.            yield return null;
48.
49.        if (request.status.IsError())
50.        {
51.            Showmessage(string.Format("Session 序列化出错,出错码:{0}", request.status));
52.            yield break;
53.        }
54.        var worldMap = request.GetWorldMap();
55.        request.Dispose();
56.        SaveAndDisposeWorldMap(worldMap);
57.        Showmessage("保存成功");
58.    }
59.
60.    IEnumerator Load()
61.    {
62.        var sessionSubsystem = (ARKitSessionSubsystem)mARSession.subsystem;
63.        if (sessionSubsystem == null)
64.        {
65.            Showmessage(string.Format("设备不支持"));
66.            yield break;
67.        }
68.        var file = File.Open(path, FileMode.Open);
69.        if (file == null)
70.        {
71.            Showmessage(string.Format("Worldmap {0}文件不存在.", path));
72.            yield break;
73.        }
74.        int bytesPerFrame = 1024 * 10;
75.        var bytesRemaining = file.Length;
76.        var binaryReader = new BinaryReader(file);
77.        var allBytes = new List<byte>();
78.        while (bytesRemaining > 0)
79.        {
80.            var bytes = binaryReader.ReadBytes(bytesPerFrame);
81.            allBytes.AddRange(bytes);
82.            bytesRemaining -= bytesPerFrame;
83.            yield return null;
84.        }
85.
86.        var data = new NativeArray<byte>(allBytes.Count, Allocator.Temp);
87.        data.CopyFrom(allBytes.ToArray());
88.
89.        ARWorldMap worldMap;
90.        if (ARWorldMap.TryDeserialize(data, out worldMap))
91.            data.Dispose();
92.        if (!worldMap.valid)
93.        {
94.            Showmessage("ARWorldMap 无效.");
95.            yield break;
96.        }
97.        sessionSubsystem.ApplyWorldMap(worldMap);
98.        Showmessage("加载完成");
99.    }
100.
101.   void SaveAndDisposeWorldMap(ARWorldMap worldMap)
102.   {
103.       var data = worldMap.Serialize(Allocator.Temp);
104.       var file = File.Open(path, FileMode.Create);
105.       var writer = new BinaryWriter(file);
106.       writer.Write(data.ToArray());
107.       writer.Close();
108.       data.Dispose();
109.       worldMap.Dispose();
```

```
110.     }
111.
112.     string path
113.     {
114.         get
115.         {
116.             return Path.Combine(Application.persistentDataPath, "mySession.worldmap");
117.         }
118.     }
119.
120.     bool supported
121.     {
122.         get
123.         {
124.             var sessionSubsystem = (ARKitSessionSubsystem)mARSession.subsystem;
125.             if (sessionSubsystem != null)
126.                 return sessionSubsystem.worldMapSupported;
127.             return false;
128.         }
129.     }
130.
131.     private void Showmessage(string msg)
132.     {
133.         mMsg.text = msg;
134.     }
135.     #endregion
136. }
```

代码清单7-2主要功能就是处理ARWorldMap的保存及加载，并涉及设备检查、文件操作、序列化与反序列化等，但整体功能非常直观。将ARWorldMapController脚本挂载在Hierarchy窗口中AR Session对象上，并设置好用于显示运行状态的mMsg属性及与按钮UI OnClick事件的关联。编译运行，在检测到的平面上放置几个小球，单击"保存"按钮将其保存到ARWorldMap，如图7-6（a），而后单击"重置"按钮或者关闭应用程序清除操作结果，如图7-6（b）。重新打开应用程序，单击"加载"按钮，等待加载完成；扫描之前的环境，在匹配环境成功之后可以看到上一次操作放置的小球，如图7-6（c）所示。

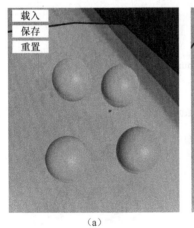
（a）
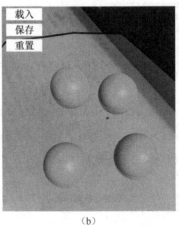
（b）

（c）

▲图7-6 ARWorldMap 保存与加载效果图

7.3 协作 Session

使用ARWorldMap时，能解决用户再次进入同一物理空间时的场景恢复问题，也能在多人之间共享用户体验。但这种共享并不是实时的，在载入ARWorldMap后，用户设备新检测到的环境和所做操作不会实时共享，即在载入 ARWorldMap 后，用户甲所做的操作或者添加的虚拟物体不会在用户乙的设备上体现，如图 7-7 所示。

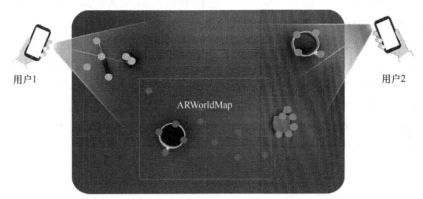

▲图 7-7　在 ARWorldMap 中新的变化不会实时共享

为解决这个问题，ARKit 3 提出了协作 Session（Collaborative Session）的概念。协作 Session 利用 Multipeer-Connectivity 近距离通信或者其他网络通信方式，通过实时共享 ARAnchor 的方式达到 AR 体验实时共享的目的。

7.3.1　协作 Session 概述

ARWorldMap 通过地标（Landmark，即特征值信息）来跟踪与更新用户姿态，ARWorldMap 也通过一系列的 ARAnchor 来连接虚实，并在 ARAnchor 下挂载虚拟物体。但在 ARWorldMap 中，这些数据并不是实时更新的，即在 ARWorldMap 生成之后，用户新检测到的地标及所做的修改并不会共享，其他人也无法看到变更后的数据。图 7-7 中，在 ARWorldMap 之外用户新检测到的地标或者新建的 ARAnchor 并不会被共享，因此，ARWorldMap 只适用于一次性的数据共享，并不能做到实时交互共享。

协作 Session（Collaborative Session）的出现就是为了解决这些问题，协作 Session 可以实时共享 AR 体验，持续性地共享 ARAnchor 及环境理解相关信息。利用 Multipeer-Connectivity 近距离通信框架，所有用户都是平等的，没有主从的概念，因此，新用户可以随时加入，老用户也可以随时退出，这并不会影响其他人的体验，也不会中断共享进程。实时共享意味着在整个协作 Session 过程中，任何一个用户做的变更都可以即时反馈到所有参与方场景，如一个用户新添加了一个 ARAnchor，其他人可以即时看到这个 ARAnchor。通过协作 Session 可以营造持续性的、递进的 AR 体验，可以构建无中心、多人 AR 应用，并且所有的物理仿真、场景变更、音效都会进行自动同步。

在协作 Session 设计时，为了达到去中心、实时共享目标，ARKit 团队将环境检测分成两个部分进行处理：一个部分用于存储用户自身检测到的环境地标及创建的 ARAnchor 等信息，叫做 Local Map；另一个部分用于存储其他用户检测到的环境地标及创建的 ARAnchor 等信息，叫做 External Map。

下面以两个用户使用协作 Session 共享为例进行说明，在刚开始时，用户 1 与用户 2 各自进行环境检测与 ARAnchor 操作，这时他们相互之间没有联系，有各自独立的坐标系，如图 7-8 所示。但是用户 1 检测到的环境地标及创建的 ARAnchor 等信息（这些信息称之为

CollaborationData)共享给了用户 2，用户 2 会在其 External Map 里存储这些信息。反之亦然，用户 1 也会在其 External Map 里存储用户 2 检测到的环境地标及创建的 ARAnchor 等信息。随着探索的进一步推进，当用户 1 与用户 2 检测到的地标及 ARAnchor 有共同之处时，如图 7-9 所示，ARKit 会根据这些三维地标及 ARAnchor 信息解算出用户 1 与用户 2 之间的坐标转换关系，并且定位他们相互的位置关系。如果 ARKit 解算成功，这时用户 1 的 Local Map 会与其 External Map 融合成新的 Local Map，即用户 2 探索过的环境会成为用户 1 的环境理解的一部分，用户 2 也会进行同样的操作。这个过程大大扩展了用户 1 与用户 2 的环境理解范围，即用户 2 环境探索的部分也已成为用户 1 环境探索的一部分，用户 1 无需再去探索用户 2 已探索过的环境，对用户 2 亦是如此。因为此时环境已经进行了融合，用户 1 自然就可以看到用户 2 创建的 ARAnchor 了。

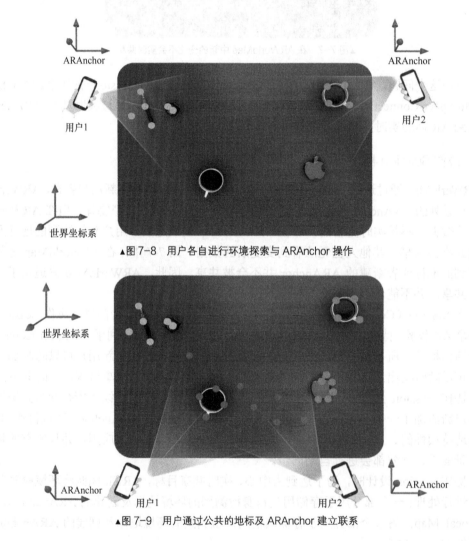

▲图 7-8　用户各自进行环境探索与 ARAnchor 操作

▲图 7-9　用户通过公共的地标及 ARAnchor 建立联系

需要注意的是，虽然环境探索部分进行了融合，但是用户 1 与用户 2 的世界坐标系仍然是独立的。然而由于 ARAnchor 是相对于特定 Local Map 的，在进行环境融合时 ARKit 已经解算出了他们之间的坐标转换关系，所以就能够在真实世界中唯一定位这些 ARAnchor。

协作 Session 的工作流程可以通过图 7-10 进行说明。

7.3 协作 Session

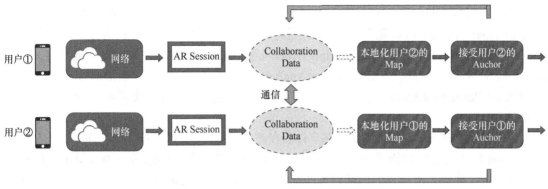

▲图 7-10 Collaborative Session 工作流程图

在图 7-10 中可以看到，使用协作 Session 的第一步是设置并建立网络连接，网络连接可以使用 Multipeer-Connectivity 近距离通信框架，也可以使用 Unity 的 UNet 框架，或者任何其他可信的网络通信框架。在建立网络连接之后，需要启用协作 Session 功能，在 AR Foundation 中，ARKitSessionSubsystem 类中有一个属性叫 CollaborationEnable，设置为 ture 即可启动协作 Session 功能。在启动之后，ARKitSessionSubsystem 会将所有的 CollaborationData 数据放到一个 CollaborationData 队列中，可以通过 DequeueCollaborationData()方法读取这个队列中的数据。这些 CollaborationData 数据会周期性地产生并积累，但不会自动发送，AR 应用应当及时将这些数据发送给所有其他参与方进行共享。其他用户接收到 CollaborationData 数据后，需要实时将这些信息更新到 Session 中，ARKitSessionSubsystem 类中的 UpdateWithCollaborationData (ARCollaborationData)方法负责执行更新操作。数据产生、发送、接收这个过程会在整个协作 Session 中持续进行，通过实时的数据分发、更新，就能够实现多用户的 AR 共享。

> 提示 需要注意的是，ARKit 对协作 Session 的支持不包括任何网络连接传输，需要由开发人员管理连接并向协作 Session 中的其他参与者发送数据或者接收来自其他参与者发送的数据。

在整个协作 Session 中，ARAnchor 起着非常重要的作用，通过实时网络传输，ARAnchor 在整个网络中的生命周期是同步的，即用户 1 创建一个 ARAnchor 后用户 2 可以实时看到，用户 1 销毁一个 ARAnchor，用户 2 也会同步移除这个 ARAnchor。除此之外，每一个 ARAnchor 都有一个 Session Identifier，通过这个 Session Identifier 就可以知道这个 ARAnchor 的创建者。在应用中，可以利用这个属性区别处理自己创建的 ARAnchor 和别人创建的 ARAnchor，只有自己创建的 ARAnchor 才需要共享。在协作 Session 中，只有用户自己创建的 ARAnchor 会被共享，其他的如 ARImageAnchor、ARObjectAnchor、ARPlaneAnchor 等系统自动创建的锚点则不会被共享（包括用户自己创建的子级 ARAnchor）。

在协作 Session 中，参与用户的位置非常关键，因为这涉及坐标系的转换及虚拟物体的稳定性，所以，ARKit 专门引入了一个 ARParticipantAnchor 定位用户和描述用户信息。当用户接收并融合其他用户的数据后，ARKit 会推算出用户之间的相互关系，其中最重要的就是坐标系转换关系。为直观描述相互关系并减少运算，ARKit 会创建 ARParticipantAnchor 用于描述其他用户在自己世界坐标系中的位置与姿态。同时，为了实时精确捕捉其他用户的位置与姿态，ARParticipantAnchor 每帧都会更新。

与所有其他可跟踪对象一样，每一个 ARParticipantAnchor 都有一个独立唯一的 TrackableID，ARParticipantAnchor 可以随时被添加、更新、移除，以及时反映协作 Session 中参与者的加入、更新和退出情况。ARParticipantAnchor 会在协作 Session 中 Local Map 与 External Map 融合时创建，因此，ARParticipantAnchor 可以看作是 AR 共享正常运行的标志。正是通过 ARParticipantAnchor 与 ARAnchor，参与者才能在正确的现实环境中看到一致的虚拟物体。

通过前文的讲述我们可以看到，共享体验在参与者都探索到公共地标及 ARAchor 后开始（通俗地讲就是用手机扫描到公共的环境），但在不同的设备上匹配公共地标受很多因素影响，如角度、光照、遮挡等。正确快速匹配并不是一件简单的事情，因此，为更快地开始共享体验，参与者最好从以相同的摄像机视角扫描同一片真实场景开始，如图 7-11 所示。另外最好确保当前 WorldMappingStatus 处于 mapped 状态，这可以确保参与者看到的三维地标及时保存到 ARWorldMap，其他参考者可以本地化（Localize）这些三维坐标并更好地进行匹配，从而开始 AR 共享进程，在 ARKitSessionSubsystem 中有一个 worldMappingStatus 属性，可以检查这个属性以获取当前协作 Session 状态。

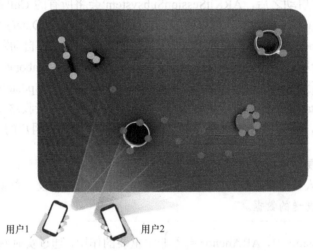

▲图 7-11　以相同的视角扫描环境可以加速 AR 共享的开始

7.3.2　协作 Session 实例

在 AR Foundation 中，使用协作 Session 还是比较简单的，但通过网络收发 CollaborationDatar 需要开发人员自行处理。如前所述，ARAnchor 在 AR 共享里非常重要，在 AR Foundation 中也需要依托 ARAnchor 锚定虚拟物体和共享，因此，需要使用 Reference Point Manager 组件。

> **提示**　在本节中，网络通信部分我们使用 Multipeer-Connectivity 近距离通信框架，这部分代码在本节工程文件 Assets/Scripts/Multipeer 文件夹下，网络通信不是我们关注的重点，相关知识请参考相应官方文档。

为方便在场景中添加 ARAnchor，新建一个 C#脚本，命名为 AppController，编写如代码清单 7-3 所示代码。

代码清单 7-3

```
1.  using System.Collections;
2.  using System.Collections.Generic;
3.  using UnityEngine;
4.  using UnityEngine.XR.ARFoundation;
5.  using UnityEngine.XR.ARSubsystems;
6.
7.  [RequireComponent(typeof(ARRaycastManager))]
8.  public class AppController : MonoBehaviour
9.  {
10.     static List<ARRaycastHit> Hits;
11.     private ARRaycastManager mRaycastManager;
12.     private ARReferencePointManager mReferenceManager;
13.     private void Start()
14.     {
15.         Hits = new List<ARRaycastHit>();
16.         mRaycastManager = GetComponent<ARRaycastManager>();
17.         mReferenceManager = GetComponent<ARReferencePointManager>();
18.     }
19.
20.     void Update()
21.     {
22.         if (Input.touchCount == 0)
23.             return;
24.         var touch = Input.GetTouch(0);
25.         if (mRaycastManager.Raycast(touch.position, Hits, TrackableType.PlaneWithinPolygon | TrackableType.PlaneWithinBounds))
26.         {
27.             var hitPose = Hits[0].pose;
28.             var referencePoint = mReferenceManager.AddReferencePoint(hitPose);
29.             if(referencePoint == null)
30.             {
31.                 Debug.Log("添加 ARAnchor 失败！");
32.             }
33.         }
34.     }
35. }
```

代码清单 7-3 主要功能就是添加 ARAnchor，在创建 ARAnchor 时会使用 AR Reference Point Manager 组件中 Prefab 属性指定的预制体实例化虚拟物体。将 AppController 脚本挂载在 Hierarchy 窗口中的 AR Session Origin 对象上，因为在协作 Session 中还需要使用到 ARParticipant，所以也需要挂载 AR Participant Manager 组件，如图 7-12 所示。

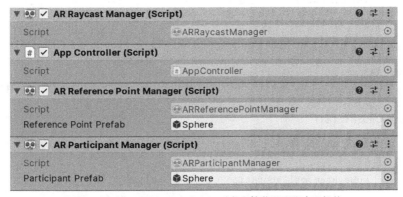

▲图 7-12 在 AR Session Origin 对象上挂载所需脚本及组件

现在已经完成了场景及 ARAnchor 的添加，接下来处理通过网络进行 CollaborationData 收发及 Session 更新。新建一个 C#脚本，命名为 CollaborativeSession，编写如代码清单 7-4

所示代码。

代码清单 7-4

```
1.   using UnityEngine;
2.   using UnityEngine.XR.ARFoundation;
3.   #if UNITY_IOS && !UNITY_EDITOR
4.   using Unity.iOS.Multipeer;
5.   #endif
6.   using UnityEngine.XR.ARKit;
7.   [RequireComponent(typeof(ARSession))]
8.   public class CollaborativeSession : MonoBehaviour
9.   {
10.      [SerializeField]
11.      string m_ServiceType;
12.      #if UNITY_IOS && !UNITY_EDITOR
13.      private MCSession m_MCSession;
14.      private ARSession m_ARSession;
15.      public string serviceType
16.      {
17.          get { return m_ServiceType; }
18.          set { m_ServiceType = value; }
19.      }
20.
21.      void DisableNotSupported(string reason)
22.      {
23.          enabled = false;
24.          Debug.Log(reason);
25.      }
26.      void OnEnable()
27.      {
28.
29.          var subsystem = GetSubsystem();
30.          if (!ARKitSessionSubsystem.supportsCollaboration || subsystem == null)
31.          {
32.              DisableNotSupported("Collaborative sessions require iOS 13.");
33.              return;
34.          }
35.          subsystem.collaborationEnabled = true;
36.          m_MCSession.Enabled = true;
37.
38.      }
39.
40.      ARKitSessionSubsystem GetSubsystem()
41.      {
42.          if (m_ARSession == null)
43.              return null;
44.          return m_ARSession.subsystem as ARKitSessionSubsystem;
45.      }
46.
47.      void Awake()
48.      {
49.          m_ARSession = GetComponent<ARSession>();
50.          m_MCSession = new MCSession(SystemInfo.deviceName, m_ServiceType);
51.      }
52.
53.      void OnDisable()
54.      {
55.          m_MCSession.Enabled = false;
56.          var subsystem = GetSubsystem();
57.          if (subsystem != null)
58.              subsystem.collaborationEnabled = false;
59.      }
60.
61.      void Update()
62.      {
63.          var subsystem = GetSubsystem();
64.          if (subsystem == null)
65.              return;
```

```
66.        // 检查 collaboration data, 发送 collaboration data
67.        while (subsystem.collaborationDataCount > 0)
68.        {
69.            using (var collaborationData = subsystem.DequeueCollaborationData())
70.            {
71.                if (m_MCSession.ConnectedPeerCount == 0)
72.                    continue;
73.                using (var serializedData = collaborationData.ToSerialized())
74.                using (var data = NSData.CreateWithBytesNoCopy(serializedData.bytes))
75.                {
76.                    m_MCSession.SendToAllPeers(data, collaborationData.priority ==
                       ARCollaborationDataPriority.Critical
77.                        ? MCSessionSendDataMode.Reliable
78.                        : MCSessionSendDataMode.Unreliable);
79.                    if (collaborationData.priority == ARCollaborationDataPriority.Critical)
80.                    {
81.                        Debug.Log($"已发送 {data.Length} bytes collaboration data.");
82.                    }
83.                }
84.            }
85.        }
86.        // 接收 collaboration data, 更新 Session
87.        while (m_MCSession.ReceivedDataQueueSize > 0)
88.        {
89.            using (var data = m_MCSession.DequeueReceivedData())
90.            using (var collaborationData = new ARCollaborationData(data.Bytes))
91.            {
92.                if (collaborationData.valid)
93.                {
94.                    subsystem.UpdateWithCollaborationData(collaborationData);
95.                    if (collaborationData.priority == ARCollaborationDataPriority.Critical)
96.                    {
97.                        Debug.Log($"接收到 {data.Bytes.Length} bytes collaboration data.");
98.                    }
99.                }
100.               else
101.               {
102.                   Debug.Log($"接收到{data.Bytes.Length} bytes 无效数据。");
103.               }
104.           }
105.       }
106.    }
107.
108.    void OnDestroy()
109.    {
110.        m_MCSession.Dispose();
111.    }
112. #endif
113. }
```

代码清单 7-4 主要功能就是收发 CollaborationData 并在接收到 CollaborationData 数据时更新 Session。参数 Service Type 的目的是区分网络连接，防止在同一区域有多个网络连接时相互之间的干扰。将该脚本挂载在 Hierarchy 窗口中 AR Session 对象上，如图 7-13 所示。

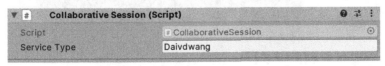

▲图 7-13 挂载 CollaborativeSession 脚本

编译并分别发布到两台手机或者平板电脑上，在两台设备上同时运行应用程序，完成匹配后可以看到在一台设备上添加的小球会实时出现在另一台设备的屏幕上，如图 7-14 所示。

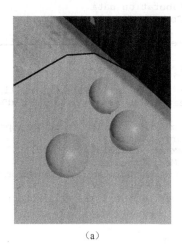 

(a)　　　　　　　　　　　　　　(b)

▲图 7-14　协作 Session 运行效果图

7.3.3　使用协作 Session 的注意事项

协作 Session 是在 ARWorldMap 基础上发展起来的技术，ARWorldMap 包含了一系列的地标、ARAnchor 以及在观察这些地标和 ARAnchor 时摄像机的视场（View），如图 7-15 所示。在图中，从左到右，摄像机在扫描识别地标时也同时记录了此时的摄像机视场，然后这些扫描到的地标连同此时的摄像机视场会被分组存储到其 ARWorldMap 中。如果用户在某一个位置新创建了一个 ARAnchor，这时这个 ARAnchor 位置并不是相对于公共世界坐标系的（实际上此时用户根本就不知道是否还有其他参与者），而是被存储成离这个 ARAnchor 最近的 View 的相对坐标，这些信息也会一并存入用户的 ARWorldMap 中并被发送到其他用户。

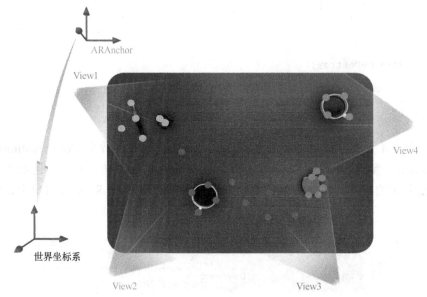

▲图 7-15　ARWorldMap 会同时存储地标、ARAnchor 及摄像机视场

由于 ARAnchor 是相对于 View 的坐标的，而这些 View 会分组存储到 ARWorldMap 中，也就是说，ARAnchor 与任何设备的世界坐标系都没有关系，不管这些 ARAnchor 是被本机

设备解析到本机场景中,还是通过网络发送到其他设备被解析到其他用户的场景中,都不会改变 ARAnchor 与 View 之间的相互关系。因此,即使其他用户使用了不同的世界坐标系,他们也能在相同的真实环境位置中看到这个 ARAnchor。

从以上原理可以看到,ARAnchor 对共享 AR 体验起到了非常关键的作用,所以为了更好的 AR 共享体验,开发人员应当在开发时注意以下几点。

(1)跟踪 ARAnchor 的更新。在 ARKit 探索环境时,随着采集的特征点信息越来越多,它对环境的理解会越来越精准,ARKit 会通过对之前的摄像机视场(View)进行微调来优化与调整地标信息,因此,与某一摄像机视场(View)相关联的 ARAnchor 姿态也会随之发生调整,所以应当保持对 ARAnchor 的跟踪以确保在 ARAnchor 发生更新时能及时反映到当前用户场景中。

(2)虚拟物体应靠近 ARAnchor。在 ARAnchor 发生更新时,连接到其上的虚拟物体也会发生更新,离 ARAnchor 远的虚拟物体在更新时可能会出现误差导致偏离真实位置,如图 7-16 所示。所以连接到 ARAnchor 的虚拟对象应当靠近对应的 ARAnchor 以减少误差带来的影响。

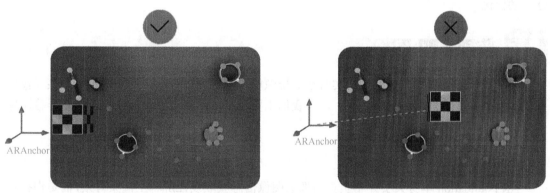

▲图 7-16　虚拟物体应靠近 ARAnchor

(3)处理好 ARAnchor 与虚拟物体的关系。独立的虚拟物体应当使用独立的 ARAnchor,这样每一个独立虚拟物体都可以尽量靠近 ARAnchor,在存储时可以存储到 ARWorldMap 相同分组中。对若干个距离较近并且希望保持相互之间位置关系的虚拟物体应当使用同一个 ARAnchor,因为在 ARAnchor 更新时,这些虚拟物体会得到相同的更新矩阵,从而保持相互间的位置关系不发生任何变化。

另外,需要注意的是,在 AR Foundation 中,有两种类型的 CollaborationData:Critical(关键)和 Optional(可选)。Critical 数据定期更新,对同步 AR 体验非常关键,应当被可靠地发送到所有参与设备;Optional 数据产生频率高,几乎每帧都产生,重要性不及 Critical 数据,因此有所丢失也不会有太大影响。标记为"Optional"的数据包括设备位置数据。

第 8 章 摄像机图像获取与自定义渲染管线

在 AR Foundation 中，摄像机图像的获取与背景渲染由底层的 SDK Provider 提供，AR Foundation 提供了一个公共接口组件（AR Camera Background）负责管理背景渲染，开发者也可以自定义摄像机图像的获取与背景渲染。同时，为了优化移动端渲染效率，AR Foundation 也接入了自定义渲染管线，允许开发者使用自己定制化的管线对场景进行个性化的渲染和针对性能的优化。

8.1 获取 GPU 图像

在 AR 实际应用中，经常需要实时获取摄像机、屏幕图像数据，如获取到摄像头采集的原始图像信息或者是实时屏幕截图，本节我们主要学习实时获取摄像头原始图像及屏幕图像的方法。

8.1.1 获取摄像头原始图像

AR Foundation 本身其实并不负责摄像头图像信息获取及在屏幕上渲染背景，而是根据不同的平台选择不同的底层 Provider 来提供摄像头图像，这样做的原因是不同的平台在获取摄像头数据时的视频编码及显示编码格式并不相同，没办法提供一个兼容解决方案。当然，这么做也为不同平台获取摄像头数据及渲染提供了灵活性，可以兼容更多的算法及实现。

在 AR Camera Background 组件中，有一个 Use Custom Material 选项，如图 8-1 所示。

▲图 8-1 AR Camera Background 组件

在不勾选这个选项时，AR Foundation 会根据所编译运行平台自动选择底层摄像头数据获取及渲染，如在 Android 平台，ARCore 会提供这个算法功能；在 iOS 平台，则由 ARKit 提供。如果勾选这个选项，则需要开发者自定义一个获取摄像头数据的算法和背景渲染的材质，然后 AR Foundation 会使用这个材质将图像信息渲染到设备屏幕。

反过来说，AR Foundation 利用第三方提供的摄像机数据和材质渲染屏幕背景，因此，我们也可以通过 AR Camera Background 组件获取到摄像头的原始图像信息。不管是 ARCore 或 ARKit 提供的，还是用户自定义的，只要获取到这个材质并将其渲染到 Render Texture，我们就可以获取到摄像头的原始图像信息。基于以上思想，其核心代码如代码清单 8-1 所示。

代码清单 8-1

```
1.  Graphics.Blit(null, mRenderTexture, mARCameraBackground.material);
2.  var activeRenderTexture = RenderTexture.active;
3.  RenderTexture.active = mRenderTexture;
4.  if (mLastCameraTexture == null)
5.      mLastCameraTexture = new Texture2D(mRenderTexture.width, mRenderTexture.height,
        TextureFormat.RGB24, true);
6.  mLastCameraTexture.ReadPixels(new Rect(0, 0, mRenderTexture.width, mRenderTexture.
    height), 0, 0);
7.  mLastCameraTexture.Apply();
8.  RenderTexture.active = activeRenderTexture;
9.  var bytes = mLastCameraTexture.EncodeToPNG();
10. var path = Application.persistentDataPath + "/texture01.png";
11. System.IO.File.WriteAllBytes(path, bytes);
```

在上述代码中，Graphics.Blit()方法是将摄像头原始数据使用特定的材质渲染后存储到目标纹理区，这个方法在屏幕后处理特效中用得非常多，其方法原型如下。

```
public static void Blit(Texture source, RenderTexture dest, Material mat, int pass = -1);
```

这里没有源纹理，摄像头所有的数据信息是底层 Provider 通过材质直接渲染到目标纹理中。在得到这个背景纹理后，我们就可以使用 RGB24 的格式保存下来。使用这种方法可以直接获取底层 Provider 渲染摄像机图像的纹理，所以这个纹理不包括任何虚拟物体、UI 等 AR 对象，是纯摄像头图像数据。

8.1.2 获取屏幕显示图像

在某些时候我们希望获取用户设备屏幕显示图像，即包括虚拟对象、UI 等信息的屏幕截图。获取屏幕显示图像的方法是直接获取屏幕输出图像信息，即获取场景中摄像机的画面信息（此处的摄像机为 AR 场景中的虚拟摄像机，与上节所说的摄像机不是同一概念，上节说的摄像机是手机的摄像头）。因此，我们的思路是将虚拟摄像机图像信息输出到 Render Texture，这样就可以转成图片格式存储了，核心代码如代码清单 8-2 所示。

代码清单 8-2

```
1.  mCamera.targetTexture = mRenderTexture;
2.  mCamera.Render();
3.  //RenderTexture currentActiveRT = RenderTexture.active;
4.  RenderTexture.active = mRenderTexture;
5.  if (mLastCameraTexture == null)
6.      mLastCameraTexture = new Texture2D(mRenderTexture.width, mRenderTexture.height,
        TextureFormat.RGB24, true);
7.  mLastCameraTexture.ReadPixels(new Rect(0, 0, mRenderTexture.width, mRenderTexture.
    height), 0, 0);
8.  mLastCameraTexture.Apply();
9.  mCamera.targetTexture = null;
10. RenderTexture.active = null;
11. byte[] bytes = mLastCameraTexture.EncodeToPNG();
12. var path = Application.persistentDataPath + "/texture02.png";
13. System.IO.File.WriteAllBytes(path, bytes);
```

需要注意的是第 9 行，在将摄像机图像渲染到 Render Texture 后，一定要设置 mCamera.targetTexture = null; 这样才能恢复将摄像机的图像信息渲染到屏幕缓冲区，不然，屏幕将无图像输出。

下面演示用这两种方法获取图像信息，以第 1 章的 Helloworld 工程为基础，具体实现操作如下：首先新建一个 C#脚本，命名为 Capture，编写代码如代码清单 8-3 所示。

代码清单 8-3

```
1.   using System.Collections;
2.   using System.Collections.Generic;
3.   using UnityEngine;
4.   using UnityEngine.XR.ARFoundation;
5.   using UnityEngine.UI;
6.
7.   public class Capture : MonoBehaviour
8.   {
9.       public Button BtnCapture;
10.      public Button BtnCapture2;
11.
12.      private Camera mCamera;
13.      private ARCameraBackground mARCameraBackground;
14.      private Texture2D mLastCameraTexture;
15.      private RenderTexture mRenderTexture;
16.
17.      private void Start()
18.      {
19.          mARCameraBackground = GetComponent<ARCameraBackground>();
20.          BtnCapture.transform.GetComponent<Button>().onClick.AddListener
             (ScreenShotWithoutObject);
21.          BtnCapture2.transform.GetComponent<Button>().onClick.AddListener
             (ScreenShotWithObject);
22.          mCamera = GetComponent<Camera>();
23.      }
24.
25.      private void ScreenShotWithoutObject()
26.      {
27.          if (mRenderTexture == null)
28.          {
29.              RenderTextureDescriptor renderTextureDesc = new RenderTextureDescriptor
                 (Screen.width, Screen.height, RenderTextureFormat.BGRA32);
30.              mRenderTexture = new RenderTexture(renderTextureDesc);
31.          }
32.          Graphics.Blit(null, mRenderTexture, mARCameraBackground.material);
33.          var activeRenderTexture = RenderTexture.active;
34.          RenderTexture.active = mRenderTexture;
35.          if (mLastCameraTexture == null)
36.              mLastCameraTexture = new Texture2D(mRenderTexture.width, mRenderTexture.
                 height, TextureFormat.RGB24, true);
37.          mLastCameraTexture.ReadPixels(new Rect(0, 0, mRenderTexture.width,
             mRenderTexture.height), 0, 0);
38.          mLastCameraTexture.Apply();
39.          RenderTexture.active = activeRenderTexture;
40.          var bytes = mLastCameraTexture.EncodeToPNG();
41.          var path = Application.persistentDataPath + "/texture01.png";
42.          System.IO.File.WriteAllBytes(path, bytes);
43.      }
44.      private void ScreenShotWithObject()
45.      {
46.          if (mRenderTexture == null)
47.          {
48.              RenderTextureDescriptor renderTextureDesc = new RenderTextureDescriptor
                 (Screen.width, Screen.height, RenderTextureFormat.BGRA32);
49.              mRenderTexture = RenderTexture.GetTemporary(renderTextureDesc);
50.          }
51.          mCamera.targetTexture = mRenderTexture;
52.          mCamera.Render();
53.          //RenderTexture currentActiveRT = RenderTexture.active;
54.          RenderTexture.active = mRenderTexture;
55.          if (mLastCameraTexture == null)
56.              mLastCameraTexture = new Texture2D(mRenderTexture.width, mRenderTexture.
                 height, TextureFormat.RGB24, true);
57.          mLastCameraTexture.ReadPixels(new Rect(0, 0, mRenderTexture.width,
             mRenderTexture.height), 0, 0);
```

```
58.            mLastCameraTexture.Apply();
59.            mCamera.targetTexture = null;
60.            RenderTexture.active = null;
61.            byte[] bytes = mLastCameraTexture.EncodeToPNG();
62.            var path = Application.persistentDataPath + "/texture02.png";
63.            System.IO.File.WriteAllBytes(path, bytes);
64.        }
65. }
```

关键代码功能我们已经分析过,不赘述。接着在 Hierarchy 窗口中新建两个 Button UI,然后将 Capture 脚本挂载在 AR Session Origin 对象下的 AR Camera 子对象上,并为其属性赋值,如图 8-2 所示。

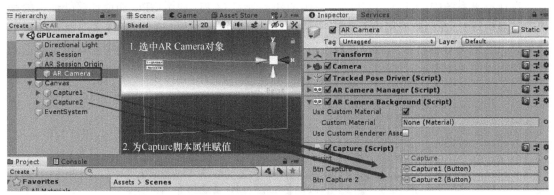

▲图 8-2 挂载 Capture 脚本并为其赋值

编译运行,在检测到的平面上放置一个立方体,如图 8-3(a),然后按不同的按钮分别获取摄像头原始图像信息与屏幕显示图像信息,效果如图 8-3(b)所示。

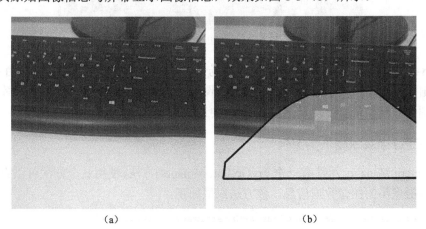

▲图 8-3 获取摄像头原始图像与屏幕图像效果图

> **提示** 本示例获取并保存的图像并没有刷新到手机设备的相册,只保存在应用安装目录的 Data 文件夹下,因此要得到保存的图像文件,需要再将其复制出来。

8.2 获取 CPU 图像

上节中,我们已经实现从设备摄像头或屏幕中获取图像信息,在处理类似截屏这种任务时非常合适,但在获取实时连续图像视频流时,这种方式则有极大的性能问题,主要原因在于获取的图像数据信息全部来自 GPU 显存,而从 GPU 显存回读数据到 CPU 内存是一项复杂、昂贵的操作。就获取设备摄像头图像视频数据而言,这种方式也是从 CPU 到 GPU 再到 CPU"绕了一圈",人为增加了性能消耗。本节我们将学习直接从 CPU 中读取设备摄像头图像信息(这种需求在进行深度开发时还是比较普遍,如对设备摄像头图像进行计算机视觉处理,包括手势检测、物体识别等),然后以边缘检测为例,对获取的图像流信息进行实时二次处理。

8.2.1 AR 摄像机图像数据流

在计算机系统中,CPU 与 GPU 有明确的任务分工(CPU 利用 GPU 加速计算处理也处在快速发展阶段)。在 AR 应用中,CPU 主要负责逻辑运算及流程控制,GPU 主要负责图像渲染处理,它们都有各自独立的存储器,被称为内存与显存。从设备摄像头中获取图像数据的数据流图如图 8-4 所示。

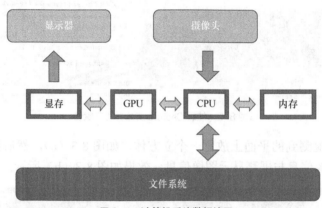

▲图 8-4 计算机系统数据流图

在图 8-4 中,我们可以清楚地看到,AR 场景中的所有对象数据最终都将交由 GPU 进行渲染并输出到显示缓冲区,包括摄像头获取的图像信息。另一方面也可以看出,实时获取设备摄像头图像信息的最佳方式是直接从 CPU 中读取。

8.2.2 从 CPU 中获取摄像头图像

AR Camera Manager 组件有一个 TryGetLatestImage()方法,使用这个方法可以直接从 CPU 中获取设备摄像头的图像数据信息,该方法原型如下。

```
public bool TryGetLatestImage(out XRCameraImage cameraImage);
```

参数 cameraImage 是一个本地化的结构体,通常需要在使用完后及时释放(使用 Dispose()方法释放),因为在很多平台上,cameraImage 数量是有限制的,如果长时间不释放会导致无法获取新的图像数据信息。在 AR Foundation 中,使用这个 cameraImage 结构体时,可以设置摄像头图像模式、直接获取摄像头视频图像通道信息、同步转换到灰度图和彩色图、异步转换到灰度图与彩色图,以下对这 4 个特性分别进行阐述。

1. 设置摄像头图像模式

在采集 CPU 图像数据时,摄像机的分辨率与帧率可由用户设定,当然这些设定值必须要被摄像头支持。所以一个比较合适的做法是列举出所有摄像头支持的模式,由用户根据其需

8.2 获取 CPU 图像

求选择最合适的分辨率与帧率。ARCameraManager 组件有一个 GetConfigurations()方法，该方法可以获取摄像头所支持的所有模式，其原型如下。

```
public NativeArray<XRCameraConfiguration> GetConfigurations(Allocator allocator)
```

在默认情况下，AR Foundation 会选择分辨率最低的模式，因为在该模式下可以覆盖尽可能多的用户设备并降低硬件资源需求。

下面我们演示如何遍历摄像头所支持的模式和更改摄像头数据采集模式。新建一个 C# 脚本，命名为 CpuImageConfiguration，该脚本主要完成对当前摄像头所支持模式的遍历，并将所有的支持模式存储到一个下拉列表框中，当用户选择其他模式时，更改摄像头采集数据的模式。同时，为了更清晰直观地看到变更效果，可直接显示当前使用的摄像头数据采集模式名称。核心代码如代码清单 8-4 所示。

代码清单 8-4

```
1.  //下拉列表栏中当前选中值发生变更时触发
2.  void OnDropdownValueChanged(Dropdown dropdown)
3.  {
4.      if ((mCameraManager == null) || (mCameraManager.subsystem == null) || !mCameraManager.subsystem.running)
5.      {
6.          return;
7.      }
8.      var configurationIndex = dropdown.value;
9.      using (var configurations = mCameraManager.GetConfigurations(Unity.Collections.Allocator.Temp))
10.     {
11.         if (configurationIndex >= configurations.Length)
12.         {
13.             return;
14.         }
15.         var configuration = configurations[configurationIndex];
16.         mCameraManager.currentConfiguration = configuration;
17.         mText.text = configuration.ToString();
18.     }
19.
20. }
21. //遍历摄像头所支持的数据采集模式并将其存储到下拉列表框中，选中当前使用的模式
22. void PopulateDropdown()
23. {
24.     if ((mCameraManager == null) || (mCameraManager.subsystem == null) ||
        !mCameraManager.subsystem.running)
25.         return;
26.     using (var configurations = mCameraManager.GetConfigurations(Unity.Collections.Allocator.Temp))
27.     {
28.         if (!configurations.IsCreated || (configurations.Length <= 0))
29.         {
30.             return;
31.         }
32.         foreach (var config in configurations)
33.         {
34.             mConfigurationNames.Add(config.ToString());
35.         }
36.         mDropdown.AddOptions(mConfigurationNames);
37.
38.         var currentConfig = mCameraManager.currentConfiguration;
39.         for (int i = 0; i < configurations.Length; ++i)
40.         {
41.             if (currentConfig == configurations[i])
42.             {
43.                 mDropdown.value = i;
```

```
44.            mText.text = currentConfig.ToString();
45.        }
46.    }
47. }
48. }
```

将 CpuImageConfiguration 脚本挂载到 Hierarchy 窗口 AR Session Origin 下的 AR Camera 对象上,并设置好 UI,编译运行,通过选择下拉列表框中的不同模式值,可以看到摄像头采集数据的模式也在发生变化,如图 8-5 所示。

▲图 8-5　通过不同模式值变更摄像头采集数据模式

2. 获取图像通道信息数据

在视频编码中绝大多数编码格式都采用 YUV 格式,其中 Y 表示明亮度,用于描述像素明暗程度,UV 则表示色度,用于描述色彩及饱和度。在 AR Foundation 中使用 "Plane" 来描述视频通道(不要将其与平面检测中的 Plane 混淆,这两者没有任何关系)。获取特定平台的 YUV 通道信息数据可以直接使用 CameraImage.GetPlane()方法,该方法返回各通道的视频原始 YUV 编码信息,示例代码如代码清单 8-5 所示。

代码清单 8-5

```
1.  XRCameraImage image;
2.  if (!cameraManager.TryGetLatestImage(out image))
3.     return;
4.  // 遍历各视频图像通道
5.  for (int planeIndex = 0; planeIndex < image.planeCount; ++planeIndex)
6.  {
7.     // 显示各通道图像信息
8.     CameraImagePlane plane = image.GetPlane(planeIndex);
9.     Debug.LogFormat("Plane {0}:\n\tsize: {1}\n\trowStride: {2}\n\tpixelStride: {3}",
10.        planeIndex, plane.data.Length, plane.rowStride, plane.pixelStride);
11.
12.    // 对图像数据进行进一步的自定义处理
13.    MyComputerVisionAlgorithm(plane.data);
14. }
15. // 为防止内存泄露,及时释放资源
16. image.Dispose();
```

> **提示**　由于历史问题,黑白与彩色显示器曾长期共存,视频采用 YUV 编码格式主要是为了解决黑白与彩色显示器的兼容问题。

使用 CameraImagePlane 可以通过 NativeArray<byte>直接访问系统本地的内存缓冲区,因此可以直接获取本地内存视图,而且在用完后不需要显示释放 NativeArray。在 CameraImage

被释放后，NativeArray 一并被销毁。另外，视频图像缓冲区是只读区，应用程序不能直接向里面写数据。

3. 同步转换到灰度图与彩色图

从摄像头视频流中获取灰度或者彩色图像需要对 YUV 编码的视频流图像格式进行转换，CameraImage 提供了同步与异步两种转换方式。转换方法原型如下。

```
public void Convert(CameraImageConversionParams conversionParams, IntPtr destination
Buffer, int bufferLength);
```

conversionParams 为控制转换的参数，destinationBuffer 为接受转换后图像数据的目标缓冲区。如果设定转换格式 TextureFormat.Alpha8 或者 TextureFormat.R8 则将视频图像转换成灰度图像，其他格式则转换为彩色图像，转换为彩色图像比转换为灰度图像需要转换的数据量更大，因此计算更密集。

> **提示**
> 通过 TextureFormat.Alpha8 或者 TextureFormat.R8 可以提取到原始图像 Alpha 通道与 R 通道颜色分量值。Unity 本身并没有灰度纹理的概念（只能渲染成灰度的纹理）。以 Alpha8 或者 R8 格式存储的纹理可以渲染成灰度图，操作方式是在 Shader 中提取到以 R8 格式存储的纹理，然后生成一个各颜色分量均相同的 RGB 值，渲染输出即灰度图。如果我们只是提取了 Alpha 通道与 R 通道颜色分量直接显示，则只显示该分量的颜色值。
>
> 另外，通过 CPU 获取到的是原始未经过处理的摄像头图像数据，因此图像方向可能会与手机显示屏方向不一致，如旋转了 90 度等。

CameraImageConversionParams 结构体定义如代码清单 8-6 所示。

代码清单 8-6

```
1.  public struct CameraImageConversionParams
2.  {
3.      public RectInt inputRect;
4.      public Vector2Int outputDimensions;
5.      public TextureFormat outputFormat;
6.      public CameraImageTransformation transformation;
7.  }
```

该结构体共有 4 个参数，各参数定义及描述如表 8-1 所示。

表 8-1 CameraImageConversionParams 参数类型表

属性	描述说明
inputRect	需要转换的图像区域，可以是视频流图像原始尺寸，也可以是比原始图像小的一个区域。转换区域必须与原始图像完全匹配，即转换区域必须是原始图像有效区域的全部或一部分。在明确了解所使用图像区域时，对图像进行部分区域转换可加快转换速度
outputDimensions	输出图像的尺寸。CameraImage 支持降采样转换，允许指定比原图像更小的图像尺寸，如可以定义输出图像尺寸为 (inputRect.width / 2, inputRect.height / 2)，从而获取原图像一半的分辨率，这样可以减少转换彩色图像的时间。输出图像尺寸只能小于或者等于原始图像尺寸
outputFormat	输出图像格式，目前支持 TextureFormat.RGB24、TextureFormat.RGBA24、TextureFormat.ARGB32、TextureFormat.BGRA32、TextureFormat.Alpha8、TextureFormat.R8 6 种格式，可以在转换前通过 CameraImage.FormatSupported 检查支持的图像格式
transformation	对原始图像进行变换，目前支持 X 轴、Y 轴镜像

在转换前需要分配转换后的图像存储空间，因此需要知道所需空间的大小，可以通过

GetConvertedDataSize(int width, int height, TextureFormat format)获取所需空间大小，通过 Texture2D.LoadRawTextureData()得到转换后的数据格式，使其与 Texture2D 格式兼容，便于操作。示例代码如代码清单 8-7 所示。

代码清单 8-7

```
1.  using System;
2.  using Unity.Collections;
3.  using Unity.Collections.LowLevel.Unsafe;
4.  using UnityEngine;
5.  using UnityEngine.XR.ARFoundation;
6.  using UnityEngine.XR.ARSubsystems;
7.
8.  public class CameraImageExample : MonoBehaviour
9.  {
10.      Texture2D m_Texture;
11.
12.      void OnEnable()
13.      {
14.          cameraManager.cameraFrameReceived += OnCameraFrameReceived;
15.      }
16.
17.      void OnDisable()
18.      {
19.          cameraManager.cameraFrameReceived -= OnCameraFrameReceived;
20.      }
21.
22.      unsafe void OnCameraFrameReceived(ARCameraFrameEventArgs eventArgs)
23.      {
24.          XRCameraImage image;
25.          if (!cameraManager.TryGetLatestImage(out image))
26.              return;
27.
28.          var conversionParams = new CameraImageConversionParams
29.          {
30.              // 得到整个 image
31.              inputRect = new RectInt(0, 0, image.width, image.height),
32.
33.              // 降采样
34.              outputDimensions = new Vector2Int(image.width / 2, image.height / 2),
35.
36.              // 使用 RGBA 格式，即转换成彩色图像
37.              outputFormat = TextureFormat.RGBA32,
38.
39.              // 使用 y 轴镜像
40.              transformation = CameraImageTransformation.MirrorY
41.          };
42.
43.          // 获取图像数据大小
44.          int size = image.GetConvertedDataSize(conversionParams);
45.
46.          // 分配储存区域
47.          var buffer = new NativeArray<byte>(size, Allocator.Temp);
48.
49.          // 执行转换操作
50.          image.Convert(conversionParams, new IntPtr(buffer.GetUnsafePtr()), buffer.Length);
51.
52.          // 图像已转换并已存储到指定储存区域，因此需要释放 image 对象以防止内存泄露
53.          image.Dispose();
54.          // 这里可以执行对图像的进一步处理，如进行计算机视觉处理等
55.          // 将其存入纹理以便显示
56.          m_Texture = new Texture2D(
57.              conversionParams.outputDimensions.x,
58.              conversionParams.outputDimensions.y,
59.              conversionParams.outputFormat,
60.              false);
61.
```

```
62.        m_Texture.LoadRawTextureData(buffer);
63.        m_Texture.Apply();
64.
65.        // 释放缓冲区
66.        buffer.Dispose();
67.    }
68. }
```

4. 异步转换到灰度图与彩色图

同步转换会阻塞 CPU 后续流程，严重时造成应用卡顿，因此在对实时视频流图像处理要求不高时可以采用异步转换的方式，异步转换方法为 CameraImage.ConvertAsync()。因为是异步转换，所以对主流程不会造成很大影响，可以获取大量异步转换图像而不影响主流程。通常，异步转换会在当前帧的下一帧被处理，异步转换可以采用队列的方式对所有要求异步转换的请求依次进行处理。CameraImage.ConvertAsync()方法会返回 AsyncCameraImageConversion 对象，通过这个对象可以查询转换进程，可以通过查询状态以便进行下一步操作，如代码清单 8-8 所示。

代码清单 8-8

```
1. AsyncCameraImageConversion conversion = image.ConvertAsync(...);
2. while (!conversion.status.IsDone())
3.     yield return null;
```

使用 status 标识可以查询转换是否完成，如果 status 为 AsyncCameraImageConversionStatus.Ready，则可以通过调用 GetData<T>()方法获取 NativeArray<T>型数据。GetData<T>()方法实质上是返回一个本地内存布局的视图，在 AsyncCameraImageConversion 对象调用 Dispose()方法前，这个视图一直存在，但在 AsyncCameraImageConversion 对象调用 Dispose()方法后，该视图会一并被销毁。另外，无需显式调用 NativeArray<T>的 Dispose()方法，在 AsyncCameraImageConversion 对象被释放后该内存块也将被释放，所以尝试在 AsyncCameraImageConversion 对象被释放后读取该内存数据则会出错。

> **注意**
> AsyncCameraImageConversions 必须显式调用 Dispose()方法释放，使用后不及时调用 Dispose()方法会导致内存泄露。虽然在 XRCameraSubsystem 对象被销毁后，所有的异步转换资源也将被释放，但还是强烈建议及时调用 Dispose()方法释放 AsyncCameraImageConversions 对象。
>
> AsyncCameraImageConversion 对象所属资源与 CameraImage 对象没有关系，CameraImage 有可能会在异步转换完成前被销毁，但这不会影响异步转换数据信息。

示例代码之一如代码清单 8-9 所示。

代码清单 8-9

```
1.  Texture2D m_Texture;
2.  public void GetImageAsync()
3.  {
4.      // 获取 image 对象信息
5.      XRCameraImage image;
6.      if (cameraManager.TryGetLatestImage(out image))
7.      {
8.          // 启动协程进行异步转换
9.          StartCoroutine(ProcessImage(image));
10.
11.         // 在异步转换完成前销毁 image
12.         image.Dispose();
13.     }
```

```
14.  }
15.
16.  IEnumerator ProcessImage(CameraImage image)
17.  {
18.      // 开始异步转换
19.      var request = image.ConvertAsync(new CameraImageConversionParams
20.      {
21.          // 使用全尺寸图像
22.          inputRect = new RectInt(0, 0, image.width, image.height),
23.
24.          // 降采样
25.          outputDimensions = new Vector2Int(image.width / 2, image.height / 2),
26.
27.          // 使用彩色图像
28.          outputFormat = TextureFormat.RGB24,
29.
30.          // 应用 y 轴镜像
31.          transformation = CameraImageTransformation.MirrorY
32.      });
33.
34.      // 等待转换完成
35.      while (!request.status.IsDone())
36.          yield return null;
37.
38.      // 检测状态
39.      if (request.status != AsyncCameraImageConversionStatus.Ready)
40.      {
41.          // 转换出现错误
42.          Debug.LogErrorFormat("Request failed with status {0}", request.status);
43.
44.          // 销毁转换请求
45.          request.Dispose();
46.          yield break;
47.      }
48.
49.      // 获取转换后的图像信息
50.      var rawData = request.GetData<byte>();
51.
52.      // 转换成 2D 纹理
53.      if (m_Texture == null)
54.      {
55.          m_Texture = new Texture2D(
56.              request.conversionParams.outputDimensions.x,
57.              request.conversionParams.outputDimensions.y,
58.              request.conversionParams.outputFormat,
59.              false);
60.      }
61.      m_Texture.LoadRawTextureData(rawData);
62.      m_Texture.Apply();
63.
64.      // 销毁转换请求以便释放与请求相关联的资源，包括原始数据
65.      request.Dispose();
66.  }
```

除了上面的方法，我们也可以使用代理（delegate）的方式，而不是直接返回 AsynCameraImageConversion 对象，示例代码如代码清单 8-10 所示。

代码清单 8-10

```
1.  public void GetImageAsync()
2.  {
3.      // 获取 image 信息
4.      XRCameraImage image;
5.      if (cameraManager.TryGetLatestImage(out image))
6.      {
7.          // 如果成功，启动协和等待图像信息处理，然后应用到 2D Texture
8.          image.ConvertAsync(new CameraImageConversionParams
9.          {
```

```
10.            // 获取全尺寸图像
11.            inputRect = new RectInt(0, 0, image.width, image.height),
12.
13.            // 降采样
14.            outputDimensions = new Vector2Int(image.width / 2, image.height / 2),
15.
16.            // 使用彩色图像
17.            outputFormat = TextureFormat.RGB24,
18.
19.            // 应用 y 轴镜像
20.            transformation = CameraImageTransformation.MirrorY
21.
22.            //转换完成后调用 ProcessImage 方法
23.        }, ProcessImage);
24.
25.        // 在异步转换完成前销毁 image
26.        image.Dispose();
27.    }
28. }
29.
30. void ProcessImage(AsyncCameraImageConversionStatus status, CameraImageConversionParams conversionParams, NativeArray<byte> data)
31. {
32.     if (status != AsyncCameraImageConversionStatus.Ready)
33.     {
34.         Debug.LogErrorFormat("Async request failed with status {0}", status);
35.         return;
36.     }
37.
38.     // 自定义图像处理
39.     DoSomethingWithImageData(data);
40.     // 返回时图像数据会自动销毁,不需要显式调用 Dispose()方法
41. }
```

在使用这种方法时,NativeArray<byte>是与 request 关联的本地内存布局视图,不需要显式调用 Dispose()方法释放,该视图只在代理(delegate)执行期间有效,一旦代理方法返回,则其也被及时销毁,如果需要在代理执行周期外使用这些数据,则需要使用 NativeArray<T>.CopyTo()和 NativeArray<T>.CopyFrom()将数据及时备份出来。

8.3 边缘检测原理

边缘检测是图像处理和计算机视觉中的基本问题,边缘检测的目的是标识数字图像中变化明显的点。数字图像中像素的显著变化通常反映了属性的重要事件和变化,包括深度上的不连续、表面方向不连续、物质属性变化和场景照明变化。边缘检测可以大幅度减少需要处理的数据量,并且剔除可以认为不相关的信息,保留了图像重要的结构属性,因而通常为图像处理的预处理。在进行图像处理时,通过是先进行边缘检测再进行边缘处理,边缘检测是使用卷积对图像进行处理。

8.3.1 卷积

卷积(Convolution)本质上来讲就是一种数学运算,跟加减乘除没有区别。卷积也是一种积分运算,可以看作加权求和。卷积把一个点的像素值用它周围点的像素值的加权平均代替,通常用于消除噪声、增强特征。卷积的具体方法是在图像处理中准备一个模板(这个模板就是卷积核,即 kernel),对图像上的每一个像素点,让模板的原点和该点重合,然后模板上的点和图像上对应的点相乘,最后将各点的积累加,得到该点的卷积值,再用该卷积值代替原图像的对应像素值。移动模板到下一个像素点,依次类推,对图像上的每个像素点都作

类似处理，最后得到的一张使用卷积处理后的图就是边缘检测图，如图 8-6 所示。

卷积核通常是一个正方形网格结构（如 2×2、3×3），该网格区域内的每一个方格都有一个权重值。当对图像中的某个像素进行卷积操作时，我们会把卷积核的中心放置于该像素上，如图 8-6 所示。翻转核之后再依次计算核中每个元素和其覆盖的图像像素值的乘积，最后将各乘积累加，得到的结果就是该像素的新像素值，直到所有像素都处理完，如图 8-7 所示。

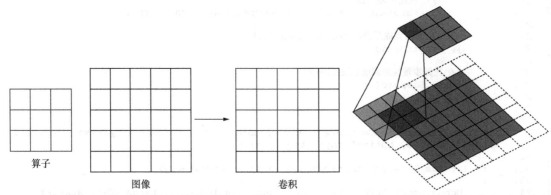

▲图 8-6　使用卷积核对图像进行处理的示意图　　▲图 8-7　使用卷积核对图像中的每个像素依次进行处理就得到该图像的卷积结果

卷积听起来很难，但在图像处理中其实就这么简单，用卷积可以实现很多常见的图像处理效果，例如图像模糊、边缘检测等。

8.3.2　Sobel 算子

卷积的神奇之处在于选择的卷积核，用于边缘检测的卷积核也叫边缘检测算子，先后有好几种边缘检测算子被提出来。

1. Roberts 算子

Roberts 算子采用对角线方向相邻两像素之差近似梯度幅值检测边缘，如图 8-8 所示。Roberts 算子检测水平和垂直边缘的效果好于斜向边缘，定位精度高，但对噪声敏感。

2. Prewitt 算子

Prewitt 算子利用像素点上下左右相邻点灰度差在边缘处达到极值的特点检测边缘，如图 8-9 所示，Prewitt 算子对噪声具有平滑作用，但是定位精度不够高。

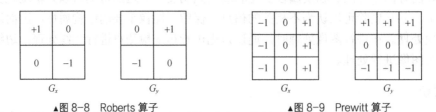

▲图 8-8　Roberts 算子　　▲图 8-9　Prewitt 算子

3. Sobel 算子

Sobel 算子主要用作边缘检测，它是一个离散的一阶差分算子，用来计算图像亮度函数的一阶梯度近似值，如图 8-10 所示。在图像的任何一点使用此算子，将会产生该点对应的梯度矢量或法矢量。与 Prewitt 算子相比，Sobel 算子对像素位置的影响做了加权，可以降低边缘模糊程度，因此效果更好。

Sobel 算子包含两组 3×3 的矩阵，分别为横向及纵向，将其与图像作平面卷积，即可分别得出横向及纵向的亮度差分近似值。如果以 A 代表原始图像相应矩阵，G_x 及 G_y 分别代表经横向及纵向边缘检测的图像灰度值，则其公式如图 8-11 所示。

−1	0	+1
−2	0	+2
−1	0	+1

G_x

+1	+2	+1
0	0	0
−1	−2	−1

G_y

▲图 8-10 Sobel 算子

$$G_x = \begin{bmatrix} -1 & 0 & +1 \\ -2 & 0 & +2 \\ -1 & 0 & +1 \end{bmatrix} \times A \quad \text{and} \quad G_y = \begin{bmatrix} +1 & +2 & +1 \\ 0 & 0 & 0 \\ -1 & -2 & -1 \end{bmatrix} \times A$$

▲图 8-11 Sobel 算子对图像进行处理的计算公式

具体计算公式如下：

$G_x = (-1) \times f(x-1, y-1) + 0 \times f(x, y-1) + 1 \times f(x+1, y-1)$
　　$+ (-2) \times f(x-1, y) + 0 \times f(x, y) + 2 \times f(x+1, y)$
　　$+ (-1) \times f(x-1, y+1) + 0 \times f(x, y+1) + 1 \times f(x+1, y+1)$
　　$= [f(x+1, y-1) + 2 \times f(x+1, y) + f(x+1, y+1)] - [f(x-1, y-1) + 2 \times f(x-1, y) + f(x-1, y+1)]$

$G_y = 1 \times f(x-1, y-1) + 2 \times f(x, y-1) + 1 \times f(x+1, y-1)$
　　$+ 0 \times f(x-1, y)\ 0 \times f(x, y) + 0 \times f(x+1, y)$
　　$+ (-1) \times f(x-1, y+1) + (-2) \times f(x, y+1) + (-1) \times f(x+1, y+1)$
　　$= [f(x-1, y-1) + 2 f(x, y-1) + f(x+1, y-1)] - [f(x-1, y+1) + 2 \times f(x, y+1) + f(x+1, y+1)]$

其中 $f(a,b)$ 表示图像 (a,b) 点的灰度值，图像的每一个像素的横向及纵向值通过以下公式结合来计算该点灰度的大小：

$$G = \sqrt{G_x^2 + G_y^2}$$

通常，为了提高效率使用不开平方的近似值：

$$G = |G_x| + |G_y|$$

如果梯度值 G 大于某一阀值则认为该点 (x,y) 为边缘点。Sobel 算子也是根据像素点上下左右的相邻点灰度加权差在边缘处达到极值这一原理来检测边缘，对噪声具有平滑作用，能提供较为精确的边缘方向信息，但边缘定位精度不够高。当对精度要求不是很高时，这是一种较为常用的边缘检测方法。

Sobel 算子的计算速度比 Roberts 算子慢，但其较大的卷积核在很大程度上平滑了输入图像，使算子对噪声的敏感性降低。与 Roberts 算子相比，它通常会为相似的边缘产生更高的输出值。与 Roberts 算子一样，操作时输出值很容易溢出仅支持小整数像素值（例如 8 位整数图像）的图像类型的最大允许像素值。当发生这种情况时，标准做法是简单地将溢出的输出像素值设置为最大允许值（为避免此问题，可以通过使用支持范围更大像素值的图像类型）。

下面演示使用 Sobel 算子进行边缘检测。

8.4 CPU 图像边缘检测实例

在前文的理论基础上，我们以同步方式从 CPU 中获取摄像机图像信息，对获取到的图像信息进行边缘检测，并将检测结果直接输出到 RawImage 上查看。

首先在 Hierarchy 窗口中新建一个 RawImage，并将其位置固定在屏幕上方。新建一个 C# 脚本，命名为 CPUcameraImage，编写如代码清单 8-11 所示代码。

代码清单 8-11

```csharp
using System;
using Unity.Collections;
using Unity.Collections.LowLevel.Unsafe;
using UnityEngine;
using UnityEngine.XR.ARFoundation;
using UnityEngine.XR.ARSubsystems;
using UnityEngine.UI;

public class CPUcameraImage : MonoBehaviour
{

    [SerializeField]
    RawImage mRawImage;
    private ARCameraManager mARCameraManager;
    private Texture2D mTexture;
    private static int mTotalSize;
    private static byte[] mFinalImage;

    void OnEnable()
    {
        mARCameraManager = GetComponent<ARCameraManager>();
        mARCameraManager.frameReceived += OnCameraFrameReceived;
    }

    void OnDisable()
    {
        mARCameraManager.frameReceived -= OnCameraFrameReceived;
    }

    unsafe void OnCameraFrameReceived(ARCameraFrameEventArgs eventArgs)
    {
        XRCameraImage image;
        if (!mARCameraManager.TryGetLatestImage(out image))
            return;

        var format = TextureFormat.R8;
        var conversionParams = new XRCameraImageConversionParams(image, format, CameraImageTransformation.None);
        mTotalSize = image.GetConvertedDataSize(conversionParams);
        if (mTexture == null || mTexture.width != image.width || mTexture.height != image.height)
        {
            mTexture = new Texture2D(image.width, image.height, format, false);
            mFinalImage = new byte[mTotalSize];
        }
        var rawTextureData = mTexture.GetRawTextureData<byte>();
        try
        {
            image.Convert(conversionParams, new IntPtr(rawTextureData.GetUnsafePtr()), rawTextureData.Length);
            Sobel(mFinalImage, mTexture.GetRawTextureData(), image.width, image.height);
            mTexture.LoadRawTextureData(mFinalImage);
            mTexture.Apply();
        }
        finally
        {
            image.Dispose();
        }

        mRawImage.texture = mTexture;
    }

    unsafe private static void Sobel(byte[] outputImage, byte[] mImageBuffer,
```

```
                int width, int height)
61.             {
62.                 // 边缘检测的阈值
63.                 int threshold = 128 * 128;
64.
65.                 for (int j = 1; j < height - 1; j++)
66.                 {
67.                     for (int i = 1; i < width - 1; i++)
68.                     {
69.                         // 将处理中心移动到指定位置
70.                         int offset = (j * width) + i;
71.
72.                         // 获取9个采样点的像素点值
73.                         int a00 = mImageBuffer[offset - width - 1];
74.                         int a01 = mImageBuffer[offset - width];
75.                         int a02 = mImageBuffer[offset - width + 1];
76.                         int a10 = mImageBuffer[offset - 1];
77.                         int a12 = mImageBuffer[offset + 1];
78.                         int a20 = mImageBuffer[offset + width - 1];
79.                         int a21 = mImageBuffer[offset + width];
80.                         int a22 = mImageBuffer[offset + width + 1];
81.
82.                         int xSum = -a00 - (2 * a10) - a20 + a02 + (2 * a12) + a22;
83.                         int ySum = a00 + (2 * a01) + a02 - a20 - (2 * a21) - a22;
84.                         if ((xSum * xSum) + (ySum * ySum) > threshold)
85.                         {
86.                             outputImage[(j * width) + i] = 0xFF;    //是边缘
87.                         }
88.                         else
89.                         {
90.                             outputImage[(j * width) + i] = 0x1F;    //不是边缘
91.                         }
92.                     }
93.                 }
94.             }
95. }
```

在上述代码中，我们采用了同步获取图像的方式，将转换后的图像直接用 Sobel() 方法进行边缘检测操作。在使用 Sobel 算子对图像所有像素点进行卷积处理时，设置一个阈值（threshold）对输出像素进行过滤，达到只渲染边缘的目的，使用 Sobel 算子做边缘检测的效果如图 8-12 所示。从结果来看，边缘检测效果还是非常不错的，杂点也很少。

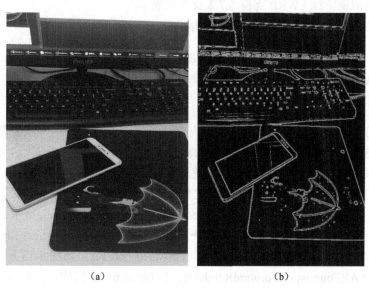

▲图 8-12　Sobel 算子对 CPU 获取的摄像机图像进行边缘检测效果

8.5 可编程渲染管线

在 Unity 2018 以前，所有的渲染管线全部使用一条内置的渲染管线，内核采用 C++编写，提供 C#接口供二十多个平台使用，既要满足高端 PC 平台、主机平台的需求，也要满足低端移动平台的需求。随着时间推移，内置渲染管线变得越来越臃肿，效率大幅下降，同时由于内置管线不能变更，开发者很难进行定制化开发以满足特定需求。

因此，在 Unity 2018 中，渲染管线被拆分成两层：一层是与 OpenGL、DirectX3D 交互的渲染 API 层，使用 C++编写；另一层是建立在前一层上的渲染描述层，使用 C#编写。渲染描述层不需要关注底层在不同平台上的渲染差异，也不需要知道如何实现一个 Draw Call，更关键的是这一层开放给开发者使用，因此开发者可以借助这一层来对渲染管线进行定制。

Unity 官方基于可编程渲染管线（Scriptable Render Pipeline，SRP）提供了两套模板：一个是通用渲染管线（Universal Render Pipeline，URP），通用渲染管线之前也称为轻量级渲染管线（Light Weight Render Pipeline，LWRP）；另一个是高清渲染管线（High Definition Render Pipeline，HDRP）。

高清渲染管线全部基于 Compute Shader，基于最新的硬件进行开发，可以达到顶级的渲染效果，适用于对渲染效果要求高同时硬件资源条件好的 PC 平台、主机平台等。

通用渲染管线主要是为性能受限的移动平台设计的，可以达到更高的效率和可定制性。高清渲染管线 HDRP 只支持高端的平台，即目前比较好的 PC 和主机平台，但通用渲染管线支持所有的平台。

通用渲染管线经过完全重新设计，为 Unity 图形渲染提供了非常好的可扩展性，以及高效的优化方法，优化了批处理、带宽使用，所以通用渲染管线为性能受限的移动设备应用开发提供了更好的渲染选择，特别适合做 AR 应用定制化开发，可以极大地优化应用性能。

在 AR Foundation 3.0 中已支持通用渲染管线（兼容轻量级渲染管线），其支持的版本如下。

（1）轻量级渲染管线 LWRP 支持 5.7.2 及以上版本。

（2）通用渲染管线 URP 支持 7.0 及以上版本。

> **提示** 通用渲染管线 URP 或轻量级渲染管线 LWRP 与高清渲染管线 HDRP 及 Unity 内置的渲染管线相互不兼容，材质、Shader、参数都不相同，因此在项目开始前需要慎重考虑选择何种渲染管线。

定制渲染管线对移动端应用性能提升具有重要意义，但同时，定制渲染管线是一个非常庞大的主题，熟练运用定制渲染管线需要了解比较多的图形学相关知识，这超出了本书的范围，我们这里只对如何在 AR Foudnation 中使用通用渲染管线 URP 主要步骤进行学习。

新建一个工程，在 Project 窗口 Assets 文件夹下新建一个文件夹，命名为 Rendering，然后在 Rendering 文件夹中右击，依次选择 Create➤Rendering➤Lightweight Render Pipeline➤Forward Render 新建一个 LWRP(或者 Create➤Rendering➤Universal Render Pipeline➤Forward Render 新建一个 URP)，命名为 ARFoundationForwardRenderer，如图 8-13 所示。

选中新建的 ARFoundationForwardRenderer，在 Inspector 窗口中，向 Renderer Features 列表中添加 AR Background Renderer Feature，如图 8-14 所示。

8.5 可编程渲染管线

▲图 8-13 新建 Forward Renderer

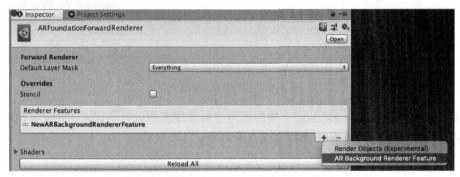

▲图 8-14 添加 AR Background Renderer Feature

在 Project 窗口中的 Rendering 文件夹下右击，依次选择 Create➤Rendering➤Lightweight Render Pipeline➤Pipeline Asset 新建一个 LWRP Pipeline Asset（或者 Create➤Rendering➤Universal Render Pipeline➤Pipeline Asset 新建一个 URP Pipeline Asset），命名为 ARFoundationPipelineAsset，如图 8-15 所示。

▲图 8-15 新建 Pipeline Asset

选中新建的 ARFoundationPipelineAsset，在 Inspector 窗口中，设置 Renerer Type 为 Custom，设置 Renerer Type➤Data 为之前创建的 ARFoundationForwardRenderer，如图 8-16 所示。

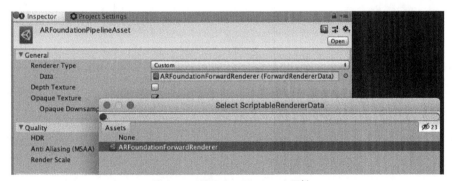

▲图 8-16 设置 Pipeline Asset 属性

最后一步，将工程渲染管线设置为刚创建的 Pipeline Asset，具体操作是在 Unity 菜单栏中，依次选择 Edit➤Project Settings，打开设置对话框，选择 Graphices 功能项卡，设置 Scriptable Render Pipeline Settings 为 ARFoundationPipelineAsset（LightweightRenderPipelineAsset），如图 8-17 所示。

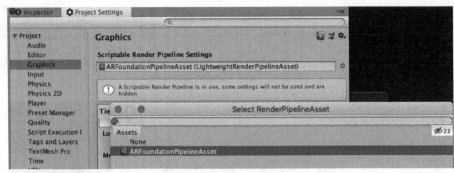

▲图 8-17　应用自定义渲染管线

　　本节只对如何在 AR Foundation 中使用通用渲染管线步骤进行了讲述，并没有详细讲述通用渲染管线的使用，这部分内容读者可以查阅 Unity 官方文档。

第 9 章　肢体动捕与遮挡

人体肢体动作捕捉在动漫影视制作、游戏 CG、实时模型驱动中有着广泛的应用，ARKit 最先将这一技术带入移动 AR 领域。移动 AR 的便携性及低成本，必将促进三维动画的发展。人形遮挡可以解决当前 AR 虚拟物体一直悬浮在人体前面的问题，大大增强 AR 的真实感和可信度。本章我们将深入学习这两种技术在 AR Foundation 中的使用。

9.1　2D 人体姿态估计

在 AR Foundation 中，2D 人体姿态估计是指对摄像头采集的视频图像中人像在屏幕空间中的姿态进行估计，通常使用人体骨骼关键点来描述人体姿态。2D 人体姿态估计在视频安防、动作分类、行为检测、人机交互、体育科学中有着广阔的应用前景。近年来，随着深度学习技术的发展，人体骨骼关键点检测效率与效果不断提升，已经开始广泛应用于计算机视觉相关领域。

9.1.1　人体骨骼关键点检测

人体骨骼关键点检测（Pose Estimation）主要检测人体的一些关键节点，如关节、头部、手掌等，通过关键节点描述人体骨骼及姿态信息。人体骨骼关键点检测在计算机视觉人体姿态检测相关领域的研究中起到了基础性的作用，是智能视频监控、病人监护系统、人机交互、虚拟现实、智能家居、智能安防、运动员辅助训练等应用领域的基础性算法。理想的人体骨骼关键点检测结果如图 9-1 所示。

但在实际应用中，由于人体具有相当的柔性，能呈现各种姿态——人体任何一个部位的微小变化都会产生一种新的姿态，同时其关键点的可见性受穿着、姿态、视角等影响非常大，而且还面临着光照、遮挡等环境因素的影响。除此之外，2D 人体关键点和 3D 人体关键点在

▲图 9-1　理想人体骨骼关键点检测效果图

视觉上会有明显的差异，身体不同部位都会有视觉上的缩短效应（ForeShortening），使得人体骨骼关键点检测成为计算机视觉领域中一个极具挑战性的课题，这些挑战还来自于以下方面。

（1）视频流图像中包含人的数量是未知的，图像中人越多，计算复杂度越大（计算量与人数正相关），这会让处理时间变长，从而使实时处理变得困难。

（2）人与人或人与其他物体之间会存在如接触、遮挡等关系，导致将不同人的关键节点

区分出来的难度增加。

（3）关键点区域的图像信息区分难度比较大，关键点检测时容易出现检测位置不准或者置信度不高，甚至会出现将背景图像当成关键点的错误。

（4）人体不同关键点检测的难易程度不一样，对于腰部、腿部这类没有明显特征的关键点的检测比头部附近关键点的检测难度大，且需要对不同的关键点进行区分处理。

人体骨骼关键点检测定位仍然是计算机视觉领域较为活跃的一个研究方向，人体骨骼关键点检测算法还没有达到成熟的程度，在较为复杂的场景下仍然会出现不正确的检测结果。除此之外，降低算法复杂度，实时准确检测关键点仍然还有不少的困难。

9.1.2 使用 2D 人体姿态估计

在 AR Foundation 中，我们不必关心底层的人体骨骼关键点检测算法，这些算法都由底层 Provider 提供，也不必自己去调用这些算法，在 AR Human Body Manager 组件中启用 2D 人体姿态估计后，该组件会提供一个人体骨骼关键点检测的结果集，可以直接获取到已检测的 2D 人体骨骼关键点信息，获取该结果集的方法原型如下。

```
public NativeArray<XRHumanBodyPose2DJoint> GetHumanBodyPose2DJoints(Allocator allocator)
```

在已检测到人体时，这个方法返回一个包含所有 2D 人体骨骼关键点的设备本地数组，但由于从视频流中输入的图像是连续的，如果该方法未能及时处理或者未能检测到人形时，则会返回一个空值，所以需要在运行时进行判断。

在获取到检测结果集后，我们就可以利用它进行动作分类、行为检测之类的工作。在本节中，演示直接在屏幕上画出检测到的人体骨骼姿态。

新建一个 Unity 项目，在 AR Session Origin 对象上挂载 AR Human Body Manager 组件，并且启用 Human Body Pose 2D Estimation Enable，如图 9-2 所示，即可启用 2D 人体姿态检测估计。

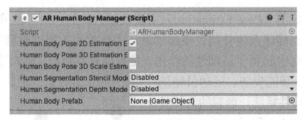

▲图 9-2 启用 2D 人体姿态检测估计

在启用 2D 人体姿态检测估计并获取到检测结果集后，我们需要把人体骨骼关键点正确地在屏幕上画出来，这里使用一个 LineRenderer 预制体来负责画线渲染工作。在 Hierarchy 窗口中新建一个空对象，命名为 LineRender，然后在这个对象上挂载 LineRenderer 组件，设定好渲染线条材质，为提高性能，禁用阴影投射与接受选项。设定好之后将 LineRender 保存为 Prefab 并删除 Hierarchy 窗口中的同名对象。

在有了线条渲染功能之后，我们需要将从 AR Human Body Manager 组件中获取的 2D 人体骨骼关键点数据与 LineRende 关联起来渲染出人体 2D 姿态线条。为此，新建一个 C#脚本，命名为 ScreenSpaceJointVisualizer，其关键代码如代码清单 9-1 所示。

代码清单 9-1

```
1.  void Update()
2.  {
```

```csharp
3.      Debug.Assert(m_HumanBodyManager != null, "Human body manager 组件不能为null!");
4.      var joints = m_HumanBodyManager.GetHumanBodyPose2DJoints(Allocator.Temp);
5.      if (!joints.IsCreated)
6.      {
7.          HideJointLines();
8.          return;
9.      }
10.
11.     using (joints)
12.     {
13.         s_JointSet.Clear();
14.         for (int i = joints.Length - 1; i >= 0; --i)
15.         {
16.             if (joints[i].parentIndex != -1)
17.                 UpdateRenderer(joints, i);
18.         }
19.     }
20. }
21.
22. void UpdateRenderer(NativeArray<XRHumanBodyPose2DJoint> joints, int index)
23. {
24.     GameObject lineRendererGO;
25.     if (!m_LineRenderers.TryGetValue(index, out lineRendererGO))
26.     {
27.         lineRendererGO = Instantiate(m_LineRendererPrefab, transform);
28.         m_LineRenderers.Add(index, lineRendererGO);
29.     }
30.
31.     var lineRenderer = lineRendererGO.GetComponent<LineRenderer>();
32.     var positions = new NativeArray<Vector2>(joints.Length, Allocator.Temp);
33.     try
34.     {
35.         var boneIndex = index;
36.         int jointCount = 0;
37.         while (boneIndex >= 0)
38.         {
39.             var joint = joints[boneIndex];
40.             if (joint.tracked)
41.             {
42.                 positions[jointCount++] = joint.position;
43.                 if (!s_JointSet.Add(boneIndex))
44.                     break;
45.             }
46.             else
47.                 break;
48.
49.             boneIndex = joint.parentIndex;
50.         }
51.
52.         // Render the joints as lines on the camera's near clip plane.
53.         lineRenderer.positionCount = jointCount;
54.         lineRenderer.startWidth = 0.001f;
55.         lineRenderer.endWidth = 0.001f;
56.         for (int i = 0; i < jointCount; ++i)
57.         {
58.             var position = positions[i];
59.             var worldPosition = m_ARCamera.ViewportToWorldPoint(
60.                 new Vector3(position.x, position.y, m_ARCamera.nearClipPlane));
61.             lineRenderer.SetPosition(i, worldPosition);
62.         }
63.         lineRendererGO.SetActive(true);
64.     }
65.     finally
66.     {
67.         positions.Dispose();
68.     }
69. }
70.
71. void HideJointLines()
```

```
72.    {
73.        foreach (var lineRenderer in m_LineRenderers)
74.        {
75.            lineRenderer.Value.SetActive(false);
76.        }
77.    }
```

在代码清单 9-1 中，每一帧都需要进行 2D 骨骼关键点检测。在获取到 2D 人体骨骼关键点数据集后，判断这个数据集是否有效，如果无效，则隐藏所有的画线；如果有效，则更新画线。UpdateRenderer()方法负责更新画线操作。画线是有规律的，不应该连接的骨骼关键点间不能画线，该方法每次接受一个骨骼关键点索引，并从该关键点向上回溯到 Root 根节点，画出它们之间的所有连线。需要关注的是，这里需要将坐标从屏幕空间转换到世界空间才能正确地在摄像机近平面上渲染连线。2D 人体骨骼关键点之间的相互关系由代码清单 9-2 所示结构体描述。

代码清单 9-2

```
1.  enum JointIndices
2.  {
3.      Invalid = -1,
4.      Head = 0, // parent: Neck1 [1]
5.      Neck1 = 1, // parent: Root [16]
6.      RightShoulder1 = 2, // parent: Neck1 [1]
7.      RightForearm = 3, // parent: RightShoulder1 [2]
8.      RightHand = 4, // parent: RightForearm [3]
9.      LeftShoulder1 = 5, // parent: Neck1 [1]
10.     LeftForearm = 6, // parent: LeftShoulder1 [5]
11.     LeftHand = 7, // parent: LeftForearm [6]
12.     RightUpLeg = 8, // parent: Root [16]
13.     RightLeg = 9, // parent: RightUpLeg [8]
14.     RightFoot = 10, // parent: RightLeg [9]
15.     LeftUpLeg = 11, // parent: Root [16]
16.     LeftLeg = 12, // parent: LeftUpLeg [11]
17.     LeftFoot = 13, // parent: LeftLeg [12]
18.     RightEye = 14, // parent: Head [0]
19.     LeftEye = 15, // parent: Head [0]
20.     Root = 16, // parent: <none> [-1]
21. }
```

该结构体描述的 2D 人体骨骼关键点定义及其关联关系如表 9-1 所示，通过定义骨骼之间的相互关系，确保骨骼不会错连。

表 9-1　　　　　　　　　　2D 人体骨骼关键点及其关联关系

骨骼关键点名称	序号	父节点名称	序号
Invalid	−1	无	
Head	0	Neck1	1
Neck1	1	Root	16
RightShoulder1	2	Neck1	1
RightForearm	3	RightShoulder1	2
RightHand	4	RightForearm	3
LeftShoulder1	5	Neck1	1
LeftForearm	6	LeftShoulder1	5
LeftHand	7	LeftForearm	6
RightUpLeg	8	Root	16
RightLeg	9	RightUpLeg	8
RightFoot	10	RightLeg	9
LeftUpLeg	11	Root	16
LeftLeg	12	LeftUpLeg	11

续表

骨骼关键点名称	序号	父节点名称	序号
LeftFoot	13	LeftLeg	12
RightEye	14	Head	0
LeftEye	15	Head	0
Root	16	Invalid	−1

最后在 Hierarchy 窗口中新建一个空对象，命名为 2Dhumanbody，将 ScreenSpaceJointVisualizer 脚本挂载在其上并设置好相关属性，编译运行，将设备摄像头对准真人或者屏幕中的人形，将会检测到人体的骨骼关键点信息。实际人体骨骼关键点检测效果如图 9-3 所示。

▲图 9-3　AR Foundation 实际人体骨骼关键点检测效果图

9.2　3D 人体姿态估计

在 AR Foundation 中，与基于屏幕空间的 2D 人体姿态估计不同，3D 人体姿态估计尝试还原人体在三维世界中的形状与姿态，包括深度信息。当前，绝大多数的现有 3D 人体姿态估计方法都依赖 2D 人体姿态估计来获得精确的 2D 人体姿态，然后再构建神经网络，实现从 2D 到 3D 人体姿态的映射。

在 AR Foundation 中，由于是使用视觉的方式估计人体姿态，与 2D 人体姿态估计一样，3D 人体姿态估计也受到遮挡、光照、姿态、视角的影响，并且相比于 2D 人体姿态估计，3D 人体姿态估计的计算量要大得多，也要复杂得多。但幸运的是，我们并不需要去关注底层的算法实现，AR Foundation 会在检测到人体时直接提供一个 ARHumanBody 类型对象，该对象包含一个 NativeArray<XRHumanBodyJoint>类型的 joints 数组，该数组包含所有检测到的 3D 人体骨骼关键点信息。

9.2.1　使用 3D 人体姿态估计的方法

3D 人体姿态估计在娱乐、体育科学、人机交互、教育培训、工业制造等领域有着广泛的应用。在 AR Foundation 中，我们可以很简单方便地从底层获取检测到的 3D 人体姿态估计数据信息，但应用这些数据却需要详细了解 3D 人体姿态估计数据的结构信息。本节先从原理技术上阐述应用数据的机制，然后以利用 3D 人体姿态估计数据驱动三维模型为例进行实际操作示范。

在 2D 人体姿态估计中，AR Foundation 使用了 17 个人体骨骼关键点对姿态信息进行描述。在 3D 人体姿态估计中，则使用了 91 个人体骨骼关键点进行描述，并且这 91 个关键点并不在一个平面内，而是以三维的形式分布在 3D 空间中，如图 9-4 所示。

在图 9-4 中，每一个小圆球代表一个骨骼关键点，可以看到，AR Foundation 对人体手部、面部的骨骼进行了非常精细的关节区分。这 91 个骨骼关键点的定义及相互关系如图 9-5 所示。

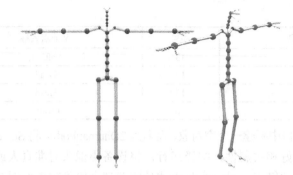

▲图 9-4　3D 人体姿态骨骼分布情况

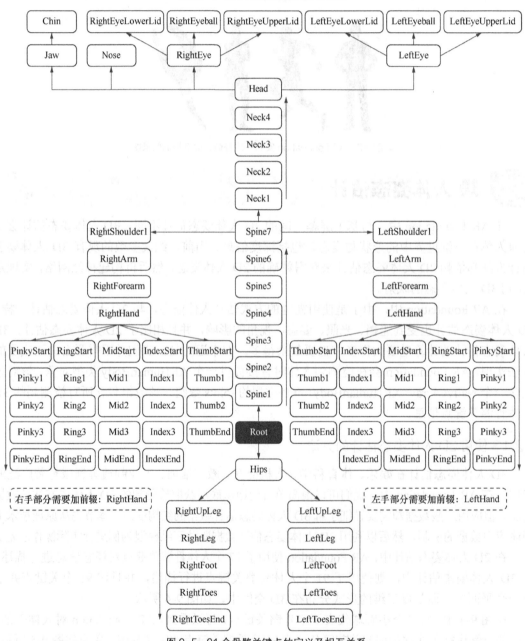

▲图 9-5　91 个骨骼关键点的定义及相互关系

在图 9-5 中，我们也可以看到，定义人体根骨骼的 Root 不在脚底位置，而是在尾椎骨位置，所有其他骨骼都以 Root 为根。3D 骨骼关键点及其关联关系表 9-2 所示。

表 9-2　　　　　　　　　　　3D 骨骼关键点及其关联关系

肢体部位	骨骼关键点名称	序号	父节点名称	序号
尾椎骨	Root	0	无	-1
屁股	Hips	1	Root	0
左腿	LeftUpLeg	2	Hips	1
	LeftLeg	3	LeftUpLeg	2
	LeftFoot	4	LeftLeg	3
	LeftToes	5	LeftFoot	4
	LeftToesEnd	6	LeftToes	5
右腿	RightUpLeg	7	Hips	7
	RightLeg	8	RightUpLeg	7
	RightFoot	9	RightLeg	8
	RightToes	10	RightFoot	9
	RightToesEnd	11	RightToes	10
脊柱	Spine1	12	Hips	1
	Spine2	13	Spine1	12
	Spine3	14	Spine2	13
	Spine4	15	Spine3	14
	Spine5	16	Spine4	15
	Spine6	17	Spine5	16
	Spine7	18	Spine6	17
左臂	LeftShoulder1	19	Spine7	18
	LeftArm	20	LeftShoulder1	19
	LeftForearm	21	LeftArm	20
左手	LeftHand	22	LeftForearm	21
左手食指	LeftHandIndexStart	23	LeftHand	22
	LeftHandIndex1	24	LeftHandIndexStart	23
	LeftHandIndex2	25	LeftHandIndex1	24
	LeftHandIndex3	26	LeftHandIndex2	25
	LeftHandIndexEnd	27	LeftHandIndex3	26
左手中指	LeftHandMidStart	28	LeftHand	22
	LeftHandMid1	29	LeftHandMidStart	28
	LeftHandMid2	30	LeftHandMid1	29
	LeftHandMid3	31	LeftHandMid2	30
	LeftHandMidEnd	32	LeftHandMid3	31
左手无名指	LeftHandPinkyStart	33	LeftHand	22
	LeftHandPinky1	34	LeftHandPinkyStart	33
	LeftHandPinky2	35	LeftHandPinky1	34
	LeftHandPinky3	36	LeftHandPinky2	35
	LeftHandPinkyEnd	37	LeftHandPinky3	36

续表

肢体部位	骨骼关键点名称	序号	父节点名称	序号
左手小指	LeftHandRingStart	38	LeftHand	22
	LeftHandRing1	39	LeftHandRingStart	38
	LeftHandRing2	40	LeftHandRing1	39
	LeftHandRing3	41	LeftHandRing2	40
	LeftHandRingEnd	42	LeftHandRing3	41
左手拇指	LeftHandThumbStart	43	LeftHand	22
	LeftHandThumb1	44	LeftHandThumbStart	43
	LeftHandThumb2	45	LeftHandThumb1	44
	LeftHandThumbEnd	46	LeftHandThumb2	45
颈椎	Neck1	47	Spine7	18
	Neck2	48	Neck1	47
	Neck3	49	Neck2	48
	Neck4	50	Neck3	49
头部	Head	51	Neck4	50
下巴	Jaw	52	Head	51
	Chin	53	Jaw	52
左眼	LeftEye	54	Head	51
	LeftEyeLowerLid	55	LeftEye	54
	LeftEyeUpperLid	56	LeftEye	54
	LeftEyeball	57	LeftEye	54
鼻子	Nose	58	Head	51
右眼	RightEye	59	Head	51
	RightEyeLowerLid	60	RightEye	59
	RightEyeUpperLid	61	RightEye	59
	RightEyeball	62	RightEye	59
右臂	RightShoulder1	63	Spine7	18
	RightArm	64	RightShoulder1	63
	RightForearm	65	RightArm	64
右手	RightHand	66	RightForearm	65
	RightHandIndexStart	67	RightHand	66
右手食指	RightHandIndex1	68	RightHandIndexStart	67
	RightHandIndex2	69	RightHandIndex1	68
	RightHandIndex3	70	RightHandIndex2	69
	RightHandIndexEnd	71	RightHandIndex3	70
右手中指	RightHandMidStart	72	RightHand	66
	RightHandMid1	73	RightHandMidStart	72
	RightHandMid2	74	RightHandMid1	73
	RightHandMid3	75	RightHandMid2	74
	RightHandMidEnd	76	RightHandMid3	75

续表

肢体部位	骨骼关键点名称	序号	父节点名称	序号
右手无名指	RightHandPinkyStart	77	RightHand	66
	RightHandPinky1	78	RightHandPinkyStart	77
	RightHandPinky2	79	RightHandPinky1	78
	RightHandPinky3	80	RightHandPinky2	79
	RightHandPinkyEnd	81	RightHandPinky3	80
右手小指	RightHandRingStart	82	RightHand	66
	RightHandRing1	83	RightHandRingStart	82
	RightHandRing2	84	RightHandRing1	83
	RightHandRing3	85	RightHandRing2	84
	RightHandRingEnd	86	RightHandRing3	85
右手拇指	RightHandThumbStart	87	RightHand	66
	RightHandThumb1	88	RightHandThumbStart	87
	RightHandThumb2	89	RightHandThumb1	88
	RightHandThumbEnd	90	RightHandThumb2	89

这 91 个人体骨骼关键点位置及序号是预先定义好的，AR Foundation 提供给我们的 Joints 数组包含所有 91 个关键点的位置、姿态信息，并且序号与表 9-2 所示序号一致。

> **提示**　用户可以自行定义人体骨骼关键点名称，但关键点数量、序号、关联关系必须与表 9-2 的一致。如果用于驱动三维模型，人体骨骼关键点命名建议与模型骨骼命名完全一致以减少错误和降低程序绑定压力。

在理解 AR Foundation 提供的 3D 人体姿态估计数据结构信息及关联关系之后，我们就可以利用这些数据实时驱动三维模型，思路如下。

（1）建立一个拥有相同人体骨骼关键点的三维模型。

（2）开启 3D 人体姿态估计功能。

（3）建立 AR Foundation 3D 人体姿态估计骨骼关键点与三维模型骨骼关键点的对应关系。

（4）利用 3D 人体姿态估计骨骼关键点数据驱动三维模型骨骼关键点。

下面我们来看具体的实施过程。

1. 建立带骨骼的人体模型

模型制作与骨骼绑定工作一般由美术师使用 3ds Max 等建模工具完成，在绑定骨骼时一定要按照图 9-5 与表 9-2 所示骨骼关联关系进行绑定，绑定好骨骼的模型如图 9-6 所示。

2. 开启 3D 人体姿态估计功能

开启 3D 人体姿态估计功能很简单，在 Hirerarchy 窗口中，选中 AR Session Origin 对象，在其上挂载 AR Human Body Manager 组件，勾选 Human Body Pose 3D Estimation Enable 与 Human Body Pose 3D Scale Estimation Enable 这两个选项即可，如图 9-7 所示。Human Body Pose 3D Scale Estimation Enable 用于评估 3D 人体尺寸，因为是在三维空间中估计人体姿态，需要评估 3D 人体的尺寸大小，并用这个尺寸信息来约束模型的大小，使其与真实人体大小比例一致。

第 9 章 肢体动捕与遮挡

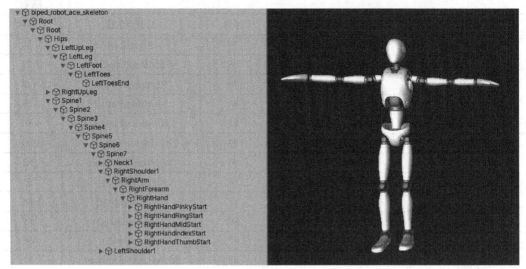

▲图 9-6 已绑定骨骼的人体模型

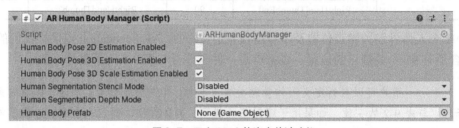

▲图 9-7 开启 3D 人体姿态估计功能

3. 建立检测到的人体骨骼关键点与模型骨骼关键点的对应关系

在步骤 1 中，我们已经有了绑定骨骼的人体模型，但现在模型的骨骼与 AR Foundation 检测到的 3D 人体骨骼没有任何关系，需要建立这个关联关系，使这两者能一一对应起来。在 Scripts 文件夹下新建一个 C#脚本文件，命名为 Bone Controller，核心代码如代码清单 9-3 所示。

代码清单 9-3

```
1.  enum JointIndices
2.  {
3.      Invalid = -1,
4.      Root = 0, // parent: <none> [-1]
5.      Hips = 1, // parent: Root [0]
6.      ...此处省略了若干骨骼定义
7.      ...
8.      RightHandThumbEnd = 90, // parent: RightHandThumb2 [89]
9.  }
10. const int k_NumSkeletonJoints = 91;
11.
12. [SerializeField]
13. Transform m_SkeletonRoot;
14. Transform[] m_BoneMapping = new Transform[k_NumSkeletonJoints];
15.
16. public void InitializeSkeletonJoints()
17. {
18.     Queue<Transform> nodes = new Queue<Transform>();
19.     nodes.Enqueue(m_SkeletonRoot);
20.     while (nodes.Count > 0)
21.     {
22.         Transform next = nodes.Dequeue();
```

```
23.         for (int i = 0; i < next.childCount; ++i)
24.         {
25.             nodes.Enqueue(next.GetChild(i));
26.         }
27.         ProcessJoint(next);
28.     }
29. }
30.
31. public void ApplyBodyPose(ARHumanBody body)
32. {
33.     var joints = body.joints;
34.     if (!joints.IsCreated)
35.         return;
36.
37.     for (int i = 0; i < k_NumSkeletonJoints; ++i)
38.     {
39.         XRHumanBodyJoint joint = joints[i];
40.         var bone = m_BoneMapping[i];
41.         if (bone != null)
42.         {
43.             bone.transform.localPosition = joint.localPose.position;
44.             bone.transform.localRotation = joint.localPose.rotation;
45.         }
46.     }
47. }
48.
49. void ProcessJoint(Transform joint)
50. {
51.     int index = GetJointIndex(joint.name);
52.     if (index >= 0 && index < k_NumSkeletonJoints)
53.     {
54.         m_BoneMapping[index] = joint;
55.     }
56.     else
57.     {
58.         Debug.LogWarning($"{joint.name} was not found.");
59.     }
60. }
61.
62. int GetJointIndex(string jointName)
63. {
64.     JointIndices val;
65.     if (Enum.TryParse(jointName, out val))
66.     {
67.         return (int)val;
68.     }
69.     return -1;
70. }
```

在代码清单 9-3 中，首先定义了一个 JointIndices 枚举，该枚举定义了所有 91 个骨骼的名称及索引。之后定义了一个 m_SkeletonRoot，这是一个 Transform 类型值，我们需要将模型的 Root 根骨骼赋给这个值，通过这个 Root 根骨骼就可以遍历到所有骨骼了。然后定义了 Transform 类型的 m_BoneMapping 数组，这个数组长度为 91，用于存储所有的模型骨骼 Transform 信息。

InitializeSkeletonJoints()方法用于初始化模型骨骼信息，从模型的 Root 根骨骼开始，遍历所有骨骼，并将模型骨骼的 Transform 信息存储到 m_BoneMapping 数组。所以这里要求模型的骨骼命名与关联关系要与 JointIndices 枚举定义完全一致。

ApplyBodyPose(ARHumanBody body)方法用于驱动模型运动。人体模型的所有骨骼关键点已存储在 m_BoneMapping 数组中，参数 body 提供的是 AR Foundation 检测到的人体骨骼关键点数据信息，在制作模型骨骼时我们已经保证了这两个骨骼关键点的关联关系完全一致，因此，此时我们只要将 body 中的 joints 姿态数据（位置与方向）对应地赋给人体模型即可。在将 AR Foundation 检测到的人体骨骼关键点数据信息赋给人体模型对应关键点之后，人体模型必将呈现与检测到的 3D 人体相同的姿态，因此如果每一帧都调用一次 ApplyBodyPose(ARHumanBody body)方法，人体模型骨骼关键点也会每一帧都得到更新，从而达到利用 3D 人体检测数据驱动模型的目的。

该脚本挂载在人体模型上，并将模型的 Root 根骨骼赋给 m_SkeletonRoot 属性，然后将模型保存为预制体 Robot。

4. 利用检测到的 3D 人体姿态数据驱动模型

在步骤 3 中，我们已经绑定了人体模型骨骼与检测到的 3D 人体骨骼关键点，但是现在代码清单 9-3 中的 InitializeSkeletonJoints()方法与 ApplyBodyPose(ARHumanBody body)方法并没有被代码调用，我们也没有实际性地从 AR Foundation 中提取 3D 人体姿态数据。为完成这个实质性的调用，在 Scripts 文件夹中新建一个 C#脚本，命名为 Human Body Tracker，编写代码清单 9-4 所示代码。

代码清单 9-4

```
1.  public class HumanBodyTracker : MonoBehaviour
2.  {
3.      [SerializeField]
4.      GameObject m_SkeletonPrefab;
5.
6.      [SerializeField]
7.      ARHumanBodyManager m_HumanBodyManager;
8.
9.      public ARHumanBodyManager humanBodyManager
10.     {
11.         get { return m_HumanBodyManager; }
12.         set { m_HumanBodyManager = value; }
13.     }
14.
15.     public GameObject skeletonPrefab
16.     {
17.         get { return m_SkeletonPrefab; }
18.          set { m_SkeletonPrefab = value; }
19.     }
20.
21.     Dictionary<TrackableId, BoneController> m_SkeletonTracker = new Dictionary
        <TrackableId, BoneController>();
22.
23.     void OnEnable()
24.     {
25.         Debug.Assert(m_HumanBodyManager != null, "需要 Human body manager 组件");
26.         m_HumanBodyManager.humanBodiesChanged += OnHumanBodiesChanged;
27.     }
28.
29.     void OnDisable()
30.     {
31.         if (m_HumanBodyManager != null)
32.             m_HumanBodyManager.humanBodiesChanged -= OnHumanBodiesChanged;
33.     }
34.
35.     void OnHumanBodiesChanged(ARHumanBodiesChangedEventArgs eventArgs)
36.     {
37.         BoneController boneController;
38.
39.         foreach (var humanBody in eventArgs.added)
40.         {
41.             if (!m_SkeletonTracker.TryGetValue(humanBody.trackableId, out boneController))
42.             {
43.                 Debug.Log($"添加骨骼节点 [{humanBody.trackableId}].");
44.                 var newSkeletonGO = Instantiate(m_SkeletonPrefab, humanBody.transform);
45.                 boneController = newSkeletonGO.GetComponent<BoneController>();
46.                 m_SkeletonTracker.Add(humanBody.trackableId, boneController);
```

```
47.            }
48.
49.            boneController.InitializeSkeletonJoints();
50.            boneController.ApplyBodyPose(humanBody);
51.        }
52.
53.        foreach (var humanBody in eventArgs.updated)
54.        {
55.            if (m_SkeletonTracker.TryGetValue(humanBody.trackableId, out boneController))
56.            {
57.                boneController.ApplyBodyPose(humanBody);
58.            }
59.        }
60.
61.        foreach (var humanBody in eventArgs.removed)
62.        {
63.            Debug.Log($"移除骨骼节点 [{humanBody.trackableId}].");
64.            if (m_SkeletonTracker.TryGetValue(humanBody.trackableId, out boneController))
65.            {
66.                Destroy(boneController.gameObject);
67.                m_SkeletonTracker.Remove(humanBody.trackableId);
68.            }
69.        }
70.    }
71. }
```

在代码清单 9-4 中，最核心的是 OnHumanBodiesChanged(ARHumanBodiesChangedEventArgs eventArgs)方法，该方法会在检测到 3D 人体时实例化上节制作的 Robot 预制体，并调用以下方法。

```
boneController.InitializeSkeletonJoints();
boneController.ApplyBodyPose(humanBody);
```

两个方法完成人体模型的初始化与动作驱动。在更新 3D 人体姿态时调用以下方法。

```
boneController.ApplyBodyPose(humanBody);
```

更新人体模型姿态，完成动作驱动。

完成代码编写之后，在 Hierarchy 窗口中新建一个空对象，命名为 3Dhumanbody，将编写的 Human Body Tracker 挂载到该对象上，并将上节制作的 Robot 预制体及 Human Body Manager 赋给对应属性，如图 9-8 所示。

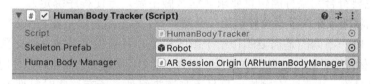

▲图 9-8　挂载 Human Body Tracker 脚本并设置相应属性

编译运行，将设备摄像头对准 3D 真人，如图 9-8（a）所示，在检测到人体骨骼关键点信息时，会加载一个机器人，并且人体姿态会驱动机器人同步运动，效果如图 9-8（b）所示。

观察图 9-9，这时的机器人模型与真实人体是重合的，因为它们的空间位置是一样的，如果我们想要机器人模型与真人分离怎么办呢？这个问题其实非常容易解决，当前使用的是 3D 人体姿态估计，具有三维坐标信息，通过偏移机器人模型坐标就可以分离机器人模型与真人位置。如偏移 y 坐标可以让机器人模型上下移动，偏移 z 坐标可以让机器人模型前后移动，偏移 x 坐标可以让机器人模型左右移动。

（a）　　　　　　　　　　（b）

▲图 9-9　3D 人体姿态估计及模型驱动测试效果图

经过测试，目前 AR Foundation 可以正确追踪人体正面或背面站立姿态，对坐姿也能比较好地跟踪，但不能跟踪倒立、俯卧姿态。并且我们在测试中发现，实时跟踪一个真实人体与跟踪显示器上视频中的人体，其跟踪精度似乎没有区别，使用 iPad Pro 与 iPhone 11，其跟踪精度也似乎没有区别，因此 AR Foundation 3D 人体姿态估计目前可能并没有深度信息。在人体大小尺寸方面，有时会出现跳跃，模型会突然改变大小。

9.2.2　使用 3D 人体姿态估计实例

在 AR Foundation 中，3D 人体姿态估计会提供所有 91 个人体骨骼关键点的实时数据信息，但我们可以只使用一部分，比如上肢或者下肢。在只使用一部分数据时，模型骨骼也必须要是完备的。这里的完备不是指提供全部的 91 个骨骼节点，事实上我们也可以只提供一部分骨骼节点，但这一部分骨骼节点必须是以从 Root 根节点为起点可以访问到的节点，而且相互之间的位置关系也要符合完整骨骼位置要求（这么做主要是方便程序绑定）。

本小节我们将演示在人手掌位置渲染一个魔法球，本节所有的步骤与 9.2.1 节的完全一致，包括脚本代码，唯一不同的是需要制作一个新的模型，并替换上节的 Robot 预制体。

首先建立人体模型骨骼，如图 9-10 所示，因为不需要渲染模型，所以可以使用只带 Transform 组件的 Unity 空对象，由于没有网格信息且不带渲染组件，所有这些对象都不会渲染。

在建立人体模型骨骼时，不必完全建齐 91 个人体骨骼，可以只建立所需要的骨骼节点，但是骨骼连接层级、关联关系必须符合图 9-5 与表 9-2 所示要求，如在本节中，我们没有处理手指及眼睛相关的骨骼。骨骼节点位置关系请参考官方的人体骨骼模型相关文档。

> **提示**　我们没有修改上节所用的脚本代码，在 BoneController 脚本中 InitializeSkeletonJoints() 方法会将人体模型所有存在的骨骼存储到 m_BoneMapping 数组中，因此没有对应骨骼的 m_BoneMapping 数组中的对应值为 null。在 ApplyBodyPose(ARHumanBody body) 方法中，var bone = m_BoneMapping[i];if (bone != null){}这两条语句可以过滤掉模型中没有对应的骨骼，因此代码可以适应人体模型骨骼不完整的情况。

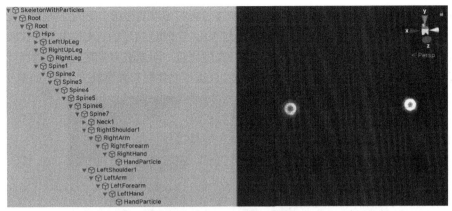

▲图 9-10　建立人体模型骨骼

在建立好人体模型骨骼后,在 RightHand 及 LeftHand 骨骼节点下分别建两个空对象,命名为 HandParticle,并在 HandParticle 对象上挂载 ParticleSystem 粒子系统组件,调整粒子系统,使其呈现两个魔法球状,如图 9-10 右侧所示效果。

将新建好的人体模型骨骼保存为 SkeletonWithParticles 预制体,并替换上节 3Dhumanbody 对象上 HumanBodyTracker 组件 Skeleton Prefab 属性为 SkeletonWithParticles。编译运行,将设备摄像头对准真人,在检测到人体骨骼关键点信息时,可以看到在被检测人左右手的位置各有一个魔法球,舞动手臂,魔法球会及时跟随手的位置,效果很酷炫,如图 9-11 所示。

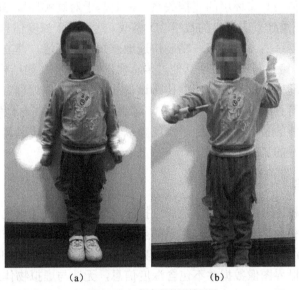

（a）　　　　　　　（b）

▲图 9-11　魔法球实例效果图

9.3　人形遮挡

在 AR 系统中,计算机通过对输入图像的处理和组织,建立起实景空间,然后生成虚拟对象并依据几何一致性嵌入实景空间中,形成虚实融合的增强现实环境,再输出到显示系统中呈现给用户。目前,AR 虚拟物体与真实背景在光照、几何一致性方面已取得非常大的进步,融入现实背景的几何、光照属性使虚拟物体看起来更真实。

当将虚拟物体叠加到真实场景中时，虚拟物体与真实场景间存在一定的空间位置关系，即遮挡与被遮挡的关系。但目前在移动 AR 领域，通过 VIO 与 IMU 实现的 AR 技术无法获取真实环境的深度信息，所以虚拟物体无法与真实场景进行深度比较，即无法实现遮挡与被遮挡，以致虚拟物体一直呈现在真实场景前方，这在一些时候就会让虚拟物体看起来像飘在空中，如图 9-12 所示。

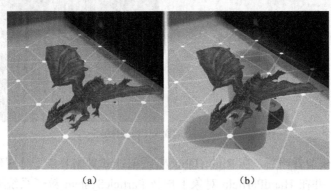

(a)　　　　　　　　(b)

▲图 9-12　虚拟物体无法与真实环境实现正确遮挡

> **提示**　当前也有利用环境 3D 点云实现遮挡的技术，由于点云是真实世界的精确几何地图，可以利用它来创建遮挡的遮罩，但这种方法需要点云的数据量庞大，并且无法解决移动物体遮挡的问题。

正确实现虚拟物体与真实环境的遮挡关系，需要基于对真实环境 3D 结构的了解，感知真实世界的 3D 结构、重建真实世界的数字 3D 模型，然后基于深度信息实现正确的遮挡。但真实世界是一个非常复杂的 3D 环境，精确快速地感知周围环境，建立一个足够好的真实世界 3D 模型非常困难，特别是在不使用其他"传感器"的情况下（如结构光、TOF、双目等）。

随着移动设备处理性能的提升、新型传感设备的发明、新型处理方式的出现，虚实遮挡融合的问题也在逐步得到改善。在 ARKit 3 中，苹果通过神经网络技术引入了人形遮挡功能，通过对真实场景中人体的精确检测识别，实现虚拟物体与人体的正确遮挡，虚拟物体可以被人体所遮挡，达到更好的 AR 体验。

9.3.1　人形遮挡原理

遮挡问题在计算机图形学中其实就是深度排序问题。在 AR 初始化成功后，场景中所有的虚拟物体都有一个相对于 AR 世界坐标系的坐标，包括虚拟摄像机与虚拟物体，因此，图形渲染管线通过深度缓冲区（Depth Buffer）可以正确地渲染虚拟物体之间的遮挡关系。但是，从摄像机输入的真实世界图像数据并不包含深度信息，无法与虚拟物体进行深度对比。

为解决人形遮挡问题，ARKit 借助于神经网络技术将人体从背景中分离出来，并将分离出来的人体图像保存到新增加的 Segmentation Buffer（人体分隔缓冲区）中。Segmentation Buffer 是一个像素级的缓冲区，可以精确地将人体与环境区分开来，因此，通过 Segmentation Buffer，可以得到精确的人形图像数据。但仅将人体从环境中分离出来还不够，还是无法得到人体的深度信息。为此，ARKit 又新增一个深度数据估算缓冲区（Estimated Depth Data Buffer，EDDB），这个缓冲区用于存储人体的深度信息，但这些深度信息从何而来？借助于 A12 仿生处理器的强大性能及神经网络技术，苹果公司的工程师们设计了一个只从输入的 RGB 图像估算人体深度信息的算法，这个深度信息每帧都进行更新。

9.3 人形遮挡

至此，通过 ARKit 我们既可以从 Segmentation Buffer 得到人体区域信息，也可以通过 Estimated Depth Data Buffer 得到人体深度信息，图形渲染管线就可以正确实现虚拟物体与人体的遮挡，如图 9-13 所示。

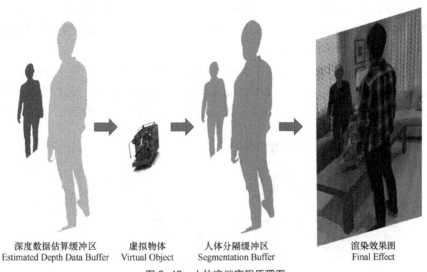

深度数据估算缓冲区　　虚拟物体　　人体分隔缓冲区　　渲染效果图
Estimated Depth Data Buffer　Virtual Object　Segmentation Buffer　Final Effect

▲图 9-13　人体遮挡实现原理图

鉴于神经网络巨大的计算量，实时地深度估算相当困难，特别是在 AR 中的每秒刷新 30 帧或者 60 帧的情况下。为解决这个问题，只能降低深度分辨率，即在神经网络进行计算时，人形数据采样分辨率并不与 Segmentation Buffer 分辨率一致，而是降低到实时计算可以处理的程度，如 128×128。在神经网络处理完深度估算后，还需要将分辨率调整到与 Segmentation Buffer 一样的大小，因为这是像素级的操作，如果分辨率不一致，就会在深度排序时出问题，即深度估算缓冲区与人体分隔缓冲区中人形大小不一致。在将神经网络处理结果放大到与人体分隔缓冲区分辨率一致时，由于细节的缺失，导致边缘不匹配，表现出来就是边缘闪烁和穿透，如图 9-14 所示。为解决这个问题，需要进行额外的操作，称为磨砂或者适配（Matting），原理就是利用人体分隔缓冲区匹配分辨率小的深度估算结果，使最终的 Estimated Depth Data Buffer 与 Segmentation Buffer 达到像素级的一致，从而避免边缘穿透的问题。

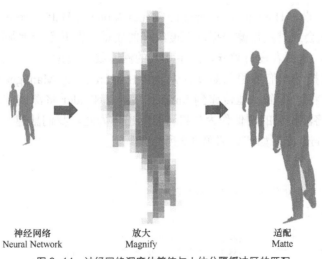

神经网络　　　　放大　　　　适配
Neural Network　Magnify　　　Matte

▲图 9-14　神经网络深度估算值与人体分隔缓冲区的匹配

9.3.2 人形遮挡实现

在 AR Foundation 中，AR Human Body Manager 组件同时提供 humanDepthTexture 与 humanStencilTexture 两个实时纹理，对应 Segmentation Buffer 和 Estimated Depth Data Buffer 缓冲区中的实时数据。利用这两个实时纹理及数据，我们可以将深度信息写入 Z-Buffer 中，从而实现人形与虚拟物体的深度排序。

在 AR Foundation 中使用人形遮挡，首先需要开启人形遮挡功能，在 Hirerarchy 窗口中，选中 AR Session Origin 对象，在其上挂载 AR Human Body Manager 组件，设置 Human Segmentation Stencil Mode 与 Human Segmentation Depth Mode 为非"Disabled"值即可，如图 9-15 所示。

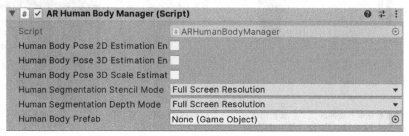

▲图 9-15　启用人形遮挡功能

Human Segmentation Stencil Mode 与 Human Segmentation Depth Mode 下拉列表中均有 4 个可选值，如图 9-16 所示。Disabled 值表示关闭功能项，Standard Resolution 表示使用标准分辨率，Half Screen Resolution 表示使用半屏分辨率，Full Screen Resolution 表示使用全屏分辨率。对 Human Segmentation Stencil Mode 而言，分辨率越高，像素区分就越好，表现出来就是将人形从背景中分隔出来的效果越好，但同时资源消耗也越大。

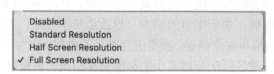

▲图 9-16　缓冲区纹理可选属性

需要注意的是，设置 Human Segmentation Depth Mode 为 Half Screen Resolution 或者 Full Screen Resolution 只会通过图形滤波提高深度纹理的质量，但并不会增加深度纹理的分辨率，并且在当前实现中，这两者没有差异，产生相同的深度纹理质量。

为使用人形遮挡，我们的思路是实时从 AR Human Body Manager 组件获取人形分隔纹理与深度纹理，将这两个纹理传递到 Shader 中，由 Shader 将深度纹理值转成深度值写入 Z-Buffer，最后将渲染完的图像作为相机背景输出。为此，我们新建一个 Shader 脚本，命名为 PeopleOcclusion，编写如代码清单 9-5 所示代码。

代码清单 9-5

```
1.   Shader "Davidwang/PeopleOcclusion"
2.   {
3.       Properties
4.       {
5.           _textureY ("TextureY", 2D) = "white" {}
6.           _textureCbCr ("TextureCbCr", 2D) = "black" {}
7.           _textureDepth ("TetureDepth", 2D) = "black" {}
```

```
8.             _textureStencil ("TextureStencil", 2D) = "black" {}
9.         }
10.     SubShader
11.     {
12.         Cull Off
13.         Tags { "RenderType"="Opaque" }
14.         LOD 100
15.
16.         Pass
17.         {
18.             ZTest Always
19.             ZWrite On
20.             CGPROGRAM
21.             #pragma vertex vert
22.             #pragma fragment frag
23.             #include "UnityCG.cginc"
24.             float4x4 _UnityDisplayTransform;
25.             struct Vertex
26.             {
27.                 float4 position : POSITION;
28.                 float2 texcoord : TEXCOORD0;
29.             };
30.
31.             struct TexCoordInOut
32.             {
33.                 float4 position : SV_POSITION;
34.                 float2 texcoord : TEXCOORD0;
35.             };
36.
37.             struct FragmentOutput
38.             {
39.                 half4 color : SV_Target;
40.                 half depth : SV_Depth;
41.             };
42.
43.             TexCoordInOut vert (Vertex vertex)
44.             {
45.                 TexCoordInOut o;
46.                 o.position = UnityObjectToClipPos(vertex.position);
47.                 float texX = vertex.texcoord.x;
48.                 float texY = vertex.texcoord.y;
49.                 o.texcoord.x = (_UnityDisplayTransform[0].x * texX +
                    _UnityDisplayTransform[1].x * (texY) + _UnityDisplayTransform[2].x);
50.                 o.texcoord.y = (_UnityDisplayTransform[0].y * texX +
                    _UnityDisplayTransform[1].y * (texY) + (_UnityDisplayTransform[2].y));
51.                 return o;
52.             }
53.
54.             // samplers
55.             sampler2D _textureY;
56.             sampler2D _textureCbCr;
57.             sampler2D _textureDepth;
58.             sampler2D _textureStencil;
59.             float _depthFactor = 3.5f;
60.
61.             FragmentOutput frag (TexCoordInOut i)
62.             {
63.                 // sample the texture
64.                 float2 texcoord = i.texcoord;
65.                 float y = tex2D(_textureY, texcoord).r;
66.                 float4 ycbcr = float4(y, tex2D(_textureCbCr, texcoord).rg, 1.0);
67.
68.                 const float4x4 ycbcrToRGBTransform = float4x4(
69.                         float4(1.0, +0.0000, +1.4020, -0.7010),
70.                         float4(1.0, -0.3441, -0.7141, +0.5291),
71.                         float4(1.0, +1.7720, +0.0000, -0.8860),
72.                         float4(0.0, +0.0000, +0.0000, +1.0000)
73.                     );
74.                 float4 color = mul(ycbcrToRGBTransform, ycbcr);
```

```
75.     #if !UNITY_COLORSPACE_GAMMA
76.             // 为兼容线性空间，将颜色空间从伽马空间转换到线性空间
77.             color = float4(GammaToLinearSpace(color.xyz), color.w);
78.     #endif
79.             float depthMeter = tex2D(_textureDepth, texcoord).r;
80.             float depth = ((1.0 - _ZBufferParams.w * depthMeter) / (depthMeter * 
                _ZBufferParams.z)) / _depthFactor;
81.             half stencil = tex2D(_textureStencil, texcoord).r;
82.             stencil = step(1, stencil);
83.             FragmentOutput o;
84.             o.color = color;
85.             o.depth = depth * stencil;
86.             return o;
87.         }
88.         ENDCG
89.     }
90.  }
91. }
```

在代码清单 9-5 中，我们首先利用 ycbcrToRGBTransform 矩阵将输入图像从 YC_bC_r 颜色空间转换到 RGB 颜色空间。YC_bC_r 颜色空间是 YUV 国际标准化变种，其中 Y 与 YUV 中的 Y 含义一致，C_b、C_r 都指色彩，只是在表示方法上有所不同而已，在计算机系统中视频 YC_bC_r 广泛应用。经过矩阵转换，RGB 处在伽马空间中，为兼容线性空间，使用预编译指令将颜色空间从伽马空间转换到线性空间。

AR Foundation 提供的深度缓冲区中的值以米为单位，范围为[0,∞]，需要转换到[0,1]中。_depthFactor 为经验参数，用于优化效果。

经过上述变换后，从输入图像中得到的人形深度值范围是[0,1]，而所有的非人形区域的深度值均为 0，因此深度值为 0 的区域就无法通过深度值进行区分，这时就需要使用人形分隔纹理，以它为模板区分人形区域。首先采样人形分隔纹理，使用 Step()函数转成（0,1）二值作为模板值，step(a, x)函数功能为比较 a 与 x 的值，如果 $x<a$ 返回 0；否则返回 1。最后将这个模板值与深度值相乘，将人形区域深度信息写入 Z-Buffer。

为使用该 Shader，新建一个材质，命名为 PeopleOcclusionBackground，选择 Davidwang/PeopleOcclusion 为着色器。

新建一个 C#脚本，命名为 PeopleOcclusion，实时从 AR Human Body Manager 组件获取人形分隔纹理与深度纹理并传递到 Shader 中，代码如代码清单 9-6 所示。

代码清单 9-6

```
1.  using UnityEngine.XR.ARFoundation;
2.  using UnityEngine.UI;
3.
4.  [DisallowMultipleComponent]
5.  [RequireComponent(typeof(Camera))]
6.  [RequireComponent(typeof(ARCameraManager))]
7.  [RequireComponent(typeof(ARCameraBackground))]
8.  public class PeopleOcclusion : MonoBehaviour
9.  {
10.     [SerializeField]
11.     private ARHumanBodyManager humanBodyManager;
12.     private Material material;
13.     const string DepthTexName = "_textureDepth";
14.     const string StencilTexName = "_textureStencil";
15.     static readonly int DepthTexId = Shader.PropertyToID(DepthTexName);
16.     static readonly int StencilTexId = Shader.PropertyToID(StencilTexName);
17.
18.     void Start()
19.     {
20.         material = GetComponent<ARCameraBackground>().material;
```

```
21.    }
22.    private void Update()
23.    {
24.        if (humanBodyManager != null)
25.        {
26.            material.SetTexture(DepthTexId, humanBodyManager.humanDepthTexture);
27.            material.SetTexture(StencilTexId, humanBodyManager.humanStencilTexture);
28.        }
29.    }
30. }
```

最后，在 Hierarchy 窗口中依次选择 AR Session Origin➤AR Camera 对象，在 Inspector 窗口中勾选 AR Camera Background 组件下的 Use Custom Material，将制作好的 PeopleOcclusionBackground 材质赋给 Custom Material 属性，如图 9-17 所示。将 People Occlusion 脚本也挂载在该对象上，并设置好 Human Body Manager 属性。

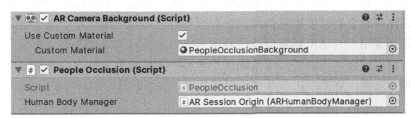

▲图 9-17　挂载 People Occlusion 脚本及设置 AR Camera Background 组件属性

编译运行，在检测到的平面上放置虚拟物体，如图 9-18（a）所示。当人从虚拟物体前面或后面经过时会出现正确的遮挡，而且对人体局部肢体也有比较好的检测效果，如图 9-18（b）所示。

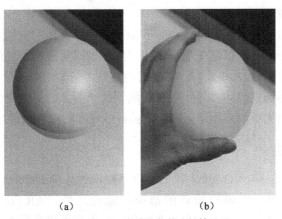

▲图 9-18　人形与虚拟物体遮挡效果图

从图 9-18 可以看到，ARKit 对人形的区分还是比较精准的。当然，由于深度信息是由神经网络估算得出，而非真实的深度值，所以也会出现深度信息不准确、边缘区分不清晰的问题。

第 10 章　摄像机与手势操作

在实际应用项目中，有时需要对场景中整个 AR 虚拟数字世界进行调整，如大小调整、角度调整等。这时就要对 AR 虚拟摄像机进行操作，以达到快速对整个数字场景进行调整的目的。手势操作是用户与 AR 环境交互的基本方式，也是目前最成熟并且符合大众使用习惯的方式。本章我们主要学习虚拟摄像机操作及屏幕手势操作相关知识，熟悉直接利用摄像机缩放、旋转虚拟场景，熟悉手机屏幕上的手势操作。

10.1　场景操作

为更弹性地渲染虚拟物体，AR Session Origin 允许缩放虚拟物体及其相对摄像机的偏移。在使用缩放或偏移功能时，摄像机必须作为 AR Session Origin 的子对象（默认就是子对象），由于摄像机由 Session 驱动，因此设置 AR Session Origin 的缩放与偏移，摄像机和检测到的可跟踪对象也一并缩放与偏移。

通过移动、旋转和缩放 AR Session Origin 而不是操作具体的虚拟对象，一方面可以对整个场景产生影响，另一方面可以避免场景生成后操作虚拟对象带来的问题，如复杂场景通常在创建后无法移动（如地形），并且缩放会对其他系统（例如物理、粒子效果和导航网格）产生负面影响。在需要将场景整体"显示"在检测到的平面上的另一个位置，或者将整个数字场景缩放到桌面尺寸的大小等应用中，AR Session Origin 的缩放功能非常有用。

10.1.1　场景操作方法

将偏移应用于 AR Session Origin，我们可以直接设置其 Transform 组件的 Position 值，这里设置的偏移会影响到所有虚拟物体的渲染。除此之外，AR Foundation 还提供了一个 MakeContentAppearAt()方法，该方法有 3 个重载，利用它可以非常方便地将场景放置到指定位置。MakeContentAppearAt()方法不会修改场景中具体虚拟对象的位置及大小，它直接更新 AR Session Origin 的 Transform 组件相应值，使场景处于给定的位置和方向，这对于在运行时无法移动具体虚拟对象将 AR 场景放置到指定平面上非常有用，例如，在数字场景中包括地形或导航网格时，则无法动态移动或旋转虚拟对象。

将缩放应用于 AR Session Origin，可以直接设置其 Transform 组件的 Scale 值。更大的 Scale 值会使 AR 虚拟对象显示得更小，例如，10 倍的 Scale 值将使虚拟对象显示缩小到原大小的 1/10，而 0.1 倍的 Scale 值将使虚拟对象显示放大 10 倍。在需要整体缩放数字场景时可以考虑调整该值。

10.1.2 场景操作实例

新建一个 Unity 工程，为便于将场景对象放置到指定位置，我们先新建一个空对象，命名为 Contents，然后将所有需要整体操作的对象放置到该对象下，如灯光、新实例化的对象等。同时，为了方便操作观看演示效果，新建两个 UI Slider，一个命名为 ScaleSlider，用于缩放场景，另一个命名为 OrientationSlider，用于旋转场景。新建一个 C#脚本，命名为 Controller，编写如代码清单 10-1 所示代码。

代码清单 10-1

```
1.   public  GameObject spawnPrefab;
2.   public ARSessionOrigin mARSessionOrigin;
3.   public Transform mContent;
4.   public Slider mRotationSlider;
5.   public Slider mScaleSlider;
6.   static List<ARRaycastHit> Hits;
7.   private ARRaycastManager mRaycastManager;
8.   private GameObject spawnedObject = null;
9.   private float MinAngle = 0f;
10.  private float MaxAngle = 360f;
11.  private float MinScale = 0.1f;
12.  private float MaxScale = 10f;
13.  private void Start()
14.  {
15.      Hits = new List<ARRaycastHit>();
16.      mRaycastManager = GetComponent<ARRaycastManager>();
17.  }
18.
19.  void Update()
20.  {
21.      if (Input.touchCount == 0)
22.          return;
23.      var touch = Input.GetTouch(0);
24.      if (mRaycastManager.Raycast(touch.position, Hits, TrackableType.PlaneWithinPolygon | TrackableType.PlaneWithinBounds))
25.      {
26.          var hitPose = Hits[0].pose;
27.          if (spawnedObject == null)
28.          {
29.              spawnedObject = Instantiate(spawnPrefab, hitPose.position, hitPose.rotation);
30.              spawnedObject.transform.parent = mContent;
31.              mARSessionOrigin.MakeContentAppearAt(mContent, hitPose.position, hitPose.rotation);
32.          }
33.          else
34.          {
35.              spawnedObject.transform.position = hitPose.position;
36.          }
37.      }
38.  }
39.  public void OnScale()
40.  {
41.      if (mARSessionOrigin != null)
42.      {
43.          var scale = mScaleSlider.value * (MaxScale - MinScale) + MinScale;
44.          mARSessionOrigin.transform.localScale = Vector3.one * scale;
45.      }
46.  }
47.  public void OnRotate()
48.  {
49.      if (mARSessionOrigin != null)
50.      {
51.          var angle = mRotationSlider.value * (MaxAngle - MinAngle) + MinAngle;
52.          mARSessionOrigin.MakeContentAppearAt(mContent, mContent.transform.position,
```

```
Quaternion.AngleAxis(angle, Vector3.up));
53.      }
54. }
```

在代码清单 10-1 中，当检测到用户操作时，在指定位置实例化一个立方体，随后将立方体设置为 Contents 对象的子对象。在 OnScale()方法中，通过调整 AR Session Origin 对象 Transform 的 LocalScale 值来达到缩放场景的目的，在 OnRotate()方法中，则直接通过 MakeContentAppearAt()方法调整场景的偏移和旋转。

将该脚本挂载在场景中 AR Session Origin 对象上，并设置好相应属性，然后将两个 Slider UI 的 On Value Changed 事件分别绑定到 OnScale()与 OnRotate()方法上。

编译运行，先在检测到的平面上放置立方体，如图 10-1（a）所示。通过拖动滑动条滑块，可以看到整个场景都将随之缩放或者旋转，如图 10-1（b）和图 10-1（c）所示。

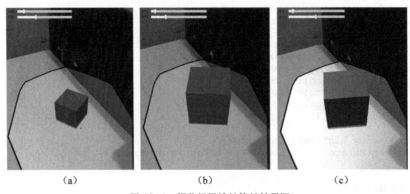

▲图 10-1　操作场景缩放旋转效果图

10.2 同时开启前后摄像头

拥有 TrueDepth 前置摄像头和 A12 处理器的 iPhone，在运行 iOS 13 以上系统时，可以同时开启设备上的前后摄像头，即同时进行人脸检测和跟踪。这是一个非常有意义且实用的功能，意味着用户可使用表情控制场景中的虚拟物体，实现除手势与语音之外的另一种交互方式。

AR Foundation 已经支持这项功能，但需要使用 4.0 以上版本的插件包。在 AR Foundation 中使用该功能的基本步骤如下。

（1）在场景中的 AR Session Origin 对象上挂载 AR Face Manager 组件，即使用 AR Face Manager 组件同时管理前置与后置摄像头。

（2）将场景中 AR Session Origin▶AR Camera 对象上 AR Camera Manager 组件的 Facing Direction 属性设置为 User 或者 World，以确定屏幕显示哪个摄像头采集的图像，User 为显示前置摄像头采集的图像，World 为显示后置摄像头采集的图像。

（3）将场景中 AR Session 对象上 AR Session 组件的 TrackingMode 设置为 Position And Rotation 或者 Don't Care。

下面我们演示同时开启前、后摄像头的具体操作。首先，新建一个 Unity 工程，在 Unity 菜单栏依次选择 Window▶Package Manager，打开 Package Manager 管理器，单击 AR Foundation 左侧的小箭头打开版本选择卷展栏，如图 10-2 所示。

在图 10-2 中，单击"See all versions"链接展开所有可用的版本，如图 10-3 所示。

10.2 同时开启前后摄像头

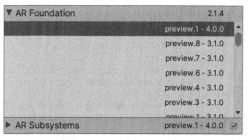

▲图 10-2　打开版本选择卷展栏　　　　　　▲图 10-3　展开所有可用的版本

在图 10-3 中，选择 preview.1-4.0.0 进行安装。采取同样的步骤，安装 ARKit Face Tracking 和 ARKit XR Plugin 插件包。

为简单起见，我们只在场景中添加一个立方体，并使用一个按钮控制屏幕显示图像的切换（在显示前置摄像头采集的图像与后置摄像头采集的图像间切换），因为只有一个立方体和一个按钮，场景搭建较简单，不再赘述。

新建一个 C# 脚本，命名为 ToggleCameraFacingDirection，编写代码如代码清单 10-2 所示。

代码清单 10-2

```
1.   [SerializeField]
2.   ARCameraManager mCameraManager;
3.   [SerializeField]
4.   ARSession mSession;
5.   [SerializeField]
6.   Transform mFaceControlledObject;
7.
8.   private bool mFaceTrackingWithWorldCameraSupported = false;
9.   private bool mFaceTrackingSupported = false;
10.  private Camera mCamera;
11.  private ARFaceManager mFaceManager;
12.  private void Awake()
13.  {
14.      mFaceManager = GetComponent<ARFaceManager>();
15.      mCamera = mCameraManager.GetComponent<Camera>();
16.  }
17.
18.  void OnEnable()
19.  {
20.      var subsystem = mSession?.subsystem;
21.      if (subsystem != null)
22.      {
23.          var configs = subsystem.GetConfigurationDescriptors(Allocator.Temp);
24.          if (configs.IsCreated)
25.          {
26.              using (configs)
27.              {
28.                  foreach (var config in configs)
29.                  {
30.                      if (config.capabilities.All(Feature.FaceTracking))
31.                      {
32.                          mFaceTrackingSupported = true;
33.                      }
34.
35.                      if (config.capabilities.All(Feature.WorldFacingCamera | Feature.FaceTracking))
36.                      {
37.                          mFaceTrackingWithWorldCameraSupported = true;
38.                      }
39.                  }
40.              }
41.          }
42.      }
```

```
43.    }
44.    public void OnToggleClicked()
45.    {
46.        if (mCameraManager == null || mSession == null)
47.            return;
48.        if (mFaceTrackingWithWorldCameraSupported && mCameraManager.
           requestedFacingDirection == CameraFacingDirection.User)
49.        {
50.            mCameraManager.requestedFacingDirection = CameraFacingDirection.World;
51.            if (mFaceControlledObject != null)
52.            {
53.                mFaceControlledObject.gameObject.SetActive(true);
54.                foreach (var face in mFaceManager.trackables)
55.                {
56.                    if (face.trackingState == TrackingState.Tracking)
57.                    {
58.                        mFaceControlledObject.transform.rotation = face.transform.rotation;
59.                        mFaceControlledObject.transform.position = mCamera.transform.
                           position + mCamera.transform.forward * 0.5f;
60.                    }
61.                }
62.            }
63.        }
64.        else if(mFaceTrackingSupported && mCameraManager.requestedFacingDirection ==
           CameraFacingDirection.World)
65.        {
66.            mCameraManager.requestedFacingDirection = CameraFacingDirection.User;
67.            if (mFaceControlledObject != null)
68.            {
69.                mFaceControlledObject.gameObject.SetActive(false);
70.            }
71.        }
72.    }
73. }
74.
75. private void Update()
76. {
77.     if(mFaceControlledObject.gameObject.activeSelf == true && mCameraManager.
           requestedFacingDirection == CameraFacingDirection.World)
78.     {
79.         foreach (var face in mFaceManager.trackables)
80.         {
81.             if (face.trackingState == TrackingState.Tracking)
82.             {
83.                 mFaceControlledObject.transform.rotation = face.transform.rotation;
84.             }
85.         }
86.     }
87. }
```

在代码清单 10-2 中，首先在 OnEnable() 方法中对设备支持情况进行检查，查看设备对人脸检测支持情况和对同时开启前、后摄像头的支持情况，并保存相应检查结果；OnToggleClicked() 方法根据条件对屏幕显示图像进行切换，在切换到后置摄像头时，将立方体放置到离摄像头正前方 0.5 米远的地方；Update() 方法实时地利用从前置摄像头检测到的人脸姿态控制立方体的旋转。

将 ToggleCameraFacingDirection 挂载在场景中的 AR Session Origin 对象上并设置好相应属性，编译运行程序，单击切换前、后摄像头按钮可以在前置摄像头采集的图像与后置摄像头采集的图像间来回切换，当显示后置摄像头采集的图像时，可以使用头部运动控制立方体的旋转，实现效果如图 10-4 所示。

本节演示的是一个非常简单的案例，但实现了利用前置摄像头采集的人脸姿态信息控制后置摄像头中立方体旋转的功能，并且我们也看到，后置摄像头可以进行跟踪，同理，我们可以采集已检测到的人脸的表情信息，并利用这些表情信息控制后置摄像头中的虚拟模型，实现人脸控制交互的功能。

▲图 10-4　使用头部运动控制立方体的旋转

10.3 环境交互

AR Foundation 提供了特征点与平面检测功能，利用检测到的特征点与平面，就可以在其上放置虚拟对象。AR 算法能实时地跟踪这些点和平面。当用户移动时，连接到这些特征点或者平面上的虚拟对象会进行更新，从而保持它们与真实环境的相对位置关系，就像是真实存在于环境中。

除了 AR 算法对虚拟物体进行的自动更新，很多时候我们也希望能与 AR 场景中的虚拟物体进行交互，如旋转、缩放、平移虚拟物体等。

10.3.1 射线检测

对虚拟物体进行操作，首先需要选中期望操作的虚拟物体，在 3D 场景中选择虚拟物体通常的做法是做射线检测。在第 3 章中，我们已经详细学习过射线检测，其基本思路是在三维世界中从一个点沿一个方向发射出一条无限长的射线，在射线的方向上，一旦与添加了碰撞器的物体发生碰撞，则产生一个碰撞检测对象，这个返回的碰撞检测对象包含了位置、方向及该对象的相关属性信息，原理如图 10-5 所示。

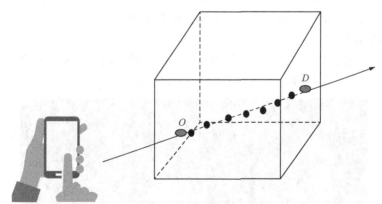

▲图 10-5　射线检测原理示意图

在图 10-5 中，对 AR 应用来说，用户操作的是其手机设备。射线检测的具体做法是检测用户单击屏幕的操作，获取屏幕单击位置，连接该位置与摄像机就可以两点构成一条直线。如果从摄像机位置出发，通过单击点就可以构建一条射线，利用该射线与场景中的物体进行碰撞检测，如果发生碰撞则返回碰撞对象，这就是在 AR 中进行射线检测的原理。

> **注意** 这里说的摄像机为虚拟摄像机，即场景渲染所用的摄像机，而不是移动设备的摄像头。

其实不只是 AR 应用，绝大部分 3D 应用程序都使用射线检测来进行对象交互和碰撞检测。射线检测在操作层面到底是如何工作的呢？让我们看看在之前讲解过的射线检测代码，如代码清单 10-3 所示。

代码清单 10-3

```
1.    var touch = Input.GetTouch(0);
2.    if (mRaycastManager.Raycast(touch.position, Hits, TrackableType.PlaneWithinPolygon |
      TrackableType.PlaneWithinBounds))
3.    {
4.        var hitPose = Hits[0].pose;
5.        if (spawnedObject == null)
6.        {
7.            spawnedObject = Instantiate(spawnPrefab, hitPose.position, hitPose.rotation);
8.        }
9.        else
10.       {
11.           spawnedObject.transform.position = hitPose.position;
12.       }
13.   }
```

在上面的代码中，我们首先利用 RaycastManager.Raycast() 方法构建了一条摄像机到屏幕单击点的射线，并与场景中的虚拟对象进行碰撞检测，如果有命中就获取到被检测物体的姿态，然后在检测点实例化一个虚拟物体。

在代码清单 10-3 中，我们使用了 Unity 内置的 touch 来检测用户在手机屏幕上的手势操作，这是手机屏幕触摸事件检测类，也就是 Unity 的手势检测类。

10.3.2 手势检测

在了解 AR 中最基本、最简单的手势交互之后，我们来学习一些手势检测基础知识，这里讲的手势检测是指用户在手机屏幕上的手指操作检测，不是指利用图像技术检测到用户手部运动的检测，这两者描述看似相同但内容实质相差千里。

1. 手势检测定义

手势检测是指通过检测用户在手机屏幕上的手指触控运动来判断用户操作意图的技术，如单击、双击、缩放、滑动等，常见的手势操作如图 10-6 所示。

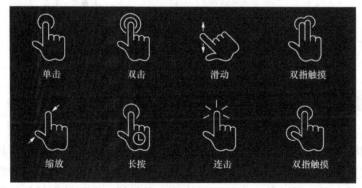

▲图 10-6 常见的手势操作

2. Unity 中的手势检测

Unity 提供了对触控设备底层 API 的访问权限和高级手势检测功能，可以满足不同的手势定制需求。底层 API 能够获取手指单击的原始位置、压力值、速度信息，高级手势检测功能则借助手势识别器来识别预设手势（包括单击、双击、长按、缩放、平移等）。Unity 通过 Input 类来管理设备输入及相关操作（包括手势触控输入），Unity 常见手势检测相关的方法属性如表 10-1 所示。

表 10-1　Unity 常见手势检测相关的方法属性

方法属性	描述
Input.GetTouch(int index)	返回特定触控状态对象，gettouch 返回 Touch 结构体
Input.touchCount	接触触摸屏的手指数量，只读属性
Input.touches	返回上一帧中所有触摸状态的对象 List，每个 List 表示一个手指触控的状态
touchPressureSupported	bool 值，检测用户手机设备是否支持触控压力特性
touchSupported	bool 值，返回应用程序当前运行的设备是否支持触控输入

❑ Touch 结构体

Unity 的 Touch 结构体描述手指触控屏幕的状态。Unity 可以跟踪触摸屏上与触控有关的许多不同的数据，包括触控阶段（开始、移动、结束）、触控位置以及该触控是一个单一的触点还是多个触点。此外，Unity 还可以检测到帧更新之间触控的连续性，因此可以检测到一致的 fingerId 并用来确定手指如何移动。Touch 结构体被 Unity 用来存储与单个触控实例相关的数据，并由 Input.GetTouch() 方法查询和返回。在 Unity 内部，每次帧更新都需要对 GetTouch() 进行新的调用，以便从设备获得最新的触控信息，还可以通过使用手指 fingerId 来识别帧间的相同触控。Touch 结构体更多的属性如表 10-2 所示。

表 10-2　Touch 结构体属性

结构体属性	描述
altitudeAngle	触控时的角度，0 值表示触头与屏幕表面平行，$\pi/2$ 表示垂直
azimuthAngle	手写笔的角度，0 值表示手写笔沿着设备的 x 轴指向
deltaPosition	上次触控变化后的位置增量，delta 值
deltaTime	自上一次记录的触点值变化以来已过去的时间，delta 值
fingerId	触控的唯一索引值
maximumPossiblePressure	屏幕触摸的最大压力值。如果 Input.touchPressureSupported 返回 false，则此属性的值将始终为 1.0F
phase	描述触控的阶段
position	以像素坐标表示的触摸位置
pressure	施加在屏幕上的当前压力量。1.0F 被认为是平均触点的压力。如果 Input.touchPressureSupported 返回 false，则此属性的值将始终为 1.0F
radius	一个触点半径的估计值。加上 radiusVariance 得到最大触控尺寸，减去它得到的最小触控尺寸
radiusVariance	radiusVariance 这个值决定了触控半径的准确性。把这个值加到半径中，得到最大的触控尺寸，减去它得到最小的触控尺寸
rawPosition	触控原始位置
tapCount	触点的数量
type	指示触控是直接、间接（或远程）还是手写笔类型的值

❑ TouchPhase 枚举

TouchPhase 是一种枚举类型，包含可能的手指触点的状态。这些状态代表了手指在最新的帧中可能的动作。由于触控是通过设备在其"生命周期"内跟踪的，所以触控的开始和结束以及其间的运动可以在它们发生的帧上被检测到，有关 TouchPhase 枚举的更多属性如表 10-3 所示。

表 10-3　　　　　　　　　　　　TouchPhase 枚举

TouchPhase 属性	描述
Began	一根手指触到了屏幕，开始跟踪
Moved	一根手指在屏幕上移动
Stationary	一根手指触摸着屏幕，但没有移动
Ended	一根手指从屏幕上抬起，跟踪结束
Canceled	系统取消了对触摸的跟踪

10.4 手势控制

本节我们将使用上节所学习过的知识，采用 Unity 的 Input 类配合射线检测功能实现对虚拟物体的操控，为更好地学习原理，我们不使用任何手势插件。

10.4.1 单物体操控

在单个场景中对单物体操控时，甚至可以不用射线检测来查找需要操作的虚拟对象，因为场景中只有一个物体，我们只需要在实例化该对象时将该对象保存到全局变量中，在进行手势操作时只针对这个全局变量进行操作即可。

新建一个工程，在 Project 窗口中新建一个 C#脚本，命名为 AppControler，编写如代码清单 10-4 所示代码。

代码清单 10-4

```
1.  using System.Collections.Generic;
2.  using UnityEngine;
3.  using UnityEngine.XR.ARFoundation;
4.  using UnityEngine.XR.ARSubsystems;
5.
6.  [RequireComponent(typeof(ARRaycastManager))]
7.  public class AppControler : MonoBehaviour
8.  {
9.      public  GameObject spawnPrefab;
10.     static List<ARRaycastHit> Hits;
11.     private ARRaycastManager mRaycastManager;
12.     private GameObject spawnedObject = null;
13.     private float mRotateSpeed = -20f;
14.     private float mZoomSpeed = 0.01f;
15. #if UNITY_ANDROID
16.     private float mAngle = 180f;
17. #endif
18.     private void Start()
19.     {
20.         Hits = new List<ARRaycastHit>();
21.         mRaycastManager = GetComponent<ARRaycastManager>();
22.     }
23.
24.     void Update()
```

```
25.        {
26.            switch (Input.touchCount)
27.            {
28.                case 0: return;
29.                case 1:onSpawnObject();onRotate();break;
30.                case 2:onZoom(); break;
31.                default:return;
32.            }
33.        }
34.        private void onSpawnObject()
35.        {
36.            var touch = Input.GetTouch(0);
37.            if ((spawnedObject == null) && mRaycastManager.Raycast(touch.position, Hits,
   TrackableType.PlaneWithinPolygon | TrackableType.PlaneWithinBounds))
38.            {
39.                var hitPose = Hits[0].pose;
40.                spawnedObject = Instantiate(spawnPrefab, hitPose.position, hitPose.rotation);
41. #if UNITY_ANDROID
42.                spawnedObject.transform.Rotate(new Vector3(0, mAngle, 0));
43. #endif
44.            }
45.        }
46.        private void onZoom()
47.        {
48.            if (spawnedObject != null)
49.            {
50.                Touch touchZero = Input.GetTouch(0);
51.                Touch touchOne = Input.GetTouch(1);
52.
53.                Vector2 touchZeroPrevPos = touchZero.position - touchZero.deltaPosition;
54.                Vector2 touchOnePrevPos = touchOne.position - touchOne.deltaPosition;
55.                float prevTouchDeltaMag = (touchZeroPrevPos - touchOnePrevPos).magnitude;
56.                float touchDeltaMag = (touchZero.position - touchOne.position).magnitude;
57.                float deltaMagnitudeDiff = touchDeltaMag - prevTouchDeltaMag;
58.
59.                float pinchAmount = deltaMagnitudeDiff * mZoomSpeed * Time.deltaTime;
60.                spawnedObject.transform.localScale += new Vector3(pinchAmount, pinchAmount,
   pinchAmount);
61.            }
62.        }
63.        private void onRotate()
64.        {
65.            Touch touch;
66.            touch = Input.GetTouch(0);
67.            if (spawnedObject != null && Input.touchCount == 1 && touch.phase ==
   TouchPhase.Moved)
68.            {
69.                spawnedObject.transform.Rotate(Vector3.up * mRotateSpeed * Time.deltaTime *
   touch.deltaPosition.x, Space.Self);
70.            }
71.        }
72. }
```

在上述代码中，onSpawnObject()方法负责在用户单击检测到的平面时放置虚拟物体，然后对模型进行了旋转操作（在 ARCore 中，模型需要绕 y 轴旋转 180 度才能使其正面朝前，ARKit 则不用）。这里使用了射线检测来确定射线与平面的碰撞位置，用于设置虚拟物体姿态（位置与方向）。

onRotate()方法检测用户触控操作，使用 touch.deltaPostion.x 来控制旋转，touch.deltaPostion 存储的值为两次检测之间手指在屏幕上移动的位置，这里我们只使用了 x 轴的 delta 值，如下。

```
Vector3.up * mRotateSpeed * Time.deltaTime * touch.deltaPosition.x
```

该语句获取到虚拟物体绕其本身 y 轴旋转的旋转量，通过这个旋转量就可以控制虚拟物体的旋转。

onZoom()方法负责缩放虚拟物体,缩放使用双指。我们首先获取到每一个手指的当前触点与前一次检测时的位置,然后分别计算当前两个手指之间的距离与前一次两手指之间的距离,这么做的目的是获取两次的距离之差,这个差值即手指放大或缩小的度量值,如果当前两指之间的距离大于之前两指之间的距离,说明用户在使用放大手势,反之,用户就是在使用缩小手势,如下。

```
deltaMagnitudeDiff * mZoomSpeed * Time.deltaTime
```

该语句计算缩放量,通过这个缩放量我们就可以缩放物体了。

将 AppControler 脚本挂载在 Hierarchy 窗口中的 AR Session Origin 对象上并设置好相应属性,如图 10-7 所示。

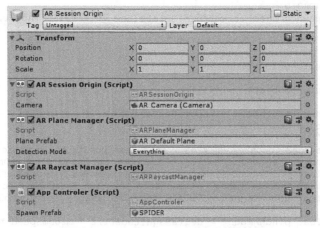

▲图 10-7　AR Session Origin 对象及其属性设置

编译运行,在检测到平面后单击放置虚拟物体,如图 10-8(a)所示。我们可以使用单指左右滑动旋转虚拟物体,使用双指缩放虚拟物体,效果如图 10-8(b)所示。

▲图 10-8　旋转与缩放物体示意图

10.4.2　多物体场景操控单物体对象

在有多个可操控对象的场景中,如果对特定对象进行操控,首先需要做的就是选中被操控对象。为了标识被选中对象的状态，我们新建一个 C#脚本，命名为 Selection，编写如代码清单 10-5 所示代码。

代码清单 10-5

```
1.  using System.Collections.Generic;
2.  using UnityEngine;
3.
4.  public class Selection : MonoBehaviour
5.  {
6.      private bool select = false;
7.      public bool Selected
8.      {
9.          get { return select; }
10.         set { select = value; }
11.     }
12. }
```

上述代码只有一个属性，它用于标识对象是否被选中。将 Selection 脚本挂载到需要实例化的预制体上，并确保预制体有 Collider 碰撞器，没有挂载碰撞器的虚拟对象无法使用射线检测，如图 10-9 所示。

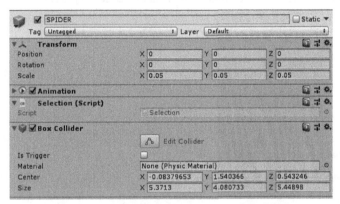

▲图 10-9　在预制体上挂载 Selection 脚本与碰撞器

新建一个 C#脚本，命名为 MultiSingleSelectObject，编写如代码清单 10-6 所示代码。

代码清单 10-6

```
1.  using System.Collections.Generic;
2.  using UnityEngine;
3.  using UnityEngine.XR.ARFoundation;
4.  using UnityEngine.XR.ARSubsystems;
5.
6.  [RequireComponent(typeof(ARRaycastManager))]
7.  public class MultiSingleSelectObject : MonoBehaviour
8.  {
9.      public GameObject spawnPrefab;
10.     public Camera ARCamera;
11.     static List<ARRaycastHit> Hits;
12.     private ARRaycastManager mRaycastManager;
13.     private Selection selectedObject = null;
14.     private float mRotateSpeed = -20f;
15.     private float mZoomSpeed = 0.01f;
16.     private int maxObject = 4;
17.     private List<Selection> allSelectedObject = new List<Selection>();
18. #if UNITY_ANDROID
19.     private float mAngle = 180f;
20. #endif
21.     private void Start()
```

```csharp
22.    {
23.        Hits = new List<ARRaycastHit>();
24.        mRaycastManager = GetComponent<ARRaycastManager>();
25.    }
26.    void Update()
27.    {
28.        switch (Input.touchCount)
29.        {
30.            case 0: return;
31.            case 1: onSpawnObject(); onSelection(); onRotate(); break;
32.            case 2: onZoom(); break;
33.            default: return;
34.        }
35.    }
36.    private void onSpawnObject()
37.    {
38.        var touch = Input.GetTouch(0);
39.        if ((maxObject > 0) && mRaycastManager.Raycast(touch.position, Hits,
           TrackableType.PlaneWithinPolygon | TrackableType.PlaneWithinBounds))
40.        {
41.            var hitPose = Hits[0].pose;
42.            var mObject = Instantiate(spawnPrefab, hitPose.position, hitPose.rotation);
43.            selectedObject = mObject.transform.GetComponent<Selection>();
44.            selectedObject.Selected = true;
45.            if (!allSelectedObject.Contains(selectedObject))
46.                allSelectedObject.Add(selectedObject);
47. #if UNITY_ANDROID
48.            mObject.transform.Rotate(new Vector3(0, mAngle, 0));
49. #endif
50.            maxObject--;
51.        }
52.    }
53.    private void onSelection()
54.    {
55.        var touch = Input.GetTouch(0);
56.        Ray ray = ARCamera.ScreenPointToRay(touch.position);
57.        RaycastHit[] hitObject = Physics.RaycastAll(ray);
58.        foreach(var hit in hitObject)
59.        {
60.            selectedObject = hit.transform.GetComponent<Selection>() ;
61.            if (selectedObject != null)
62.            {
63.                // Debug.Log(hit.transform.name);
64.                selectedObject.Selected = true;
65.                SelectionManager(selectedObject);
66.                break;
67.            }
68.        }
69.    }
70.    private void onZoom()
71.    {
72.        if (selectedObject != null && selectedObject.Selected)
73.        {
74.            Touch touchZero = Input.GetTouch(0);
75.            Touch touchOne = Input.GetTouch(1);
76.
77.            Vector2 touchZeroPrevPos = touchZero.position - touchZero.deltaPosition;
78.            Vector2 touchOnePrevPos = touchOne.position - touchOne.deltaPosition;
79.            float prevTouchDeltaMag = (touchZeroPrevPos - touchOnePrevPos).magnitude;
80.            float touchDeltaMag = (touchZero.position - touchOne.position).magnitude;
81.            float deltaMagnitudeDiff = touchDeltaMag - prevTouchDeltaMag;
82.
83.            float pinchAmount = deltaMagnitudeDiff * mZoomSpeed * Time.deltaTime;
84.            selectedObject.GetComponentInParent<Transform>().localScale += new Vector3
               (pinchAmount, pinchAmount, pinchAmount);
85.        }
86.    }
87.    private void onRotate()
88.    {
```

```
89.        Touch touch;
90.        touch = Input.GetTouch(0);
91.        if (selectedObject != null && selectedObject.Selected && Input.touchCount ==
           1 && touch.phase == TouchPhase.Moved)
92.        {
93.            selectedObject.GetComponentInParent<Transform>().Rotate(Vector3.up *
           mRotateSpeed * Time.deltaTime * touch.deltaPosition.x, Space.Self);
94.        }
95.    }
96.    private void SelectionManager(Selection lastSelectionObject)
97.    {
98.        foreach (var s in allSelectedObject)
99.        {
100.           if (s != lastSelectionObject)
101.               s.Selected = false;
102.       }
103.   }
104. }
```

代码清单 10-6 所示代码与上节代码相似,但不同之处在于,在上节中,场景中只有一个虚拟物体,代码直接利用一个全局变量保存了该物体引用;在本节中,则是根据射线检测的结果选择需要操作的物体。onSelection()方法就是对虚拟对象进行选择的操作代码,这里使用了 Physics.RaycastAll()方法,该方法返回所有与射线相交的对象,如果相交对象是我们想要操作的对象,设置其标识为 true,同时,因为只能操作单个物体,我们使用 SelectionManager()方法将其他被选中的虚拟对象标识设置为 false。

编译运行,先在检测到的平面上随机放置几个虚拟物体,如图 10-10(a)所示。然后通过选择特定的虚拟对象进行旋转与缩放操作,效果如图 10-10(b)所示。

▲图 10-10　在多物体场景中对特定虚拟对象进行旋转与缩放操作的效果图

10.4.3　多物体操控

有了前面的基础,在多物体场景中操控多物体对象的解决思路与在多物体场景中操控单物体对象基本相同:操控单物体时是选中一个虚拟对象,操控多物体时需要将选中的多个物体保存起来,一并进行操作。因此,我们使用一个列表保存所有选中的对象,在旋转或者缩放时遍历这个列表,对所有选中对象进行相同处理。

在 Project 窗口中新建一个 C#脚本,命名为 MultiObjects,编写如代码清单 10-7 所示代码。

代码清单 10-7

```csharp
1.  using System.Collections.Generic;
2.  using UnityEngine;
3.  using UnityEngine.XR.ARFoundation;
4.  using UnityEngine.XR.ARSubsystems;
5.
6.  [RequireComponent(typeof(ARRaycastManager))]
7.  public class MultiObjects : MonoBehaviour
8.  {
9.      public GameObject spawnPrefab;
10.     public Camera ARCamera;
11.     static List<ARRaycastHit> Hits;
12.     private ARRaycastManager mRaycastManager;
13.     private Selection selectedObject = null;
14.     private float mRotateSpeed = -20f;
15.     private float mZoomSpeed = 0.01f;
16.     private int maxObject = 4;
17.     private List<Selection> allSelectedObject = new List<Selection>();
18.     private bool isValid = true;
19. #if UNITY_ANDROID
20.     private float mAngle = 180f;
21. #endif
22.     private void Start()
23.     {
24.         Hits = new List<ARRaycastHit>();
25.         mRaycastManager = GetComponent<ARRaycastManager>();
26.     }
27.
28.     void Update()
29.     {
30.         switch (Input.touchCount)
31.         {
32.             case 0: return;
33.             case 1: onSpawnObject(); onSelection(); onRotate(); break;
34.             case 2: onZoom(); break;
35.             case 3: DeSelection(); break;
36.             default: return;
37.         }
38.     }
39.     private void onSpawnObject()
40.     {
41.         if (isValid)
42.         {
43.             isValid = !isValid;
44.             var touch = Input.GetTouch(0);
45.             if ((maxObject > 0) && mRaycastManager.Raycast(touch.position, Hits, TrackableType.PlaneWithinPolygon | TrackableType.PlaneWithinBounds))
46.             {
47.                 var hitPose = Hits[0].pose;
48.                 var mObject = Instantiate(spawnPrefab, hitPose.position, hitPose.rotation);
49.                 selectedObject = mObject.transform.GetComponent<Selection>();
50.                 selectedObject.Selected = true;
51.                 if (!allSelectedObject.Contains(selectedObject))
52.                     allSelectedObject.Add(selectedObject);
53. #if UNITY_ANDROID
54.                 mObject.transform.Rotate(new Vector3(0, mAngle, 0));
55. #endif
56.                 maxObject--;
57.
58.             }
59.             StartCoroutine(WaitForOneMinite());
60.         }
61.     }
62.     private void onSelection()
63.     {
64.         var touch = Input.GetTouch(0);
65.         Ray ray = ARCamera.ScreenPointToRay(touch.position);
```

```csharp
66.         RaycastHit[] hitObject = Physics.RaycastAll(ray);
67.         foreach (var hit in hitObject)
68.         {
69.             selectedObject = hit.transform.GetComponent<Selection>();
70.             if (selectedObject != null)
71.             {
72.                 Debug.Log(hit.transform.name);
73.                 selectedObject.Selected = true;
74.                 break;
75.             }
76.         }
77.     }
78.     private void onZoom()
79.     {
80.         Touch touchZero = Input.GetTouch(0);
81.         Touch touchOne = Input.GetTouch(1);
82.
83.         Vector2 touchZeroPrevPos = touchZero.position - touchZero.deltaPosition;
84.         Vector2 touchOnePrevPos = touchOne.position - touchOne.deltaPosition;
85.         float prevTouchDeltaMag = (touchZeroPrevPos - touchOnePrevPos).magnitude;
86.         float touchDeltaMag = (touchZero.position - touchOne.position).magnitude;
87.         float deltaMagnitudeDiff = touchDeltaMag - prevTouchDeltaMag;
88.
89.         float pinchAmount = deltaMagnitudeDiff * mZoomSpeed * Time.deltaTime;
90.         foreach (var s in allSelectedObject)
91.         {
92.             if (s.Selected)
93.                 s.GetComponentInParent<Transform>().localScale += new Vector3
                    (pinchAmount, pinchAmount, pinchAmount);
94.         }
95.     }
96.     private void onRotate()
97.     {
98.         Touch touch;
99.         touch = Input.GetTouch(0);
100.        if (Input.touchCount == 1 && touch.phase == TouchPhase.Moved)
101.        {
102.            foreach (var s in allSelectedObject)
103.            {
104.                if (s.Selected)
105.                    s.GetComponentInParent<Transform>().Rotate(Vector3.up *
                        mRotateSpeed * Time.deltaTime * touch.deltaPosition.x, Space.Self);
106.            }
107.        }
108.    }
109.    private void DeSelection()
110.    {
111.        foreach (var s in allSelectedObject)
112.        {
113.            s.Selected = false;
114.        }
115.    }
116.
117.    System.Collections.IEnumerator WaitForOneMinite()
118.    {
119.        yield return new WaitForSeconds(1.0f);
120.        isValid = true;
121.    }
122. }
```

在前节代码基础上，我们添加了三指单击取消所有选中对象的功能。同时，为了防止出现在单击放置物体时一次单击放置多个虚拟物体的问题，我们使用了一点小技巧——用一个 bool 类型变量控制 1 秒内只能放置一个虚拟对象，解决了虚拟物体重叠的问题。其余功能与上节基本一致。

编译运行，在检测到平面时，可以看到一次单击不会重叠放置多个物体，并可以对所有选中对象进行相同的操作，效果如图 10-11 所示。

▲图 10-11　在多物体场景中对多个物体对象进行同步操控的效果图

10.4.4　物体操控模块

在前文我们已经实现了单物体与多物体操控，但是，现在的物体操控有几个问题：第一是物体操控代码与虚拟物体属于强耦合类型，没有形成独立的操控模块；第二是选择物体不够优雅，既没有视觉标示区分也没有其他提示；第三是没有实现平移操作。

为了解决以上问题，可以对上述代码进行重构以达到通用化、低耦合、全向操控的目的。但本节中，采用另一种方法，我们对原生 ARCore Unity Plugin 中的操控模块 ObjectManipulation 进行了移植与改写，使其能同时兼容 Android 与 iOS 平台，下面我们学习如何使用它。

 提示　　移植与改写工作不在本书讲解的范围内，我们已经将操控模块导出为 Manipulation.unitypackage，使用该功能模块能够满足项目开发中常见的虚拟物体操控需求。

使用该功能模块，首先我们需要导入 Manipulation.unitypackage 功能包（该功能包在本书配套源码中），导入后应用该功能共分 3 步，如下。

（1）将 Manipulation➤ObjectManipulation➤Prefabs 文件夹下的 ManipulationSystem.prefab 拖放到 Hierarchy 窗口中。

（2）修改 Hierarchy 窗口中 AR Session Origin➤AR Camera 的 Tag 为 MainCamera（Unity 2019 之前该 Tag 默认为空，Unity 2019 之后默认为 MainCamera），如图 10-12 所示。

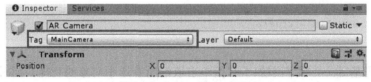

▲图 10-12　修改 AR Camera 的 Tag 值为 MainCamera

（3）在虚拟对象实例化之前先实例化 Manipulation➤ObjectManipulation➤Prefabs 文件夹下的 Manipulator.prefab 预制体，并将随后实例化的虚拟对象设为该 Manipulator 对象的子对象，关键代码如代码清单 10-8 所示。

10.4 手势控制

代码清单 10-8

```
1.   var touch = Input.GetTouch(0);
2.   if (mRaycastManager.Raycast(touch.position, Hits, TrackableType.PlaneWithinPolygon |
     TrackableType.PlaneWithinBounds))
3.   {
4.       var hitPose = Hits[0].pose;
5.       if (maxNum > 0)
6.       {
7.           var spawnedObject = Instantiate(spawnPrefab, hitPose.position, hitPose.rotation);
8.           var mani = Instantiate(manipulator,hitPose.position,hitPose.rotation);
9.           spawnedObject.transform.parent = mani.transform;
10.          mani.transform.parent = gameObject.transform;
11.          mani.GetComponent<Manipulator>().Select();
12.          maxNum--;
13.      }
14.  }
```

编译运行，在检测到的平面上放置虚拟物体后，随意选择虚拟物体，可以看到被选中的虚拟物体底有一个小圆环标识，双指捏合可以缩放、单指放在虚拟物体上拖动可以平移、单指放在虚拟物体外左右移动可以旋转，效果如图10-13所示。

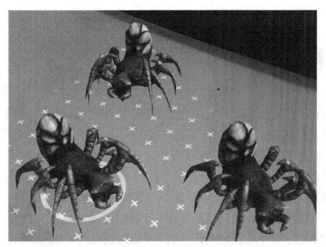

▲图 10-13 使用物体操控模块对虚拟物体进行操控的效果图

第 11 章　3D 音视频

人对世界的认知主要来源于视觉信息,但同时听觉也起着非常重要的作用。在真实世界中,我们不仅利用视觉信息,也利用听觉信息来定位 3D 物体。为达到更好的沉浸式体验效果,在 AR 应用中定位也不仅包括虚拟物体的位置定位,还应该包括声音的 3D 定位。另外,在一些追求视觉效果的应用中,我们也可能有在场景中播放视频的需求。本章主要学习在 AR 中使用音视频的相关知识。

11.1　3D 音频

在前面各章中,我们学习了如何定位追踪用户(实际是定位用户的手机设备)的位置与方向,然后通过摄像机的投影矩阵将虚拟物体投影到用户手机屏幕。如果用户移动了,通过 VIO 和 IMU 更新用户的位置与方向信息、更新投影矩阵,这样就可以把虚拟物体固定在空间的某点上(这个点就是锚点),从而达到以假乱真的视觉体验。

3D 音效处理目的是让用户进一步相信 AR 应用虚拟生成的数字世界是真实的,事实上,3D 音效在电影、电视、电子游戏中被广泛应用。但 AR 3D 音效的处理有其特别之处,类似于电影采用的技术并不能很好地解决 AR 中 3D 音效的问题。

在电影院中,观众的位置是固定的,因此可以通过在影院的四周都装上音响设备,设计不同位置上音响设备上声音的大小和延迟,就能给观众营造逼真的 3D 音效。经过大量的研究与努力,人们根据人耳的结构与声音的传播特性设计出了很多技术,可以只用两个音响或者耳机模拟出 3D 音效,这种技术叫双耳声(Binaural Sound),它的技术原理如图 11-1 所示。

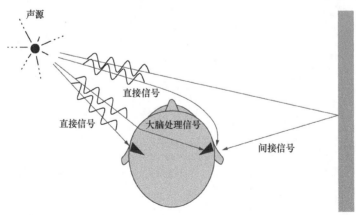

▲图 11-1　大脑通过双耳对来自声源的直接信号与间接信号进行处理,可以计算出声源位置

在图 11-1 中，从声源发出来的声音会直接传播到人的左耳和右耳，但因为左耳离声源近，所以声音会先到达左耳再到达右耳。由于声音在传播过程中能量会衰减，左耳听到的声音要比右耳大，这是直接的声音信号（简称直接信号）。同时，从声源发出的声音也会被周围的物体反射，这些反射与直接信号相比有一定延迟并且音量更小，这些是间接的声音信号（简称间接信号）。大脑会采集到直接信号与所有的间接信号并比较两耳采集的信号，经过分析计算，从而达到定位声源的效果。在了解大脑的工作模式后，就可以通过算法控制两个音响或者耳机的音量与延迟来达到模拟 3D 声音的效果，让大脑产生出虚拟的 3D 声音场景。

11.1.1　3D 声场原理

3D 声场，也称为三维音频、虚拟 3D 音频、双耳音频等，它是根据人耳对声音信号的感知特性，使用信号处理的方法对到达两耳的声音信号进行模拟，以重建复杂的空间声场。通俗地说就是把耳朵以外的世界看作一个系统，那么对于任意一个声源，在耳朵接收到信号后，三维声场重建就是把两个耳朵接收到的声音尽可能准确地模拟出来，让人产生听到三维音频的感觉。

如前所述，当人耳在接收到声源发出的声音时，人的耳廓、耳道、头盖骨、肩部等对声波的折射、绕射和衍射以及鼓膜接收到的信息会被大脑所接收，大脑通过经验来对声音的方位进行判断。与大脑工作原理类似，在计算机中可通过信号处理的数学方法，构建头部关联传导函数（Head-Related Transfer Functions，HRTFs），根据多组的滤波器来计算人耳接收到的声源的"位置信息"，其原理如图 11-2 所示。

目前 3D 声场重建技术比较成熟，人们不仅想出了录制 3D 音频的方法，而且还知道如何播放这些 3D 音频，让大脑产生逼真的 3D 声场信息，实现与真实环境相同的声场效果。然而，目前大多数 3D 声场重建技术都假设用户是静止的（或者说与用户位置无关）。而在 AR 应用中，情况却有很大不同，AR 应用的用户是随时移动的，这意味着用户周围的 3D 声场也需要调整，这一特殊情况导致目前的 3D 声场重建技术在 AR 应用时失效。幸运的是，Google 已经考虑到这个问题，并为 AR 和 VR 开发了一个 3D 音频 API，称为共振音频（Resonance Audio，RA），我们将在下面的学习中探讨更多关于共振音频的内容。

为何我们能够根据听到的声音确定声源的位置呢？上节我们对这个问题进行了简单阐述，根据听到的声音信号，可以将声音归成两类：直接信号与间接信号。在人耳接收到这两类信号后，大脑会进行处理

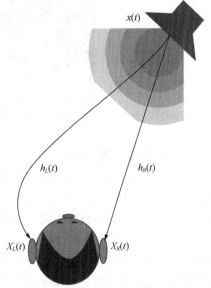

▲图 11-2　通过信号处理的数学方法可以模拟 3D 音效

并根据以往经验来对声源和环境进行确定，在真实世界中，我们通过耳朵与声音信号的交互来确定声源的水平与垂直位置，如图 11-3 所示，共振音频技术完全模拟了这个交互过程，也通过模拟这两类信号差异来让大脑产生与真实世界一致的声音体验。

▲图 11-3　人耳与声音的交互示意图

11.1.2　声波与双耳间的互动

1. 抵达双耳的时间差

抵达双耳的时间差（Interaural Time Differences，ITD），由于声源到左耳与右耳的距离不同（当然也可以相同），如图 11-4 所示。因此声音信号传播到两耳的时间也会有细微的差距，这样的时间差可以帮助我们了解声源的水平位置，特别是在低频声源的情况下，大脑定位会更准确一些。这个时间差取决于声源相对于用户的水平位置，当一个声源离用户的左右耳差距越大，时间差就越大。

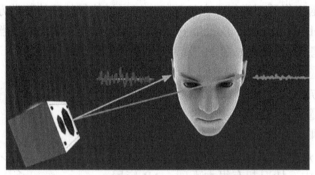

▲图 11-4　声音信号抵达左右耳有细微的时间差

2. 抵达双耳的强度差

从物理学而言，声音是源于物体的振动，声波的频率指的是一秒内物理振动的次数，如物体一秒振动 480 次，那该声波的频率就为 480Hz。自然界声音极少是由单一频率组成，声波大多是由数个频率叠加组成复合波。由于人类耳朵对声音的接收频率有限，对高频声源无法仅由时间差获知它的水平位置，另外实际上声波常常会受到阻挡而无法继续传递、扩散，进而产生声音的阴影区（Acoustic Shadow，AS），例如声波遇到建筑物、人的头部都会有这种现象，这会影响到左右耳听的声音大小并且会接收到不同的频率。这些差异能帮助耳朵判断声源的水平位置。频率越高，双耳接收到的声音大小差异越大，最高可以到 8~10 dB。

3. 耳廓效应

时间和强度的差异可以帮助定位声源的水平位置，同时声音进入外耳时会有不同的入射角、不同的折射角，来自不同方向的声音以不同的方式从外耳反射进入内耳，这也会造成声波频率的改变，从而产生差异，如图 11-5 所示。人耳就是利用这种差异去辨别声源的垂直高度（Elevation），确定声源的垂直位置。

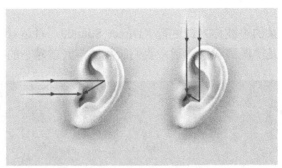

▲图 11-5　耳廓效应示意图

11.1.3　头部关联传导函数

为了模拟真实的声波与人耳之间的相互作用，共振音频使用了头部关联传导函数音效定位算法。HRTFs 用来确定声源位置的时间差和强度差的影响，以及用来确定声源位置的频谱效应。该算法计算声波从发射、反射后经头部及耳廓的多种效应，模拟人的神经系统去判断声源位置，尤其是声源的垂直位置。通过使双耳接收 HRTFs 处理后的音频可以让大脑产生一种错觉，即声音在他们周围的虚拟世界中有一个特定的位置（这就达到了声源模拟定位的目标）。除此之外，共振音频不仅能模拟声波与人耳的相互作用，还能模拟声波与其周围环境的相互作用。

11.1.4　头部转动与声音位置

对 AR 应用而言，我们更关心的是用户头部的运动（其实是手机设备的姿态），这非常关键。在真实生活中，移动人体头部会导致声波与双耳间的相互作用发生变化，大脑可以帮助我们感知声源位置的相对变化，如图 11-6 所示。共振音频也反映了这种情况，以便维持一个声源在声场范围内的位置。AR Foundation 可以跟踪用户设备的姿态，共振音频利用这些信息来在相反的方向旋转声场（通常是声音的作用球体），这样就能保持虚拟声音相对于用户的位置。

▲图 11-6　转动头部会改变声音与双耳的相互作用

11.1.5　早期反射和混音

在现实世界中，当声波在空气中传播时，除了透过空气进入人耳外，还会经由墙壁或是环境中的介质反射后进入耳内，混合成我们听到的声音，这个过程中产生了一个复杂的反射组合。共振音频将声波的混合分为以下 3 个部分。

1. 直达音

从声源直接传入耳朵的声波称为直达音（Direct Sound），直达音随着传播距离的增加，能量会逐渐减弱，这也是声源离我们越远，我们听到的声音就越小的原因，如图 11-7 所示。

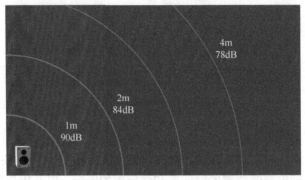

▲图 11-7　声音的响度会随着距离的增大而减弱

2. 早期反射音

除了直达音外，声波遇到一些介质会不断反射，如果仅经过 1 次反射后就进入人耳，我们将其称作早期反射音（Early Reflections）。通过耳朵听见的反射音会帮助我们了解身处的空间大小与形状，如图 11-8 所示。共振音频技术会实时对早期反射音进行空间化处理，并为每次的反射呈现模拟源，这样就能模拟声源与环境的交互过程，即感知所处空间的大小。

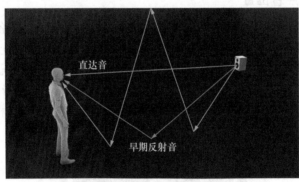

▲图 11-8　早期反射音有助于了解所处空间的大小

3. 晚期反射音

声波会在环境中不断反射，反射音随着时间不断增加形成更多也更密集的反射音，会密集到人耳无法分辨，直到单个声波无法区分为止。这种现象称为后期混响（Late Reverb）。共振音频内建了一个强大的混响引擎（Reverb Engine），能真实还原声音在空间内的反射，开发者可以设定空间大小与反射的材质去模拟不同的声场。通过调整声场空间（Room）大小或墙壁的表面材质，混响引擎会实时做出反应，并调整声波以适应新的环境，更好地模拟不断变化的用户环境。

11.1.6　声音遮挡

在真实环境中，当人耳与声源之间有障碍物时声音会被影响，如图 11-9 所示。由波的衍射规律可知，高频率的声音会更容易被障碍物阻挡。为了进一步增强真实感，共振音频还模拟了声音在声源和耳朵之间传播时遇到障碍物的遮挡效果，它通过处理高频和低频的不同分量来模拟这些环境遮挡效应，通过阻塞更多高频部分，模拟现实世界中发生的事情。

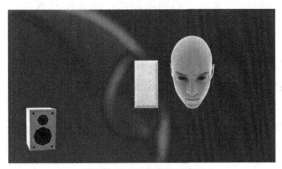

▲图 11-9　声音遮挡示意图

11.1.7　指向性

指向性与声音遮挡密切相关，指向性指声音沿不同方向传播的特性。从波的传播方式可知，声波的频率越高其直线传播的指向性越好，即高频部分绕过障碍物的能力较差。根据声源的指向性和用户相对于声源的位置，感受到的声音是不同的，如图 11-10 所示。当我们围着一个弹吉他的人绕圈走，在吉他正前面时，听到声音响亮得多；当绕到吉他后面时，吉他和演奏者的身体挡住了声音，听到的声音就要小一些，这就是声音的指向性。

▲图 11-10　声音指向性示意图

共振音频也充分考虑了这些因素，并提供了相关的参数来模拟声音的指向性，其提供的控制参数如表 11-1 所示。

表 11-1　　　　　　　共振音频（Resonance Audio）提供的控制参数

参数	描述
Alpha	用于设定不同的声源指向性，例如心型指向（cardioid）、圆型指向（circular）和八字型指向（figure-eight shapes）
Sharpness	设定每种指向性的宽度

11.1.8　Ambisonics

Ambisonics 是一种录制和播放声音的技术，是专门用来模拟原始三维声场效果的声音系统，它通过由 4 个指向不同方向的心形麦克风组成"四面体阵列"实现三维全覆盖的 360 度沉浸式全景环绕声音录制效果。与普通环绕声不同，其播放效果更类似于 Dobly Atoms，Ambisonics 除了水平环绕声音，还包括水平与上下垂直方向的声源。共振音频采用 Ambisonics

处理声波与环境的互动，在此项技术中 Ambisonic order 是影响模拟声波的重要因素，当 Ambisonic order 增加，模拟的结果就会越清晰准确，反之则越模糊。

11.1.9 下载 Resonance Audio SDK

共振音频技术其实是一整套关于 AR/VR 中 3D 声源定位、混音、处理、多音轨合成的高性能音频处理技术，其更详细的技术细节超出了本书的范围，不再详述。Unity 2018 以后集成了共振音频引擎但并没有提供相应组件，所以我们要使用它，还得下载 Resonance Audio Unity SDK。目前，SDK 版本是 1.2.1，可在 GitHub 上搜索 resonance-audio-unity-sdk 下载，只需下载 ResonanceAudioForUnity_1.2.1.unitypackage 这个文件，如图 11-11 所示。

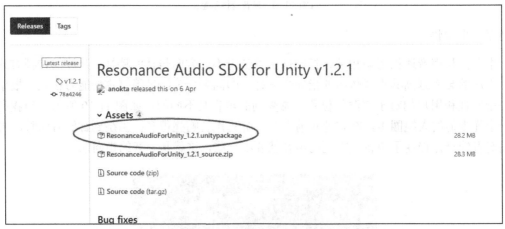

▲图 11-11　下载共振音频 Resonance Audio SDK for Unity v1.2.1

11.1.10 导入 SDK

新建一个 Untiy 工程，导入下载的 Resonance Audio SDK，导入后应该如图 11-12 所示。

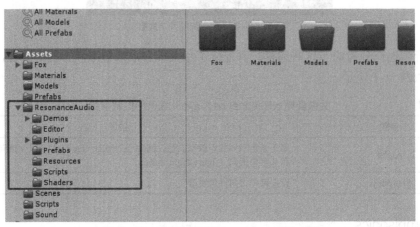

▲图 11-12　导入共振音频 Resonance Audio SDK

11.1.11 Resonance Audio components

在 Project 窗口中打开导入的 ResonanceAudio➤Prefabs 文件夹，可以看到 4 个 Prefabs，这 4 个 Prefabs 提供了音效处理基本和常用的组件，详细描述见表 11-2。

11.1 3D 音频

表 11-2 共振音频提供的常用组件

组件名	描述
Resonance Audio Source	通过引入额外的可选参数，如方向性模式、遮挡和渲染质量，增强可控的音频源特性。在同一个对象中需要挂载 Unity 内置组件 AudioSource
Resonance Audio Soundfield	通过在用户周围的虚拟声场球体上编码声波来呈现完整的 360 度空间音频
Resonance Audio Room	通过引入动态的早期反射和后期混响来模拟特定空间的房间效果。利用 Unity 对象的 Transform 组件应用房间效果。当用户设备（或者音频接受者，AudioListener）在房间模型的指定范围内时，就启用相应的房间效果
Resonance Audio Reverb Probe	提供了一个更精细的空间建模和更细微的混响效果的高级选项

现实生活中，声源在不同的环境中进入人脑后会使人拥有完全不一样的听觉感受，例如，同一首曲子在空旷的原野上、在地下室里、在大演播厅里、在浴室里、在小房间里会给人带来完全不同的感觉。共振音频使用一个叫 Resonance Audio Room 的组件来模拟不同的环境。

可以把 Resonance Audio Room 想象成一个长方体，用来模拟声源周围的环境。这个 Room 共有 6 面墙，上下左右前后，每一面墙都可以设置其音效材质。共振音频共提供了 23 种不同的材质，如图 11-13 所示，通过这 23 种材质的组合，可以非常灵活地定义任何想要的房间材质。Resonance Audio Room 不仅可以用来描述一个房间，也可以用来描述一个室外空间或者半开放空间，在使用 Transparent 选项时就意味着声音会沿着那个方向穿过虚拟墙，如果 6 个方向全部设置为 Transparent 那就是一个完全空旷的空间，这个组合对我们来说也很重要。

▲图 11-13 Resonance Audio Room 组件提供的大量的环境模拟选项

11.1.12 使用共振音频

通过前文的学习，现在我们已经了解了足够多的知识来使用 Resonance Audio SDK，Google 工程师为方便我们使用作出了巨大的努力，让复杂的东西变得简单易操作。

第 11 章 3D 音视频

1. 配置工程

在使用共振音频之前，需要对 Unity 进行配置，让 Unity 使用共振音频引擎而不是自带声音引擎来处理音频。在菜单中依次选择 Edit➤Project Settings➤Audio，打开 AudioManager 面板。在 Spatializer Plugin 中选择 Resonance Audio，在 Ambisonic Decoder Plugin 中亦选择 Resonance Audio，如图 11-14 所示。

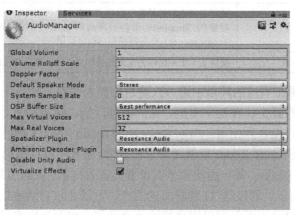

▲图 11-14　配置应用音频引擎

2. 添加 Audio Listener

为了使用音频，场景中需要挂载一个 Audio Listener，通常把它挂载在 Camera 下。这里我们将其挂载在 AR Camera 下。对这个组件没有特殊的要求，可以直接使用 Unity 内置的 Audio Listener 组件，也可以使用共振音频中的 ResonanceAudioListener 组件（提供更精细的控制特性），如图 11-15 所示。我们这里直接使用内置的 Audio Listener 组件。

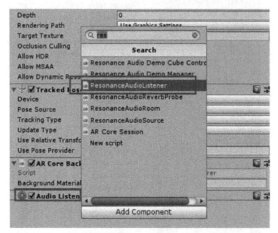

▲图 11-15　可以直接添加 ResonanceAudioListener 组件，
也可以添加 Unity 内置 Audio Listener 组件

3. 添加 Resonance Audio Room

修改预制体。在 Hierarchy 窗口中新建一个空对象，命名为 Fox，将 Fox➤Prefab 文件夹中的 Fox 预制体拖到新建的 Fox 对象下，并将 Fox 预制体在 x 轴上旋转-90 度（这么做是调整原 Fox 预制体狐狸姿态不对的问题），然后将 Prefabs 文件夹下的 ResonanceAudioRoom 预制体拖到 Hierarchy 窗口中的 Fox 对象下，并对 Resonance Audio Room（script）项下参数进行调整,如图 11-16 所示。完成后将 Fox 对象拖动到 Project 窗口中 Prefab 文件夹下保存成新的 Fox 预制体,最后删除 Hierarchy 窗口中的 Fox 对象。

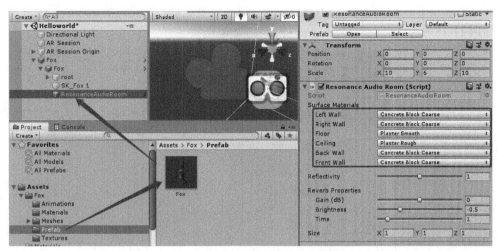

▲图 11-16　在 Fox 上添加 ResonanceAudioRoom

4. 添加 Resonance Audio Source

我们还需要挂载一个 Audio Source,这样才能将音频绑定到 Fox 对象上模拟声音从 Fox 发出的效果。选中 Hierarchy 窗口中的 Fox,可以直接使用 Unity 的内置 Audio Source 组件,也可以使用共振音频中的 Resonance Audio Source 组件(能提供更精细的控制特性),我们这里直接使用内置的 Audio Source 组件,并为 AudioClip 选择一个音频,如图 11-17 所示。

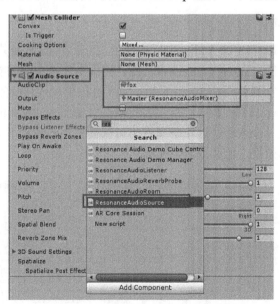

▲图 11-17　调整 Audio Source 相应参数

除此之外,我们还需要对其他属性进行简单设置,保持选中 Hierarchy 窗口中的 Fox 对象,在 Inspector 窗口中按以下步骤操作。

(1)在 Project 窗口,将 ResonanceAudio➤Resources 中 Master(Resonance AudioMixer)混音器赋给 Audio Source 组件的 Output 属性。

（2）将 Spatial Blend 滑到 3D 状态。

（3）展开 3D Sound Settings，勾选 Spatialize 复选框和 Spatialize Post Effect 复选框。

（4）如果需要，可以勾选 Play On Awake 和 Loop 复选框，以便在场景加载后循环播放音频，如图 11-18 所示。

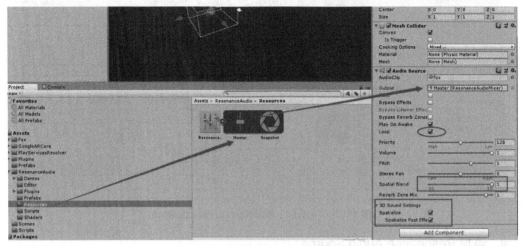

▲图 11-18　设置 Audio Source 其他参数

编译运行 AR 应用，使用耳机（注意耳机上的左右耳塞勿戴反，一般会标有 L 和 R 字样）或者双通道音响体验 3D 音效，在检测到的平面放置 FOX 对象后，移动手机或者旋转手机朝向，体验在 AR 中声源定位的效果。

11.1.13　Room effects

上节我们已经利用 Resonance Audio SDK 实现了 3D 音效，这只是共振音频最简单的应用。共振音频提供了远比示例中高级的功能技术特性，特别是模拟房间的参数，可以模拟很多生活中的真实环境特性。本节主要对 Room 参数、API 进行更深入详细的探究。

Resonance Audio Room 属性面板中主要包括 Surface Materials、Reflectivity、Reverb Properties、Size 4 大主要功能属性。合理利用这 4 个属性，可以模拟不同环境下的声源音效表现，营造出非常逼真的虚拟声场效果，如图 11-19 所示。

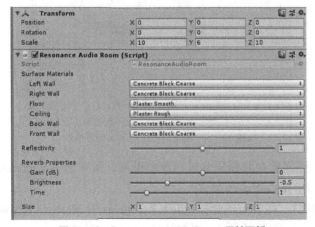

▲图 11-19　Resonance Audio Room 属性面板

该面板的详细信息如下。

1. Surface Materials

利用该属性可以对 Room 6 个声学表面赋予不同的声学材质，共振音频共提供了 23 种不同的材质，可以直接选择需要的声学材质。每一种声学材质定义了在不同的频率下声波吸收或反射率等声学特性，例如，Heavy Curtain（厚窗帘）吸收高频部分，因此可以模拟一个更干燥、温暖的房间的声音特性；Polished Concrete（抛光混凝土）在所有频率上都会反射更多的声音能量，从而产生更明亮和更有回声的房间特性。

2. Reflectivity

这个参数用来对 Resonance Audio Room 中声源的早期反射强度进行调节，这样用户就能对他们周围房间的大小和形状有一个大致的印象。例如，减少这个参数的值用来模拟受限小空间的声音，增加这个值用来模拟空旷空间的声音。

3. Reverb Properties

这些参数影响 Resonance Audio Room 的后期混响，它主要包括以下 3 个参数。

❑ Gain(dB)

这个参数用来调整房间的混响增益，这个混响增益不是直接来自声源的声波。可以用这个参数来调整混合声音的"厚重"或"单薄"的特点。例如，如果想让房间混响变弱，可以通过调整 Gain(dB) 使声音听起来更"单薄"。

❑ Brightness

混响亮度（Brightness）用来调节混响中低频或高频的数量。Resonance Audio Room 可以提供不同频率的不同混响衰减率，Room 的墙面材质对不同的频率的音频吸收和反射率是不一样的，就像在真实房间中一样。可以使用这个参数来调整房间声音的充盈程度。例如，降低混响亮度会给人一个房间更饱满的印象，并模拟一个包含许多物品或人的房间声音效果。

❑ Time

混响时间（Time）用来调节混响的时间长度，即混响的衰减时间。该值是根据 Resonance Audio Room 指定的表面材质和房间尺寸计算的混响时间的乘数，可以使用这个参数来对模拟房间的大小进行声学调整。

4. Size

使用 X、Y 和 Z 参数设置 Resonance Audio Room 的尺寸（以米为单位）。房间尺寸影响房间声音效果，这个尺寸同时也设置了声音的边界，当用户进入声场范围内时触发房间声音效果，或者平稳地从一个 Resonance Audio Room 切换到另一个中。

11.1.14　Resonance Audio API

Resonance Audio SDK 提供了丰富的音效 API，其主要 API 类如表 11-3 所示。

表 11-3　　　　　　　　　　　共振音频主要 API 类

类名	描述
ResonanceAudio	这是共振音频的主要类，它负责共振音频与操作系统及硬件的交互
ResonanceAudioAcousticMesh	这个类用来处理 Mesh，保存 mesh filter 或者 terrain 的网格信息，以及分配给三角形的表面材质
ResonanceAudioListener	对 Unity AudioListener 的增强，提供更多高级的 3D 声场的调节参数

续表

类名	描述
ResonanceAudioMaterialMapper	可编程对象，负责处理 GUID 到表面材质的映射（这些材质定义了表面的声学特性）
ResonanceAudioReverbProbe	混响探针，作为声音的采样点，这个采样点会向其周围的环境发射射线，以此来感知周围环境的声学特性并利用这些信息来计算混响音效。
ResonanceAudioRoom	模拟房间，利用这个模拟房间来模拟真实的音效环境
ResonanceAudioRoomManager	模拟房间的管理类，可管理模拟房间的 3D 声场
SurfaceMaterialDictionary	一个可序列化的字典类，它负责从表面材质到 GUID 的映射
ResonanceAudioSource	对 Unity AudioSource 的增强，提供更多高级的 3D 声场的调节参数

此外，共振音频还提供了对声音的混响烘焙（Reverb Baking）。与对光照进行烘焙一样，通过设置探针（Probe），它可以将声音特性直接烘焙到环境中，省去实时的音频处理，降低处理器的压力，这对节省移动设备的有限资源来说是非常有利的。

11.2 3D 视频

在 AR 中播放视频也是一种常见的需求，如在一个展厅中放置的虚拟电视上播放宣传视频，或者在游戏中为营造氛围而设置的虚拟电视播放视频。本节我们将学习如何在 AR 场景中播放视频。

11.2.1 Video Player 组件

Video Player 是 Unity 一个跨平台播放视频的组件，这个组件在播放视频时会调用系统本地的视频解码器，即其本身并不负责视频的解码，因此开发人员需要确保在特定平台上的视频编码格式能被支持。Video Player 不仅能播放本地视频，也能够通过 HTTP/HTTPS 播放远端服务器视频，而且支持将视频播放到摄像头平面（Camera Plane，包括近平面和远平面）作为渲染纹理（Render Texture）、材质的纹理、其他组件的 Texture 属性纹理。因此，可以方便地将视频播放到摄像头平面、3D 物体、UI 界面上，功能非常强大。Video Player 组件界面如图 11-20 所示。

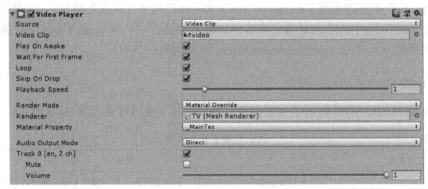

▲图 11-20 Video Player 组件

Video Player 组件主要属性意义如表 11-4 所示。

表 11-4　　　　　　　　　　　　Video Player 组件主要属性意义

属性	描述
Source	视频源，其下拉菜单包括两个选项：Video Clip 与 URL。选择 Video Clip 时，可以将项目内的视频直接赋给 Video Clip 属性。当选择 URL 时，可以使用视频的路径定位视频（如使用 http://或者 file:/），我们既可以在编译前为其设置固定的地址信息，也可以在运行时通过脚本代码实时修改这个路径达到动态控制视频加载的目的
Play On Awake	是否在场景加载后就播放视频。如果不勾选该项，应当在运行时通过脚本控制播放视频
Wait For First Frame	该选项主要用来同步视频播放与场景进度，特别是在游戏场景中。如果勾选，Unity 则会在游戏开始前等待视频源加载显示，如果取消勾选，则可能会丢弃前几帧以使视频播放与游戏的其余部分保持同步。在 AR 中建议不勾选，不勾选时视频会跳帧
Loop	循环播放
Skip On Drop	是否允许跳帧以保持与场景同步，建议勾选
Playback Speed	视频播放速度倍率，如设置为 2，视频则以 2 倍速播放，范围为[0，10]
Render Mode	定义视频的渲染方式。其下拉菜单中包括 5 个选项：Camera Far Plane、Camera Near Plane、Render Texture、Material Override、API Only。各渲染方式功能如下。 （1）Camera Far Plane：将视频渲染到摄像机的远平面，其 Alpha 值可设置视频的透明度。 （2）Camera Near Plane：将视频渲染到摄像机的近平面，其 Alpha 值可设置视频的透明度。 （3）Render Texture：将视频渲染为 Render Texture，通过设置 Target Texture 定义 Render Texture 组件渲染到其图像的 Render Texture。 （4）Material Override：将视频渲染到物体材质上。 （5）API Only：仅能通过脚本代码将视频渲染到 VideoPlayer.texture 属性中
Audio Output Mode	定义音轨输出，其下拉菜单包括 4 个选项：None、Audio Source、Direct、API only。选择 None 时不播放音轨；选择 Audio Source 时可以自定义音频输出；选择 Direct 时，会直接将视频中的音轨输出；选择 API only 时，只能使用脚本代码控制音轨的设置
Mute	是否禁音
Volume	音频音量

除此之外，Video Player 组件还有很多供脚本调用的属性、方法及事件，常用的主要方法事件如表 11-5 所示，读者在使用时可以查阅相关文档。

表 11-5　　　　　　　　　　　　Video Player 组件方法事件

名称	类型	描述
EnableAudioTrack	方法	启用或禁用音轨，需要在视频播放前设置
Play	方法	播放视频
Pause	方法	暂停视频播放
Stop	方法	停止视频播放，与暂停视频相比，停止视频播放后，再次播放视频会从头开始
isPlaying	属性	视频是否正在播放
isLooping	属性	视频是否是循环播放
isPrepared	属性	视频是否已准备好（如加载是否完成可供播放）
errorReceived	事件	发生错误时回调
frameDropped	事件	丢帧时回调
frameReady	事件	新帧准备好时回调，这个回调会非常频繁，需要谨慎使用
loopPointReached	事件	视频播放结束时回调
prepareCompleted	事件	视频资源准备好时回调
started	事件	视频开始播放后回调

> **注意**：Sourcek 属性，广域网中使用 http://定位视频源在某些情况下可能无法获取到视频文件，这时应该使用 https://定位。HTTPS 是一种通过计算机网络进行安全通信的传输协议，经由 HTTP 进行通信，利用 SSL/TLS 建立安全信道，加密数据包，在某些平台必须使用该协议才能获取到视频源。

Video Player 还有很多其他方法、属性、事件，利用这些方法属性可以开发出功能强大的视频播放器。如前所述，Video Player 会调用运行时本地系统中的原生解码器，因此为确保在特定平台视频播放正常，需要提前了解运行系统的解码能力。通常，不同的操作系统对视频的原生解码支持并不相同，为当前主要平台对视频格式的原生解码支持列表如表 11-6 所示。

表 11-6　　　　　　　　　　主要平台对视频格式的原生解码支持列表

平台	视频格式的原生解码
Windows	.asf、.avi、.dv、.mv4、.mov、.mp4、.mpg、.mpeg、.ogv、.vp8、.webm、.wmv
macOS	.dv、.m4v、.mov、.mp4、.mpg、.mpeg、.ogv、.vp8、.webm、.wmv
Linux	.ogv、.vp8、.webm
Android	.3gp、.mp4、.webm、.ts、.mkv
iOS	.m4v、.mp4、.mov

表 11-6 所列原生视频格式并不一定全面完整，在具体平台上使用 VideoPlayer 时应当详细了解该平台所支持的原生视频解码格式，防止出现无法播放的情形。

> **注意**：特别需要提醒的是：即使视频后缀格式相同也不能确保一定能解码，因为同一种格式会有若干种编码方式，具体使用过程中需要查询特定平台的解码格式。

11.2.2　3D 视频播放实现

因为 AR 中场景是特殊的真实环境，以虚拟物体作为视频播放承载物是最好的选择。使用 UI 及摄像机平面播放模式不太适合 AR 应用，视频渲染模式使用 Material Override 非常有利于在模型特定区域播放视频。因此我们首先制作一个预制体，在模型的特定区域采用 Material Override 模式播放视频。

新建一个工程，并在 Hierarchy 窗口中新建一个空对象，命名为 TVs，将电视机模型文件拖放到该空对象下作为其子对象并调整好大小尺寸；然后新建一个 Quad，用这个 Quad 作为视频播放的载体，调整该 Quad 到电视机屏幕位置，处理好尺寸与位置关系。因为我们采用 Material Override 模式，所以需要新建一个材质，命名为 videos，该材质直接选用 Standard 着色器，但不赋任何纹理及参数（因为后文我们将使用视频帧作为纹理渲染到材质上），并将该材质赋给 Quad 对象。最后一步，为 Quad 对象挂载 Video Player 组件，并设置好视频源等属性，如图 11-21 所示。

将 TVs 制作成 Prefab，同时删除 Hierarchy 场景中的 TVs 对象。为将虚拟电视机放置到真实环境中，我们采取与以往一样的射线检测放置方式。新建一个 C#脚本，命名为 AppController，编写如代码清单 11-1 所示代码。

11.2　3D 视频

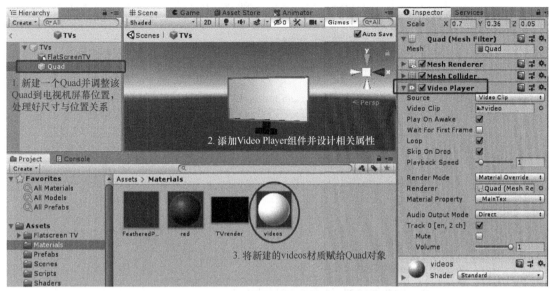

▲图 11-21　实现 3D 视频播放的步骤

代码清单 11-1

```
1.   using System.Collections.Generic;
2.   using UnityEngine;
3.   using UnityEngine.XR.ARFoundation;
4.   using UnityEngine.XR.ARSubsystems;
5.   using UnityEngine.UI;
6.
7.   [RequireComponent(typeof(ARRaycastManager))]
8.   public class AppController : MonoBehaviour
9.   {
10.      public  GameObject spawnPrefab;
11.      public int MaxTVnumber = 1;
12.      public Button BtnPlay;
13.      public Button BtnPause;
14.      public Button BtnStop;
15.
16.      static List<ARRaycastHit> Hits;
17.      private ARRaycastManager mRaycastManager;
18.      private GameObject spawnedObject = null;
19.      private ARPlaneManager mARPlaneManager;
20.      private int mCurrentTVnumber = 0;
21.      private UnityEngine.Video.VideoPlayer mVideoPlayer ;
22.
23.      private void Start()
24.      {
25.          Hits = new List<ARRaycastHit>();
26.          mRaycastManager = GetComponent<ARRaycastManager>();
27.          mARPlaneManager = GetComponent<ARPlaneManager>();
28.          BtnPlay.transform.GetComponent<Button>().onClick.AddListener(()=>
                 mVideoPlayer.Play());
29.          BtnPause.transform.GetComponent<Button>().onClick.AddListener(() =>
                 mVideoPlayer.Pause());
30.          BtnStop.transform.GetComponent<Button>().onClick.AddListener(() =>
                 mVideoPlayer.Stop());
31.      }
32.
33.      void Update()
34.      {
35.          if (Input.touchCount == 0)
36.              return;
37.          var touch = Input.GetTouch(0);
```

```csharp
38.         if (mRaycastManager.Raycast(touch.position, Hits, TrackableType.PlaneWithi
                nPolygon | TrackableType.PlaneWithinBounds) )
39.         {
40.             var hitPose = Hits[0].pose;
41.             if (spawnedObject == null && mCurrentTVnumber < MaxTVnumber)
42.             {
43.                 spawnedObject = Instantiate(spawnPrefab, hitPose.position, hitPose.
                    rotation);
44.                 mVideoPlayer = spawnedObject.gameObject.transform.Find("Quad").
                    gameObject.GetComponent<UnityEngine.Video.VideoPlayer>();
45.                 TrunOffPlaneDetect();
46.                 mCurrentTVnumber++;
47.             }
48.             else
49.             {
50.                 spawnedObject.transform.position = hitPose.position;
51.             }
52.         }
53.     }
54.
55.     void TrunOffPlaneDetect()
56.     {
57.         mARPlaneManager.enabled = false;
58.         foreach (var plane in mARPlaneManager.trackables)
59.             plane.gameObject.SetActive(false);
60.     }
61. }
```

在上述代码中，我们首先定义了 3 个按钮（分别用于控制视频播放、暂停、停止）及最大可放置虚拟电视机的数量（视频解码也是一项计算密集型任务，过多的虚拟电视播放视频会严重影响应用程序性能），然后使用射线检测的方式放置虚拟电视模型，并在放置模型后停止平面检测和已检测到平面的显示。

将 AppController 脚本挂载到 Hierarchy 场景中的 AR Session Origin 对象上，然后在场景中新建 3 个 UI 按钮，并设置好脚本的相应属性（为之前制作的 TVs 预制体设置 Spawn Prefab 属性，为 3 个按钮设置对应的按钮属性），如图 11-22 所示。

▲图 11-22 设置 AppController 脚本属性

编译运行，在检测到平面后单击加载虚拟电视机，这时电视机上会播放设定的视频，可以通过按钮控制视频的播放、暂停与停止，效果如图 11-23 所示。

在播放视频时，如果不勾选禁音，音频是可以同步播放的，但播放的音频并不具备空间定位能力，即声音不会呈现空间特性。在 AR 中实现 3D 音频功能需要与前文所述的空间音频组件配合使用。

▲图 11-23　3D 视频播放效果图

第 12 章　设计原则

AR 是一种全新的应用形式，不同于以往任何一种通过矩形框（电视机、智能手机、屏幕）来获取的视觉内容，AR 是一个完全没有形状束缚的媒介，环境显示区域完全由用户自行控制。这是一种新奇的体验方式，也给传统的操作习惯带来了极大的挑战。

12.1　移动 AR 带来的挑战

由于专用 AR 眼镜设备的技术还不够成熟并且其价格过于高昂，基于手机和平板电脑的 AR 技术仍是目前的主流，也是最有希望率先普及的技术。得益于 Apple ARKit、Google ARCore、华为 AREngine 等框架，开发 AR 应用的技术门槛也越来越低，这对 AR 应用的普及无疑是非常重要的，但我们也要看到 AR 应用在带来更强烈视觉刺激的同时，对普通用户更改长久以来形成的移动设备操作习惯也形成一种挑战。因为 AR 应用与普通应用无论在操作方式、视觉体验还是功能特性方面都有很大的区别，目前用户形成的某些移动设备操作习惯无法适用于 AR 应用。另外还需要扩展很多特有的操作方式，比如用户在空间手部动作的识别、隔空对虚拟对象的操作等，这些都是传统移动设备操作中没有的。并且更关键的是目前智能设备操作系统并不是为 AR 应用开发的，因此从底层架构上就没有彻底支持 AR，这对开发人员来说是一个比较大的挑战。所以，在设计 AR 应用时就应当充分考虑这方面的需求，用一种合适的方式引导用户采用全新操作手段去探索 AR 世界，而不应在这方面让用户感到困惑。不仅如此，这些挑战还包括以下几个方面。

12.1.1　用户必须移动

由于 AR 应用的特殊性，用户要么站起来移动、要么举着手机来回扫描以更好地体验 AR，这是与移动设备的传统操作习惯最大的不同。在 AR 之前，从来不会有应用要求用户站起来操作，这种操作在带给用户新奇的同时也会减少用户操作使用时间，也由于其他原因，几乎没有人愿意为了玩某个 AR 应用而站半天。或许在使用初期大家还能忍受为体验这种新奇而带来的身体不适，但作为一个 AR 应用而言，很难要求用户在长期使用与长期移动中取得平衡，而这在使用手机作为 AR 应用硬件载体时表现得尤为突出。

因此，就目前而言，这也是应用开发者在开发 AR 应用时首先要考虑的事，如果开发的应用持续时间较长那就应该采取合适的方法来降低因为要求用户移动而带来的用户流失的风险。

12.1.2 要求手持设备

就目前 AR 主要基于手机和平板电脑等设备而言，运行 AR 应用后要求用户一直手持设备而不能将设备放置在一边，如图 12-1 所示，这也是对长时间持续使用 AR 应用的一个考验。用户至少需要使用一只手来握住手机或平板电脑以便使用 AR，这是对用户行动的一种束缚。这意味着很多看起来很美好的东西其实并不适合做成 AR。

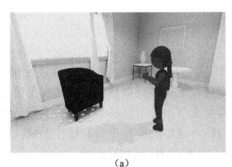

(a) (b)

▲图 12-1 用户操作 AR 应用示意图

要求手持设备带来的另一个问题是会加速用户产生疲劳感。在用手机等移动设备看电影时，我们通常都会找一个支架或者将移动设备放置在一个让自己感觉很舒适的地方，而这对 AR 应用并不适用，AR 应用启动后，如果将移动设备长期放置在一个地方，那么 AR 的所有优势将全部转化为劣势。

另一方面，要求用户手持设备（除非借助于专门的支架设备）至少会占用用户的一只手，导致用户在进行其他操作时的便捷度大大降低。例如，修理师傅在使用一个演示用发动机构造的 AR 应用修理发动机时，由于要用一只手一直握持设备，从而导致其修理的灵活性与效率下降。

12.1.3 要求必须将手机放在脸前

移动手机上的 AR 应用终归还是手机应用，需要将手机放在脸前。如果是短时的体验，这并没有不妥，但从长时间使用的角度来看，将手机时刻保持在脸前可能会让人感到厌烦，特别是如果用户还处在移动中，如在街上行走。

其他非 AR 应用也要求用户将手机放在脸前，但是非 AR 应用不要求用户必须移动或者手持。考虑这个因素，如移动实景导航类应用就需要格外关注将手机时刻保持在脸前不仅会导致用户疲劳，还会增加现实环境中的威胁的风险。同时将手机放在用户脸前也意味着用户使用 AR 的视场角（FieldOfView，FOV）非常有限，这会降低 AR 的整体沉浸感。

12.1.4 操作手势

AR 应用中，用户往往不再满足于在屏幕上的手势操作而希望采用空间上的手势操作。同时，屏幕上的手势操作会降低用户的沉浸感，不过就目前来说，移动端还没有非常成熟的空间手势操作解决方案。幸运的是，机器学习可能是一个"足够好"的解决方案，一系列的人工智能模型，包括手势识别、运动检测，可以作为环境相关的模型输入，以确定用户空间手势，并将手势翻译成机器动作。

> **提示**
>
> 屏幕手势操作就是目前常用的在手机屏幕上单击、滑动、双击等操作方式，这是用户已经习惯的操作方式，也是非常成熟的手势操作识别解决方案。空间手势操作是指用户在空中而非在手机屏幕上的操作，也叫虚拟 3D 手势操作。当用户手部在摄像头前时，算法可以捕获并识别用户手掌和手指的变化，并且通过采用图形分析算法，过滤掉除手掌和手指外的其它轮廓，然后将此转换为手势识别模型，并进一步将其转换成操作指令。

12.1.5　用户必须打开 App

所有移动 App 应用都面临这个问题——如果不打开相应的 App，就不能进行相应操作，但对 AR 应用来说，这个问题变得更加严重。对用户而言，最自然的方式是在需要的时候弹出、显示、提示相应的信息，而用户不用去管其他细节，使用以移动手机为主的 AR 应用显然还做不到，但这个问题归根结底还是没有专门针对 AR 的硬件平台和操作系统，现行的操作系统都是从 PC 时代改造过来的，已经不能适应 AR、MR 的发展需求。

必须打开 App 与人的本性形成了相对的冲突，人在做某件事的时候通常都是功利性的，那就是这件事要能让自己受益，在使用手机的普通 App 应用时，弹出的提示、新闻的阅读通过轻轻一点就能返回用户满意的结果，AR 则不然。如果使用 AR 像使用摄像头拍照那样，需要用户启动一个 App 但不是总能使用户满意的话，那启动关闭 AR 应用将是致命的，因为对于基于手机的 AR，让用户决定将放在口袋里的手机取出并使用 AR 应用，这本身就是一个挑战，而且目前来看，AR 还不是一种必需品。

12.2　移动 AR 设计准则

在上节中，我们学习了当前移动 AR 应用在使用上对用户操作习惯形成的巨大挑战。对用户而言，如果一个应用不是必不可少却要求用户进行额外的操作或者让用户感到不适，那用户很可能就会放弃该应用而选择替代方案。所以在设计 AR 应用时有些准则需要遵循以使我们开发的应用更有生命力。

12.2.1　有用或有趣

正如上面所述，说服一个人取出手机并启用 AR 应用本身就是非常大的挑战。要触发此类行为，则该应用必须具备有用或有趣的内容来吸引用户。将一个 3D 模型放在 AR 平面上的确很酷，但这并不能每次都能触发用户启用 AR 应用，所以从长远来看，用户真正愿意用的 AR 必须要有用或者有趣，如在教学中引入 AR 能强化学生对抽象知识的直观体验，能加深学生对事物的理解；或者如 Pokémon Go 能做得非常有趣让人眼前一亮。

所以 AR 开发的创意是击败上述 AR 对用户操作带来挑战的有效手段，一个好的 AR 应用或许真的可以让用户站半天。因此，对 AR 开发设计人员来说，这是首先要遵循的准则，否则可能会导致花费很长时间做出来的 AR 应用无人问津。

12.2.2　虚拟和真实的混合必须有意义

AR 字面意思也是增强现实，但只有将虚拟元素与真实环境融合时，增强现实才有意义，并且这种混合场景在单独的现实场景或单独的虚拟场景中都不能全部体现，也就是将虚拟对象附加到现实场景上后应具有附加价值。如果附加的虚拟对象对整体来说没有附加价值，那么这个附加就是失败的。比如说将一个虚拟电视挂在墙上，透过智能手机的屏幕看播放的电影绝对没有附加价值，因为通过这种方式看电影不仅没有增加任何电影的观看体验而且还会因为手机视场过小而感觉很不舒服，还不如直接看电视或者在手机上播放 2D 电影。

但如果开发一个食品检测 AR，能够标注一款食品的能量值或者各成分含量，在扫描到一个面包后就能在屏幕上显示出对应的能量值，这个符合我们刚才所说的有意义的准则，因为无论是在现实场景还是虚拟场景都不能提供一眼就可以看到的能量值。

12.2.3 移动限制

移动 AR 通过设备摄像头将采集的现实物理环境与生成的虚拟对象进行合理组合以提供沉浸式交互体验。如前所述，移动 AR 要求用户至少一只手一直握持设备，因此设计 AR 应用时对用户移动和设备移动要有良好的把握，尽量不要让用户全时移动且应减少大量不必要的设备移动操作。

在交互方面，目前用户习惯的是屏幕操作，这就要求在做 AR 开发设计时，要对现实与虚拟对象的交互有很好的把握。交互设计要可视化、直观化、便于一只手操作甚至不用手去实现。移动 AR 设备是用户进行 AR 体验的窗口，还必须要充分考虑到用户使用移动 AR 的愉悦性，设计的 AR 应用要能适应不同的屏幕大小和方向。

12.2.4 心理预期与维度转换

自大屏幕移动手机被广泛使用以来，用户已形成特定的使用习惯及使用预期。操作 2D 应用时，其良好的交互模式可以带来非常好的应用体验。但 AR 应用与传统应用在操作方式上有非常大的差异，因此在设计时需要引导用户去探索新的操作模式，鼓励用户在物理空间中移动，并对这种移动给予适当的奖励回报，让用户获得更深入、更丰富的体验。

这种操作习惯的转换固然是很难的，但对开发而言，其有利的一点是现实世界本身就是三维的，以三维的方式观察物体这种交互方式也更加自然，良好的引导可以让用户学习和适应这种操作方式。在图 12-2 中，当虚拟的鸟飞离手机屏幕时，如果能提供一个箭头指向，就可以引导用户通过移动手机设备来继续追踪这只飞鸟的位置，这无疑会提高用户体验。

▲图 12-2　为虚拟对象提供适当的视觉指引

12.2.5 环境影响

AR 是建立在现实环境基础上的，如果虚拟的对象不考虑现实环境，那将直接降低用户的使用体验。每一个 AR 应用都需要拥有一个相应的物理空间与运动范围，过于狭小紧凑的设计往往会让人感到不适。AR 有检测不同平面大小和不同平面高度的能力，这非常符合三维的现实世界，也为应用开发人员准确缩放虚拟对象提供了机会。

一些 AR 应用对环境敏感，另一些则不是，如果对环境敏感的应用没有充分考虑环境的影响，那可能导致应用开发失败。如图 12-3 所示，虚拟对象穿透墙壁会带来非常不真实的感觉，在应用开发时，应尽量避免此类问题。

▲图 12-3　虚拟对象穿透墙壁会带来非常不真实的感觉

12.2.6　视觉效果

AR 应用结合了现实物体与虚拟对象，如果虚拟对象呈现的视觉效果不能很好地与现实统一，那就会极大地影响综合效果。比如一只虚拟的宠物小狗放置在草地上，小狗的影子与真实物体的影子相反，这将会营造非常怪异的景象。

先进的屏幕显示技术及虚拟照明技术的发展有助于解决一些问题，可以使虚拟对象看起来更加真实，同时 3D 的 UI 设计也能加强 AR 的应用体验。3D UI 的操作，如状态选择与功能选择对用户的交互体验也非常重要，良好的 UI 设计可以有效地帮助用户对虚拟物体进行操作，如在扫描平面时，可视化的效果能让用户实时地了解到平面检测的进展情况并了解哪些地方可以放置虚拟对象。

AR 应用需要综合考虑光照、阴影、实物遮挡等因素，动画、光线等视觉效果的完善对用户的整体体验非常重要。

12.2.7　UI 设计

UI 可以分为两类：一类是固定在用户设备平面的 UI，这类 UI 不随应用内容的变化而改变；另一类是与对象相关的标签 UI，这类 UI 有自己的三维空间坐标。我们这里主要指第一类 UI，这类 UI 是用户与虚拟世界交互的主要窗口，也是目前用户非常适应的一种方式。但要非常小心，AR 应用的 UI 设计需要尽量少而精。由于 AR 应用的特殊性，面积大的 UI 应尽量采用半透明的方式，如一个弹出的物品选择界面，半透明效果可以让用户透过 UI 看到真实的场景，营造一体化沉浸体验，而不应让人感觉 UI 与 AR 分离。同时，UI 元素过多过密会打破用户的沉浸体验，导致非常糟糕的后果，如图 12-4 所示。

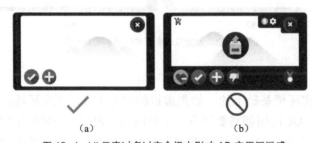

▲图 12-4　UI 元素过多过密会极大影响 AR 应用沉浸感

12.2.8 沉浸式交互

在 AR 应用中，所谓沉浸式就是让用户相信虚拟的对象就是存在于现实环境中的对象而不仅仅是一个图标。这是 AR 应用与 VR 应用在沉浸式方面很大的不同，VR 天生就是沉浸式的，AR 由于现实世界的参与让沉浸变得困难。

由于上述原因，移动 AR 在设计交互时，包括对象交互、浏览、信息显示、视觉引导方面都与传统的应用设计有很大的不同。如在信息显示时根据对象的远近来决定显示信息的多少，这就会让用户感到很符合实际；通过考虑将虚拟对象放置在固定位置或动态缩放，可以优化可读性、可用性和用户体验；由于真实世界的三维特性，对虚拟物体的直接操作比对图片操作更符合 AR 应用的模式，如图 12-5 所示。

(a)　　　　　　　　(b)

▲图 12-5　对虚拟物体的直接操作比对图片操作更符合 AR 应用的模式

12.3　移动 AR 设计指南

在 AR 应用开发中遵循一些设计原则，可以应对移动 AR 带来的挑战，并能为用户操作提供方便和提升应用的体验效果。总地来讲，移动 AR 应用设计原则如表 12-1 所示。

表 12-1　移动 AR 应用设计原则

体验要素	设计原则
操作引导	循序渐进地引导用户进行互动
	图文、动画、音频结合引导，能让用户更快上手操作，可通过音频、震动烘托气氛，增强代入感
	告知用户手机应有的朝向和移动方式，引导图表意清楚，明白易懂
模型加载	避免加载时间过长，减少用户对加载时长的感知
	大模型加载提供加载进度图示，减少用户焦虑
交互	增加趣味性、实用性，提高用户互动参与度
	避免强制性地在用户环境中添加 AR 信息
	综合使用音频、震动可以提升沉浸感
	操作手势应简单统一，符合用户使用习惯
状态反馈	及时对用户的操作给予反馈，减少无关的杂乱信息干扰
模型真实感	充分运用光照、阴影、PBR 渲染、环境光反射、景深、屏幕噪声等技术手段提高模型真实质感，提高模型与环境的融合度
异常引导	在运行中出现错误时，通过视觉、文字等信息告知用户，并允许用户在合适的时机重置应用

12.3.1 环境

VR 中的环境是由开发人员定义的,开发人员能完全控制使用者所能体验到的各类环境,这也为用户体验的一致性打下了良好的基础,但 AR 应用使用的环境却千差万别,这是一个很大的挑战。AR 应用必须要足够"聪明"才能适应不同的环境,不仅如此,更重要的是 AR 应用的开发人员需要比其它应用的开发人员更多地考虑这种差异,并且还需要形成一套适应这种差异的设计开发方法。

1. 真实环境

AR 设计者要想办法让用户了解到使用该应用时的理想条件,还要充分考虑用户的使用环境,比如从一个桌面到一个房间再到开阔的空间,用合适的方式让用户了解使用该 AR 应用可能需要的空间大小,如图 12-6 所示。尽量预测用户使用 AR 应用时可能带来的一些挑战,包括需要移动身体或者移动手机等。

(a)　　　　　　　　(b)　　　　　　　　(c)

▲图 12-6　预估 AR 应用可能需要的空间

特别要关注在公共场所使用 AR 应用而带来的更多的挑战,包括大场景中的跟踪和景深遮挡的问题,还包括在用户使用 AR 应用时带来的潜在人身安全问题或者由于用户使用 AR 而出现一些影响到他人正常活动的问题。

2. 增强环境

增强环境由真实的环境与叠加在其上的虚拟内容组成,AR 应用能根据用户的移动来计算用户的相对位置,还会检测和捕获摄像头中图像的特征点信息并以此来计算其位置变化,再结合 IMU 惯性测量结果估测用户设备随时间推移而相对于周围环境的姿态。通过将渲染 3D 内容的虚拟摄像头姿态与 AR 提供的设备摄像头的姿态对齐,用户就能够从正确的透视角度看到虚拟内容。渲染的虚拟图像可以叠加到从设备摄像头获取的图像上,让虚拟内容看起来就像现实世界的一部分。

从前文章节我们知道,AR Foundation 可以持续改进其对现实环境的理解,它可以对水平、垂直、有角度的表面特征点进行归类和识别,并将这些特征点转换成平面供应用程序使用,如图 12-7 所示。

(a)　　　　　　　　　(b)

▲图 12-7　AR Foundation 检测环境并进行平面识别示意图

目前影响准确识别平面的因素如下。
(1) 无纹理的平面，如白色办公桌、白墙。
(2) 低亮度环境。
(3) 极其明亮的环境。
(4) 透明反光表面，如玻璃。
(5) 动态的或移动的表面，如草叶或水中的涟漪。

当用户在使用 AR 时遇到上述环境限制时，需要设计友好的提醒以便用户改变环境或者操作方式。

12.3.2 用户细节

在长时间的使用中，用户已经习惯了当前的移动设备 2D 交互方式，往往都倾向于保持静止，但 AR 应用是一种全新的应用形式。在 AR 应用中，保持静止就不能很好地发挥 AR 的优势，因此，在设计时应当关注此种差异并遵循适当的设计原则，引导用户熟悉新的交互操作形式。

1. 用户运动

由于 AR 应用具有要求用户移动进行操作的特殊性，与传统的设备操作习惯形成相对冲突，这时开发人员就应该通过合适的设计引导用户体验并熟悉这种新的操作模式，例如将虚拟对象放置在别的物体后面或者略微偏离视线中央可触发用户进一步探索的欲望，如图 12-8 所示。另外，通过合适的图标来提示用户进行移动以便完成后续操作也是不错的选择。

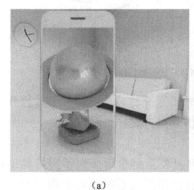 

(a)   (b)

▲图 12-8 虚拟对象隐藏在别的物体后面或适当地偏离用户视线可触发用户进行探索的欲望

根据用户的环境和舒适度，用户手持设备运动可以分为 4 个阶段，如图 12-9 所示，这 4 个阶段如下。
(1) 坐着，双手固定。
(2) 坐着，双手移动。
(3) 站着，双手固定。
(4) 全方位的动作。

从（1）到（4），对运动的要求越来越高，从部分肢体运动到全身运动，幅度也越来越大。对开发设计者而言，不管是要求用户的运动处于哪个阶段，都需要把握和处理好以下几个问题。
(1) 设计舒适，确保不会让用户处于不舒服的状态或位置，避免产生大幅度或突然的动作。
(2) 当需要用户从一个动作转换到另一个动作时，提供明确的方向或指引。

(3) 让用户了解触发体验所需要的特定动作。
(4) 对移动范围给予明确的指示，引导用户对位置、姿态或手势进行必要的调整。
(5) 降低不必要的运动要求，并循序渐进地引导用户进行动作。

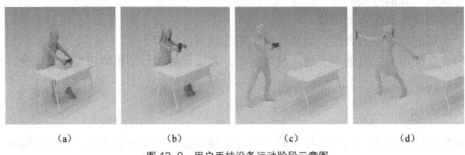

▲图 12-9 用户手持设备运动阶段示意图

在某些情况下，用户可能无法四处移动，此时设计者应提供其他备选方案。如可以提示用户使用手势操作虚拟对象，通过旋转、平移、缩放等对虚拟物体进行操作来模拟需要用户运动才能达到的效果，如图 12-10 所示，当然这可能会破坏沉浸式体验。

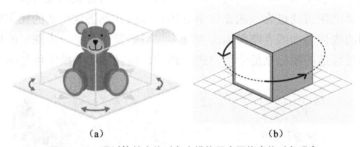

▲图 12-10 通过旋转虚拟对象来模拟用户围绕虚拟对象观察

在用户疲劳时或者处于无法运动的状态时，通过旋转、平移、缩放操作可以大大方便用户使用，开发人员应当考虑到类似需求并提供解决方案。

2. 用户舒适度

AR 应用要求用户一直处在运动状态，并且要求至少用一只手握持移动设备，在长时间使用后可能会带来身体上的疲惫，所以在设计应用时需要时刻考虑用户的身体状况。

（1）在应用设计的所有阶段考虑用户的身体舒适度。
（2）注意应用体验的时长，考虑用户可能需要的休息时间。
（3）让用户可以暂停或保存当前应用进度，在继续操作时使他们能够轻松地恢复应用进程，即使他们变更了物理位置。

3. 提升应用体验

设计 AR 应用时应充分考虑用户的使用限制并符合一定的规则，尽量提前预估并减少用户使用 AR 应用时带来的不适。

预估用户实际空间的限制：室内和室外、实际的物理尺寸、可能的障碍物（包括家具、物品或人）。虽然仅通过应用无法知道用户的实际位置，但尽量提供建议或反馈以减少用户在使用 AR 应用时的不适感，并在设计时注意以下几个方面。

（1）不要让用户后退，或进行快速、大范围的身体动作。

（2）让用户清楚地了解 AR 体验所需的空间大小。
（3）提醒用户注意周围环境。
（4）避免将大物体直接放在用户面前，因为这样可能会导致他们后退从而带来安全风险，如图 12-11 所示。

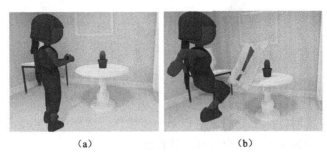

▲图 12-11　将一个尺寸过大的虚拟对象放置在用户前面会惊吓用户并导致用户后退

12.3.3　虚拟内容

扫描环境、检测平面、放置虚拟物体是 AR 应用常用的流程，但因为 AR 应用是一种新型的应用形式，用户还不清楚、不习惯其操作方式，因此提供合适、恰当的引导至关重要。

1. 平面识别

平面识别包括发现平面和检测平面两个部分，在进行虚拟物体操作时还可能涉及多平面间的操作。

❑ 发现平面

AR 应用启动时会进行初始化操作，在此过程中 AR 应用程序会评估周围环境并检测平面，但这时由于屏幕上并无可供操作的对象，用户对进一步的操作会有一定的困惑，为了减少可能的混淆，在设计 AR 应用时应为用户提供有关扫描环境的明确指引，如图 12-12 所示。通过清晰的视觉提示，来引导用户正确移动手机，加快平面检测过程，如提供动画来帮助用户了解所需进行的移动，比如顺时针或圆周运动。

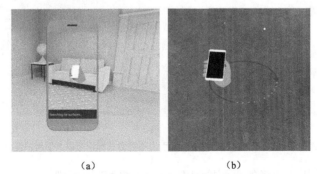

▲图 12-12　提供文字或动画引导用户扫描环境

❑ 检测平面

在 AR 应用检测平面时，提供清晰明确实时的平面检测反馈，这个反馈可以是文字提示类，也可以是可视化的视觉信息，如图 12-13 所示，在用户扫描他们的环境时，实时的反馈可以缓解用户的焦虑。

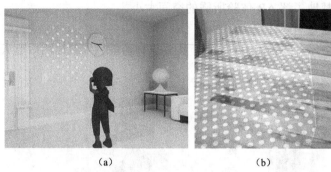

▲图 12-13　对 AR 检测发现的平面进行可视化显示更符合人类发现事物的规律

当用户检测到平面时，应引导用户进行下一步操作，建立用户的信心并减少用户操作的不适感，如通过以下方式来引导用户进行后续操作。

（1）设计无缝的过渡。当用户快速移动时，系统可能会无法跟踪，在发现平面和检测平面之间设计平滑的过渡。

（2）标识已检测到平面。在未检测与已检测的平面之间做出区分，考虑通过视觉上的可视化信息来标识已检测的平面。

（3）以视觉一致性为目标。为了保持视觉的一致性，每种状态的视觉信息也应具备符合大众的审美的属性。

（4）使用渐进式表达。应当及时和准确地传达系统当前的状态变化，通过视觉高亮或文本显示可以更好地表达出平面检测成功的信息。

❑　多个平面

AR Foundation 可以检测多个平面，在设计 AR 应用时，应当通过明确的颜色或者图标来标识不同的平面，通过不同颜色或者图标来可视化平面可以协助用户在不同的平面上放置虚拟对象，如图 12-14 所示。

▲图 12-14　对已检测到的不同平面用不同方式标识可以方便用户区分

为更好地提供给用户明确的平面检测指示，应遵循以下原则。

（1）高亮显示那些已检测、并准备好放置物体的平面。

（2）在不同平面之间构建视觉差异，通常以不同颜色来标识不同平面，以避免在后续放置虚拟物体时发生混淆。

（3）仅在视觉上高亮显示用户正在浏览或指向的平面，但需要注意的是，不要一次高亮显示多个平面，这会让用户失去视觉焦点。

（4）在发现平面的过程中缺乏视觉或者文字提示会导致用户失去耐心，通常需要将可用的平面与不可用的平面明确区分并以可视化的方式告知用户。

2. 物体放置范围

确定物体最佳放置范围有助于确保用户将虚拟对象放置在舒适的观察距离内，在该范围内放置虚拟对象能优化用户的使用体验。同时应避免将虚拟对象放置在边沿，除非有意引导用户移动。

❑ 场景分区

手机屏幕上有限的视场会对用户感知深度、尺度和距离带来挑战，这可能会影响用户的使用体验以及与物体交互的能力，尤其是对深度的感知会由于物体位置关系而发生变化。如将虚拟物体放置得离用户太近，会让人感到惊讶甚至是惊恐；此外，将大物体放置在离用户过近的位置时，可能会强迫他们后退，甚至撞到周围的物体，引发安全风险；而虚拟物体过远过小则非常不方便操作。

为了帮助用户更好地了解周围环境，可通过将屏幕划分为3个区域来设置舒适的观看范围：下区、中区、上区，如图12-15所示。

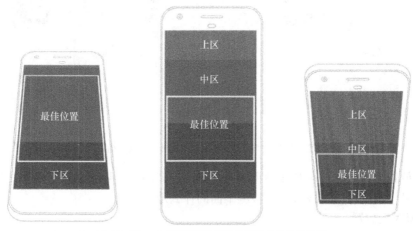

▲图12-15 对手机屏幕进行区域划分找出最佳位置

下区离用户太近，如果虚拟对象没有遵照期望，放置得离用户过近，用户很难看到完整的对象，从而强迫用户后退。中区是用户最舒适的观看范围，也是最佳的交互区域。

上区离用户太远，如果虚拟对象被放在上区，用户会很难理解"物体缩小与往远放置物体（近大远小）"之间的关系，导致理解与操作困难。

注意，3个区域的划分是相对于手机视场的，与用户手持手机的姿态没有关系。

❑ 最大放置距离

在AR应用设计及操作时，应该引导用户在场景中的最佳位置放置物体，帮助用户避免将物体放置在场景内令他们不舒服的区域中，也不宜将虚拟对象放置得过远，如图12-16所示，过近或过远的区域都不建议引导。

使用最远放置距离有助于确保将对象放置在舒适的观察距离上，也可以保证用户在连续拖动时，保持物体的真实比例。

❑ 目标位置

目标位置是指最终放置物体的位置，在放置虚拟物体时应提供最终位置指引，如图12-17所示。

▲图 12-16　设计时应该确保虚拟对象不要放置得过远或过近

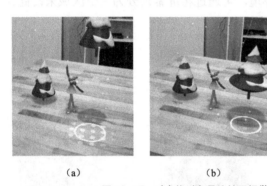

　　(a)　　　　　　　　　(b)　　　　　　　　　(c)

▲图 12-17　对虚拟对象最终放置提供可视化指引

　　在用户放置物体时通过可视化标识图标引导用户，阴影可以帮助用户指明目标位置，并让用户更容易了解物体将被放置在已检测平面的什么地方。

3. 虚拟对象放置

　　如果不在真实环境中放置虚拟对象，AR 就没有意义，只有将虚与实结合起来才能带给用户耳目一新的体验。在真实场景中放置虚拟对象可以是自动的（即由程序控制放置），也可以是手动的（即由用户选择放置）。

　　❑　自动放置

　　自动放置是由应用程序控制在场景中放置物体。如一旦检测到平面，程序就自动在检测到的平面上种花草植被。随着检测的进行，种草的过程也一直在动态进行，且这个过程不需要用户的参与，检测完成时所有检测到的平面上都种上了植被，如图 12-18 所示。

▲图 12-18　自动在已检测的平面上种花草植被

通常来说，自动放置适用于以下情况。

（1）虚拟环境需要覆盖整个现实空间，例如一个魔法界面或者游戏地形。

（2）交互非常少或者完全不需要交互。

（3）不需要精确控制虚拟物体的放置位置。

（4）AR 应用模式需要，在启动应用时就自动开始放置虚拟对象。

❑ 手动放置

手动放置是由用户控制的放置行为，用户可以在场景中实施放置虚拟对象和其他操作，这可以包括锚定一个游戏空间，或者设置一个位置来开启 AR 体验。

❑ 单击放置

允许用户通过单击场景中已检测到的平面位置，或者通过单击选中的虚拟物体图标来放置虚拟物体，通过单击选中的虚拟物体图标放置虚拟物体如图 12-19 所示。

▲图 12-19 通过单击选中的虚拟物体图标放置虚拟物体

单击已检测的平面放置虚拟物体的方式通常对用户来说是非常自然的，以下情况下更适合单击虚拟物体放置虚拟对象。

（1）在放置之前，虚拟对象不需要进行明显的调整或转换（缩放/旋转）。

（2）通过单击快速放置。

当需要同时将多个不同虚拟对象放置在场景中时，单击已检测到的平面放置虚拟物体这种方式可能就并不适用，这时我们可以弹出菜单由用户选择放置的对象，而不是同时将多个相同的虚拟对象放置在平面上，如图 12-19 所示，底部显示可供选择的虚拟物体菜单列表。

❑ 拖动放置

这是一种精度很高且完全由用户控制的放置物体操作，该操作允许用户将虚拟物体从菜单列表中拖动到场景中，如图 12-20 所示。

▲图 12-20 拖放放置方式可以精确控制虚拟物体的放置位置

通常用户可能会不太熟悉这种拖放操作，这时应该给用户视觉或者文字提示，提供拖动操作的明确指引和说明。当用户事先并不了解放置操作时，拖动行为就无法很好地工作，显示放置位置的定点标识图标就是不错的做法。

拖动操作非常适合以下情形。

（1）虚拟对象需要进行显著调整或转换。

（2）需要高精度地放置。

（3）放置过程是体验的一部分。

❑ 锚定放置

锚定对象与拖动放置物体不同，通常需要锚定的对象不需要经常性地移动、平移、缩放，或者锚定的对象包含很多其他对象，需要整体操作。被锚定的对象通常会固定在场景中的一个位置上，除非必要一般不会移动。锚定对象通常在一些需要固定的对象时有用，比如游戏地形、象棋棋盘，如图 12-21 所示。当然，锚定对象也不是不可移动，在用户需要时仍然可以被移动。在场景中静态存在的物体一般不需要采用锚定放置的方式，如沙发、灯具等。

(a)   (b)

▲图 12-21 锚定放置虚拟物体到指定位置

❑ 自由放置

自由放置允许用户对虚拟物体进行自由放置操作，但在未检测到平面时放置物体通常都会造成混乱。如果虚拟对象出现在未检测到平面的环境中，会造成幻象，因为虚拟对象看起来像是悬浮的，这将破坏用户的 AR 体验，并阻碍用户与虚拟对象进一步交互。因此在未检测到平面时，应当让用户知道该虚拟对象并不能准确放置到平面上，对用户的操作加以引导。如果是有意想让虚拟对象悬浮或上升，应当为用户提供清晰的视觉提示和引导。

以下两种处理方式可以较好地解决用户自由放置对象时出现的问题。

（1）禁止任何输入直到平面检测完成，这可以防止用户在没有检测到平面的情况下将物体放置在场景中。

（2）提供不能放置对象的视觉或文本反馈。例如使用悬停动画、半透明虚拟对象、震动或文本传达出在当前位置不能放置虚拟物体的信息，并引导用户进行下一步操作。

12.3.4 交互

模型的交互程度需根据模型自身属性/产品的类型去定义，并非都需要涉及所有可交互类型，在进行与核心体验无关的交互时，可予以禁止或增加操作难度。如科普类模型固定放置在平面后，需要便捷地旋转以查看模型细节，但 y 轴移动查看的需求不大，所以部分场景可考虑禁止 y 轴操作。

手势设计优先使用通用的方式，若没有通用的方式，则尽可能使用简单和符合用户直觉的方式进行设计。若违反该原则可能造成用户的理解和记忆障碍，给用户操作造成困难。

1. 选择

选择是交互的最基本操作，除了环境类的虚拟对象，应当允许用户辨别、选择虚拟物体，以及与虚拟物体进行交互。

在用户选择虚拟对象时应当创建视觉指引,高亮或者用明显的颜色、图标标识那些可以与用户交互的对象,如图 12-22 所示。尤其是在有多个可选择物体的情况下,明确指示显得非常重要,同时还应保持虚拟物体原本的视觉完整性,不要让视觉提示信息凌驾于虚拟物体之上。

2. 平移

AR 应用应当允许用户沿着检测到的平面移动虚拟对象,或从一个平面移动到另一个平面。

❑ 单平面移动

单平面移动指只在一个检测到的平面内移动虚拟物体,在移动物体前用户应当先选

(a) (b)

▲图 12-22 对可选择的虚拟对象提供一个清晰的视觉提示

择它,用手指沿屏幕拖动或实时地移动手机从而移动虚拟物体,这种方式相对比较简单,如图 12-23 所示。

(a) (b) (c) (d)

▲图 12-23 在选择虚拟物体后可实施移动

❑ 多平面移动

多平面移动是指将虚拟对象从 AR 应用检测到的一个平面移动到另一个平面。多平面移动比单平面移动需要考虑的因素更多一些,在移动过程中应当避免突然旋转或缩放,要有视觉上的连续性,不然极易给用户带来不适。对于多平面移动需要注意以下几点。

(1)在视觉上区分多个平面,明确标识出不同的平面。

(2)避免突然的变化,如旋转或者缩放。

(3)在用户松开手指前,在平面上显示可以放置的平面以提示用户放置的位置,如图 12-24 所示。

(a) (b)

▲图 12-24 在多平面移动物体时提前告知用户可以放置的平面及放置位置

❏ 平移限制

AR 应用应当对用户的平移操作进行适当的限制，如限制最大移动距离。添加最大平移限制主要是为防止用户将场景中物体平移太远，以至于无法查看或操作，如图 12-25 所示，在虚拟物体移动得过远时用红色图标标识当前位置不能使用。

▲图 12-25　添加平移限制可以防止用户将虚拟对象移动得过远

3. 旋转

旋转分为自动旋转和手动旋转，旋转可以让用户将虚拟对象旋转到其所期望的方向，并且应该对用户的操作给出明确的提示。

❏ 手动旋转

通过双指手势进行手动旋转。为避免与缩放冲突，可要求双指同时顺时针或者逆时针旋转，如图 12-26 所示。

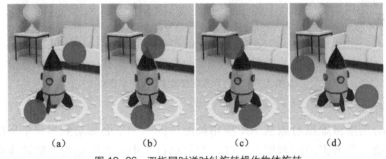

▲图 12-26　双指同时逆时针旋转操作物体旋转

❏ 自动旋转

尽量避免自动旋转，除非这是体验中有意设计的一部分，长时间的自动旋转可能会令用户感到不安。如果物体的方向被锁定为朝向用户，当手动更改物体方向时应限制自动旋转。

4. 缩放

缩放是指放大或缩小虚拟物体的显示大小，在屏幕上的操作手势应尽量与当前操作 2D 缩放的手势保持一持，这符合用户使用习惯，方便用户平滑地过渡。

❏ 采用捏合手势

缩放常用捏合手势操作，如图 12-27 所示。

❏ 约束

与平移一样，也应当添加最小和最大缩放限制，防止用户把虚拟对象放得过大或缩得过小。允许较小的缩放比例用于精确的组合场景，考虑添加回弹效果来标识最大和最小尺寸。另外，如果物体已缩放到需要的比例，则应当给用户以提示。

12.3 移动 AR 设计指南

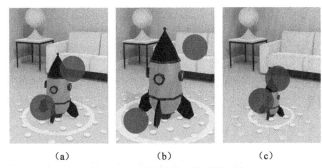

▲图 12-27 使用捏合手势缩放对象

❑ 可玩性

有时候，也可以不必拘泥于约束，夸张的缩放可能会带来意外惊喜，如放置在场景中的大型虚拟角色可以增加惊喜，并让人感觉更加有趣。另外，声音也可用于与缩放同步，以增强真实性，如当物体放大时，同时增大音量，配合模型缩放的音量调整会让用户感觉更加真实。

5. 操作手势

在手机屏幕上操作虚拟对象是目前 AR 应用成熟可用的技术也是用户习惯的操作方式，但有时复杂的手势会让用户感到困惑，如旋转与缩放操作手势，设计不好会对执行手势操作造成不便。

❑ 接近性

由于手机屏幕的限制，精准地操控过小或过远的物体对用户来说是一个挑战。设计开发时应当考虑触控目标的大小，以便实现最佳的交互。当应用检测到物体附近的手势时，应当假设用户正在与它进行交互，即使可能并没有完全选中该目标。另外，尽管目标物体尺寸比较小，但也应当提供合理的触控尺寸，在某些情况下触控尺寸不应随着目标的缩放而缩放，如图 12-28 所示。

▲图 12-28 触控尺寸的大小在某些情况下不应随着虚拟对象的缩放而缩放

❑ 采用标准手势

为手势和交互创建统一的标准体系，当将手势分配给特定的交互或任务时，应当避免使用类似的手势来完成其他类型的任务，如通过双指捏合手势缩放物体时，应当避免使用此手势来旋转物体。

❑ 融合多种双指手势

双指手势通常用于旋转或缩放对象，下面这些触控手势应包括为双指手势的一部分。

（1）使用食指加拇指旋转。

（2）使用拇指加食指，用拇指作为中心，旋转食指。

（3）分别独立使用两个拇指。

12.3.5 视觉设计

视觉设计是一款正式的应用软件必须重视的东西，一款软件能否有用户黏度，除了功能外，视觉设计好坏也占很大一部分原因。在 AR 应用中，尽可能多地使用整个屏幕来查看探索物理世界和虚拟对象，避免过多过杂的控制图标和信息，因为这将使屏幕混乱不堪从而减弱用户的沉浸式体验。

1. UI

UI 设计应以沉浸式体验为目标，目的是在视觉上融合虚拟与现实，既方便用户操作又与场景充分融合。创建一个视觉上透明的 UI 可以帮助构建无缝的沉浸式体验，切记不可设计满屏的 UI 元素，这会极大减弱 AR 应用的真实感从而破坏沉浸式体验。

❑ 界面风格

在 UI 设计时应当尽量避免让用户在场景和屏幕之间来回切换，这会分散用户的注意力并减弱沉浸感，可以考虑减少屏幕上的 UI 元素数量，或尽量将这些控件放在场景本身中，如图 12-29 所示，应使用如图 12-29（a）所示的简洁菜单而不要采用铺满全屏的设计。

▲图 12-29　使用简单的菜单更适合 AR

❑ 删除

由于在移动手机 2D 软件操作系统中，将物体拖动到垃圾桶上进行删除更符合当前用户的操作习惯，如图 12-30 所示。当然这种操作也有弊端，如物体太大时不宜采用这种方式。在删除物体时最好提供被删除物体消失的动画，在增强趣味性的同时也增强用户的视觉体验。

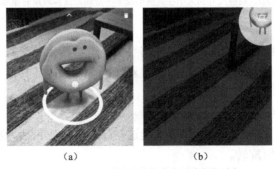

▲图 12-30　通过拖放的方式来删除虚拟对象

❑ 重置

应当允许用户进行重置,在一定的情况下重新构建体验,适用情况如下。

(1) 当系统无响应时。

(2) 体验是渐进式并且任务完成后。

重置是一种破坏性的操作,应当先征询用户意见,如图 12-31 所示。

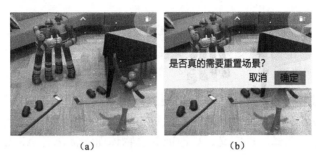

▲图 12-31　在特定的情况下允许用户重置应用并征询用户的意见

❑ 权限申请

明确应用需要某些权限的原因,如告诉用户需要访问其设备相机或 GPS 位置信息的原因。一般需要在使用某一权限时才提出请求,而不是在应用启动时要求授权,不然用户可能会犹豫是否允许访问。

❑ 错误处理

应用出现错误在某些情况下不可避免,特别是对于 AR 应用这类使用环境不可预测的应用。在出现错误时应当积极帮助用户从错误中恢复,使用视觉、动画和文本的组合,告知用户当前发生的问题,并为系统错误和用户错误传达明确清晰的解决操作措施。

标明出现的问题,用语要通俗易懂,避免专业术语,并对用户进行下一步操作给出明确的步骤提示,错误提醒的部分示例如表 12-2 所示。

表 12-2　　　　　　　　　　　　错误提醒的部分示例

错误类型	描述
黑暗的环境	环境太暗无法完成扫描,请尝试打开灯或移动到光线充足的区域
缺少纹理	当前图像纹理太少,请尝试扫描纹理信息丰富的表面
用户移动设备太快	设备移动太快,请不要快速移动设备
用户遮挡传感器或摄像头	手机摄像头传感器被遮挡,请不要遮挡摄像头

2. 视觉效果

AR 应用界面设计在视觉上应该要有足够的代入感,但同样要让用户感觉可控,界面效果应充分融合虚拟与现实。

❑ 界面

界面是用户打开应用后第一眼看到的东西,AR 应用要求界面简洁,杂乱放置、风格不一致的图标会在用户心中留下糟糕的第一印象。设计 AR 应用界面时,既要考虑用户身临其境的沉浸感,也要考虑用户独立的控制感,如图 12-32 所示。

在设计 AR 应用界面时应时刻关注以下几个问题。

(1) 覆盖全屏。除非用户自己明确选择,否则应避免这种情况发生。

▲图 12-32　简洁一致的界面

（2）2D 元素覆盖。避免连续的 2D 元素覆盖，因为这会极大破坏沉浸感。

（3）连续性体验。避免频繁地让用户反复进出场景，确保用户在场景中即可执行主要和次要任务，如允许用户选择、自定义、更改或共享物体而无需离开 AR 场景。

❑ 初始化

在启动 AR 应用时，屏幕从 2D 到 AR 之间的转换应当采用一些视觉技术清晰地指明系统状态，如在即将发生转换时，将手机调暗或使用模糊屏幕等效果，提供完善的引导流程，避免突然的变化。

允许用户快速开启 AR 应用，并引导用户在首次运行中按流程执行关键的任务。这将有助于用户执行相关任务并建立粘滞力。在添加流程引导提示时，需要注意以下几点。

（1）任务完成后即时解除提示。

（2）如果用户重复相同的操作，应当提供提示或进行视觉引导。

依靠视觉引导，而不是仅仅依赖于文本，使用视觉引导、动作和动画的组合来指导用户，如用户很容易理解滑动手势，就可以在屏幕上通过图标向他们展示，而不是仅仅通过纯文本指令性地进行提示，如图 12-33 所示。

　　　（a）　　　　　　　　　（b）

▲图 12-33　提供多种方式的组合来引导用户操作

❑ 用户习惯

尽量利用用户熟悉的 UI 形式、约定及操作方式，与标准 UX 交互形式和模式保持一致，同时不要破坏体验的沉浸感，这会加快用户适应操作并减少对文字说明或详细引导的需求。

❑ 横屏与竖屏

尽量提供对横屏和竖屏模式的支持，除非是非常特别的应用，否则都应该同时支持横屏与竖屏操作，如果无法做到这一点，那就需要友好地提示用户。支持这两种模式可以创造更加身临其境的体验,并提高用户的舒适度,如图 12-34 所示。

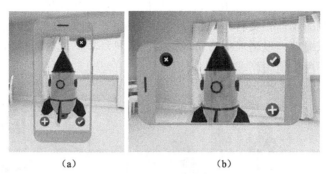

▲图 12-34　提供平滑的横屏与竖屏转换

在横竖屏适应及转换中还应该注意以下几点。

(1)相机和按钮位置。对于每种模式,注意相机的位置及其他按钮的放置要尽量符合一般原则,并且不要影响设备的深度感知、空间感知和平面感知。

(2)关键目标位置。不要移动关键目标,并允许对关键目标进行旋转操作。

(3)布局。适当的情况下,更改次要目标的布局。

(4)单一模式支持。如果只支持一种模式,应当向用户说明原因。

❑ 音频

使用音频可以鼓励用户参与并增强体验感。音频可以帮助构建身临其境的 360 度环境沉浸体验,但需要注意的是要确保声音应当是增强这种体验感,而不是分散注意力。在发生碰撞时使用声音效果或震动是确认虚拟对象与物理表面或其他虚拟对象接触的好方法。在沉浸式游戏中,背景音乐可以帮助用户融入虚拟世界。在 3D 虚拟物体或 360 度环境中增加音频,应当注意以下几个方面。

(1)避免同时播放多个声音。

(2)为声音添加衰减效果。

(3)当用户没有操控物体时,则可以让音频淡出或停止。

(4)允许用户手动关闭所选物体的音频。

❑ 视觉探索

当需要用户移动时,可以使用视觉或音频提示来鼓励用户进行屏幕外空间的探索。有时候用户很难找到位于屏幕外的物体,可以使用视觉提示来引导用户,鼓励用户探索周边更大范围内的 AR 世界。例如,飞鸟飞离屏幕时应该提供一个箭头指引,让用户移动设备以便追踪其去向,并将其带回场景,如图 12-35 所示。

▲图 12-35　使用声音或视觉提示来鼓励用户进行空间探索

❑ 深度冲突

在设计应用时，应该始终考虑用户的实际空间大小，避免发生深度上的冲突（当虚拟物体看起来与现实世界的物体相交时，如虚拟物体穿透墙壁），如图 12-36 所示。并注意设计合理的空间需求和对象缩放，以适应用户可能面对的各种环境。此时可以考虑提供不同的功能集，以便在不同的环境中使用。

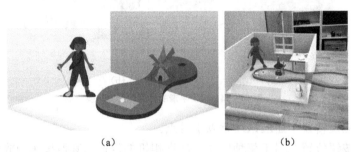

▲图 12-36 深度冲突会破坏用户体验的沉浸感

❑ 穿透物体

用户在使用过程中，有可能会因为离虚拟物体太近而产生穿透，产生进入虚拟物体内部的情况，这会破坏虚拟物体的真实感并打破沉浸式体验。当这种情况发生时，应当让用户知道这种操作方式不正确，距离过近。通常在摄像头进入物体内部时可采用模糊的方式提示用户。

12.3.6 真实感

通过利用阴影、光照、遮挡、反射、碰撞、物理作用、基于物理的渲染（Physically Based Rendering，PBR）等技术手段来提高虚拟物体的真实感，可以更好地将虚拟物体融入真实世界，提高虚拟物体的可信度，营造更加逼真的虚实环境。

1. 建模

在构建模型时，模型的尺寸应与真实的物体尺寸保持一致，如一把椅子的尺寸应与真实的椅子尺寸一致。一致的尺寸更有利于在 AR 应用中体现真实感。在建模时，所有的模型应当在相同的坐标系下构建，建议全部使用右手坐标系，即 y 轴向上、x 轴向右、z 轴向外。模型原点应当构建在物体中心下方平面上，如图 12-37 所示。另外需要注意的是，在 AR 中，模型应当完整，所有面都应当有材质与纹理，以避免部分面出现白模的现象。

▲图 12-37 模型原点位置及坐标系示意图

2. 纹理

纹理是表现物体质感的一个重要因素，为加快载入速度，纹理尺寸不应过大，建议分辨率控制在 2K 以内。带一点噪声的纹理在 AR 中看起来会更真实，重复与单色纹理会让人感觉假。带凸凹、裂纹或富有变化、不重复的纹理会让虚拟物体看起来更富有细节和更可信。

- PBR 材质

当前在模型及渲染中使用 PBR 材质可以让虚拟物体更真实，PBR 可以给物体添加更多真实的细节，但 PBR 要达到理想效果通常需要很多纹理。使用物理的方式来处理这些纹理可以让渲染更自然可信，如图 12-38 所示，这些纹理共同作用定义了物体的外观，可以强化在 AR 中的视觉表现。

▲图 12-38　采用 PBR 渲染可以有效增强真实质感

- 法向贴图

法向贴图可以在像素级层面上模拟光照，可以给虚拟模型添加更多细节，而无需增加模型顶点及面数。法向贴图是理想的制作照片级模型渲染的手段，可以添加足够多细节的外观表现，如图 12-39（a）所示，使用了法向贴图，可以看到细节纹理更丰富。

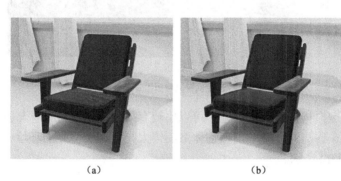

（a）　　　　　　　　　　（b）

▲图 12-39　法向贴图能非常好地表现纹理细节

- 环境光遮罩贴图

环境光遮罩贴图是一种控制模型表面阴影的技术方法。使用环境光遮罩贴图，来自真实世界的光照与阴影会在模型表面形成更真实的阴影效果，更富有层次和景深外观表现。

3. 深度

透视需要深度信息，为营造这种近大远小的透视效果，需要在设计时利用视觉技巧让用户形成深度感知以增强虚拟对象与场景的融合和真实感，如图 12-40 所示，在远处的青蛙要比在近处的青蛙小，这有助于帮助用户建立深度感知。

通常用户可能难以在增强现实体验中感知深度和距离，综合运用阴影、遮挡、透视、纹理、常见物体的比例，以及放置参考物体来可视化深度信息，可帮助建立符合人体视觉的透视效果。如青蛙从远处跳跃到近处时其比例、尺寸大小的变化，通过这种可视化方式表明空间深度和层次。开发人员可以采用阴影平面、遮挡、纹理、透视制造近大远小的效果及物体之间相互遮挡的层次效果。

▲图 12-40　深度信息有助于建立自然的透视

4. 光照

光照是影响物体真实感的一个重要因素,当用户真实环境光照条件较差时,可以采用虚拟灯光照明为场景中的对象创建真实感,也就是在昏暗光照条件下可以对虚拟物体进行补光,如图 12-41 所示。但过度的虚拟光照会让虚拟对象与真实环境物体形成较大反差,进而破坏用户的沉浸感。

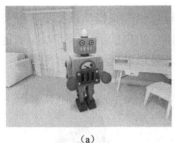

（a）　　　　　　　　　　　　　　（b）

▲图 12-41　适度的补光可以营造更好的真实感

使用光照融合虚拟物体与真实环境,可以比较有效地解决虚拟物体与真实环境的光照不一致的问题,防止在昏暗的环境中虚拟物体渲染得太亮或者在明亮的环境中虚拟物体渲染过暗的问题,如图 12-42 所示。

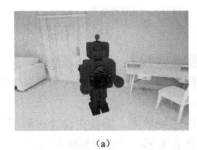
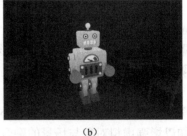

（a）　　　　　　　　　　　　　　（b）

▲图 12-42　真实环境与虚拟光照不一致会破坏真实感

5. 阴影

在 AR 中,需要一个阴影平面来接受阴影渲染,阴影平面通常位于模型下方,该平面只负责渲染阴影,本身没有纹理。使用阴影平面渲染阴影是强化三维立体效果最简单有效的方式，阴影可以实时计算也可以预先烘焙，模型有阴影后三维立体感会更强烈并且可以有效避免虚拟物体产生漂浮感，如图12-43（a）所示图添加阴影效果后，模型真实感大幅增强。

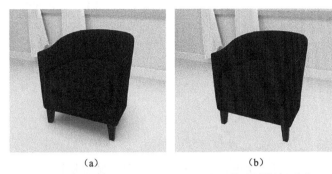

▲图12-43　阴影的正确使用能营造三维立体感和增强可信度

6. 真实感

在AR体验中，应当想办法将虚拟对象融合到真实环境中，充分营造真实、逼真的物体形象。使用阴影、光照、遮挡、反射、碰撞等技术手段将虚拟物体呈现于真实环境中，可大大增强虚拟物体的可信度，提高体验效果。

在AR场景中，虚拟物体的表现应当与真实的环境一致，如台灯应当放置在桌子上而不是悬浮在空中，而且也不应该漂移。虚拟物体应当利用阴影、光照、环境光遮罩、碰撞、物理作用、环境光反射等模拟真实物体的表现，营造虚拟物体与真实物体相同的观感，如在桌子上的球滚动下落到地板上时，应当充分利用阴影、物理作用来模拟空间与反弹效果，让虚拟物体看起来更真实。

真实感的另一方面是虚拟对象与真实环境的交互设计，良好的交互设计可以让虚拟对象看起来像真的存在于真实世界中，从而提升沉浸式体验。在AR体验中，可以通过虚拟对象对阴影、光照、环境遮挡、物理和反射变化的反应来模拟物体的存在感，当虚拟物体能对现实世界环境变化做出反应时将会大大提高虚拟物体的可信度，如图12-44所示，虚拟狮子对真实环境中灯光的实时反应可以显著增强其真实感。

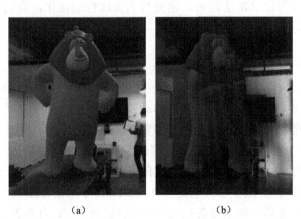

▲图12-44　虚拟对象对真实环境作出适当反应能有效增强其真实感

第13章 性能优化

性能优化是一个非常宽泛的主题，但性能优化又是必须要探讨的主题，特别是对移动应用而言，性能优化起着举足轻重的作用。同时，性能优化又是一个庞大的主题，要想深入理解性能优化需要对计算机图形渲染管线、CPU、GPU 协作方式、内存管理、计算机体系架构、代码优化有较好的掌握，只有在实践中才能逐步加深这个理解从而更好地优化性能。本章我们将对 Unity 性能优化工具使用方法、性能优化基本技巧进行阐述。

13.1 移动平台性能优化基础

性能优化是一个非常宽泛、涉及技术众多的大主题，从计算机出现以来，人们就一直在积极追求降低内存使用、提高单位指令性能。虽然随着硬件技术特别是 CPU 性能按照摩尔定律飞速发展，PC 上一般应用代码的优化要求显得不再那么苛刻，但是对计算密集型应用来说，如游戏、实时三维仿真、AR/VR，优化仍然是一个在设计、架构、开发、代码各阶段都需要重点关注的事项。相对 PC，手机等移动设备在硬件性能上往往与其有比较大的差距，因为移动设备的 CPU、GPU 等设计架构与 PC 完全不同，移动设备能使用的计算资源、存储资源、带宽都非常有限，因此，在移动端的性能优化显得非常重要。

AR Foundation 开发的 AR 应用与游戏相似，是属于对 CPU、GPU、内存重度依赖的计算密集型应用，因此在开发 AR 应用时，需要特别关注性能优化，否则可能会出现卡顿、反应慢、掉帧等问题，导致 AR 应用的体验变差甚至完全无法正常使用。

13.1.1 影响性能的主要因素

从 CPU 架构来讲，移动设备 ARM 架构与 PC 常见的 x86、MIPS 架构有很大的不同。从处理器资源、内存资源、带宽资源到散热，移动设备相对来讲都受到更多的限制，因此移动设备的应用都要尽可能地使用更少的硬件及带宽资源。

从 GPU 架构来讲，目前移动设备使用最多的 GPU 包括 PowerVR、Adreno、Mali、Tegra，它们之间的技术不太相同，有的采用基于瓦片的延时渲染（Tiled-based Deferred Rendering），有的采用 Early-Z，同时，在减少多次绘制（Overdraw）方面也存在很大的差异。

从移动设备多样性来讲，移动设备相比 PC 更加复杂多样，有各类 CPU、GPU、分辨率，各式各样的附加设施（深度传感器、黑白摄像头、彩色摄像头、结构光、TOF 等），复杂的操作系统版本。正是由于这些差异，针对不同芯片、不同操作系统的移动设备性能优化更加复杂，也带来了更大的挑战。

对 AR 应用而言，需要综合利用 CPU、GPU 并让应用在预期的分辨率下保持一定的帧速率，这个帧速率至少要在每秒 30 帧以上才能让人感觉到流畅不卡顿。其中 CPU 主要负责场景加载、物理计算、特征点提取、运动跟踪、光照估计等工作，而 GPU 主要负责虚拟物体渲染、更新、特效处理等工作。具体来讲，影响 AR 应用性能的主要原因如表 13-1 所示。

表 13-1　　　　　　　　　　　影响 AR 应用性能的主要原因

类型	描述
CPU	过多的 draw call 复杂的脚本计算或者特效
GPU	过于复杂的模型、过多的顶点、过多的片元 过多的逐顶点计算、过多的逐片元计算 复杂的 Shader、显示特效
带宽	大尺寸、高精度、未压缩的纹理 高精度的帧缓存
设备	高分辨率的显示 高分辨率的摄像头

了解了主要制约因素，就可以有针对性地进行优化，对照优化措施如表 13-2 所示。

表 13-2　　　　　　　　　　　性能优化的主要措施

类型	描述
CPU	减少 draw call，采用批处理技术 优化脚本计算或者尽量少使用特效，特别是全屏特效
GPU	优化模型、减少模型顶点数、减少模型片元数 使用 LOD（Level Of Detail）技术 使用遮挡剔除（Occlusion Culling）技术 控制透明混合、减少实时光照 控制特效使用、精减 Shader 计算
带宽	减少纹理尺寸及精度 合理缓存
设备	利用分辨率缩放 对摄像头获取数据进行压缩

上表所列是通用的优化措施，但对具体应用需要具体分析。在优化之前需要找准性能瓶颈点，针对瓶颈点的优化才能取得事半功倍的效果，才能有效地提高帧速率。由于是在单独的 CPU 上处理脚本计算任务、在 GPU 上处理渲染，总的耗时不是 CPU 花费时间加 GPU 花费时间，而是两者中的较长者，这点认识很重要，这意味着如果 CPU 负荷重、处理任务重，光优化 Shaders 根本不会提高帧速率，如果 GPU 负荷重，光优化脚本和 CPU 特效也根本无济于事。而且，AR 应用的不同部分在不同的情况下表现也不同，这意味着 AR 应用有时可能完全是由于脚本复杂而导致帧速率低，而有时是因为加载的模型复杂或者过多而减速。因此，要优化 AR 应用，首先需要知道所有的瓶颈在哪里，然后才能有针对性地进行优化，并且要对不同的目标机型进行特定的优化。

13.1.2　AR 常用调试方法

当前 AR 程序调试因为不能直接在 Editor 模式下运行，所以通常会把程序编译后下载到真机上运行试错，相对来说没有调试其他应用方便，而且这个过程比较耗时。在对存疑的地方按下面的方法进行处理能加快调试过程，方便查找问题原因，对结果进行分析，以便更有效地进行故障排除。

1. Console

将代码运行的中间结果输出到控制台是最常用的调试手段，即使在真机上运行程序我们也可以实时不间断地查看到所有中间结果（参见第1章有关调试内容），这对理解程序内部执行或者查找出错点有很大的帮助，通常这也是在真机上调试应用的最便捷直观的方式。

2. 写日志

有时可能不太方便将真机直接连接在电脑进行调试（如装在用户机上试运行的应用），这时写日志反而就成为最方便的方式了，我们可以将原本输出到控制台上的信息保存到日志，再通过网络通信将日志发回服务器，以便及时了解应用在用户机上的试运行情况。除了将日志记录成文本文档格式，我们甚至还可以直接将运行情况写入服务器数据库，更方便查询统计。

3. 弹出

除了将应用运行情况发送到控制台进行调试，我们也可以在必要的时候在真机上弹出运行情况报告，这种方式也可以查看到应用的实时运行情况，但这种方式不宜弹出过频，应以弹出重要的关键信息为主，不然可能很快就会耗尽手机应用资源。通过在代码的关键位置弹出信息，可以帮助分析代码运行流程，以便于确定代码的关键部分是否正在运行以及如何运行。

> **提示** 目前AR应用调试还有很多不方便的地方，IDE没有集成AR应用调试功能，模拟器使用复杂、问题多，真机调试耗时长、不能单步调试代码等。但这些都是发展中的问题，AR应用是全新的应用类型，各类IDE、工具、新的调试方法随着时间的推移也会慢慢地成熟。

13.1.3　Unity Profiler

上面讨论的调试方式只适用于对程序逻辑调试，但有时我们不仅仅满足于逻辑正确，在AR应用中，性能问题也是需要时刻重点关注的事项，Unity强大的性能分析工具Profiler在性能分析调试中非常有帮助。

Profiler性能分析工具可以提供应用性能表现的详细信息。如果AR应用存在性能问题，如低帧速率或者高内存占用，性能分析工具可以帮助我们发现问题、并协助我们解决问题。Profiler是一个非常强大的性能剖析工具，不仅有利于分析性能瓶颈，也提供了一个窥视Unity内部各部分工作的机会。

由于AR应用的特殊性，我们不能直接在Editor模式下运行调试应用，所以使用Profiler性能分析工具还需要进行一些特别的设置。

（1）打开Profiler窗口。在Unity菜单中依次选择Window➤Analysis➤Profiler，打开Profiler窗口，将窗口拖到Game选项卡旁边，以使其停靠在Game选项卡右侧（当然，可以把它放在任何的地方），如图13-1所示。

13.1 移动平台性能优化基础

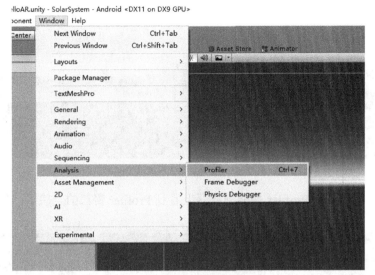

▲图 13-1 打开 Profiler 窗口

（2）设置远程调试。使用 Ctrl+Shift+B（Mac 计算机中使用 Command+Shift+B）快捷键打开 Build Settings 对话框，将 Development Build 和 Autoconnect Profiler 后面的复选框都选上，如图 13-2 所示。

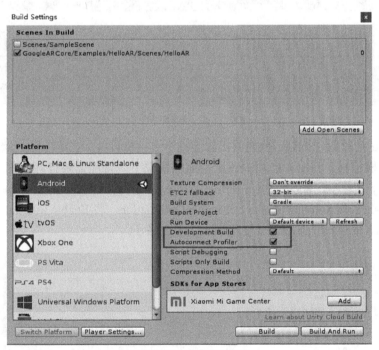

▲图 13-2 设置远程调试

（3）选择调试设备。将手机通过 USB 连接到开发计算机，选择 Build Settings 对话框中的"Build And Run"，将应用下载到真机上启动运行，在 Profiler Editor 下拉菜单中选择真机设备，如图 13-3 所示，然后按下 Record 键开始捕获应用运行数据。

267

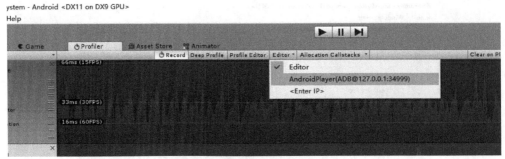

▲图 13-3　选择需要远程调试的设备

至此，我们就可以在 Profiler 性能分析器上看到 Profiler 窗口的全貌了，如图 13-4 所示。

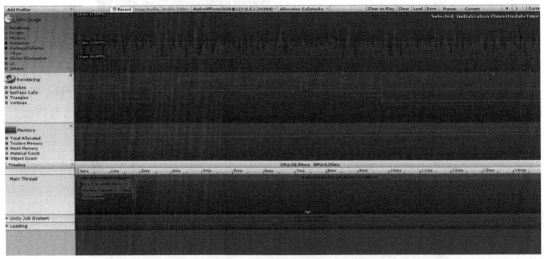

▲图 13-4　Profiler 窗口

如果在测试的时候 Profiler 性能分析器连接不上手机设备，在确保防火墙没有屏蔽连接的端口并且手机已打开开发者选项中调试功能的情况下，可能需要打开内部 Profile，具体操作是在 Unity 菜单中，依次选择 Editor➤ Project Settings➤Player，在 Inspector 中打开属性对话框，依次选择 Android➤Other Settings➤Optimiztion，将 Enable Internal Profiler 选中，如图 13-5 所示，正常情况下应该就能连接上手机设备了。

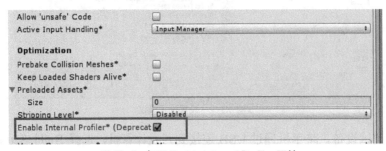

▲图 13-5　打开 Enable Internal Profiler 开关

Profiler 可以提供应用程序不同部分运行情况的深度信息。使用 Profiler 我们可以了解到性能优化的不同方面，例如应用如何使用内存、不同的任务消耗了多少 CPU 时间、物理运算执行频度等。最重要的是我们可以利用这些数据找到引起性能问题的原因，并且测试解决方案的有效性。

在 Profiler 窗口左侧，可以看到一列 Profilers，每个 Profiler 显示应用程序运行时的某一方面的信息，分别为 CPU 使用情况、GPU 使用情况、渲染、内存使用情况、声音、物理和网络，如图 13-6 所示。

在开始录制后，窗口上部的每个 Profiler 都会随着时间推移不断更新显示数据。性能随着时间发生变化，这是一个动态的连续变化过程，通过观察这个过程，可以获取到很多仅凭一帧数据性能分析无法提供的信息。通过观察曲线变化，可以清楚地看到哪些性能问题是持续性的，哪些问题仅在某一帧中出现，还有哪些性能问题是随着时间逐渐显现的。

选择某一个 Profiler 模块时窗口下半部会显示当前选择的 Profiler 模块当前帧的详细信息。这里显示的数据依赖于我们当前选择的 Profiler。例如，当选中内存 Profiler 时，这个区域显示的数据为应用使用的内存和总内存占用等；如果选中渲染 Profiler，这里会显示被渲染的对象数量或者渲染操作执行次数等数据。

这些 Profilers 会提供应用运行时详尽的性能数据，但是我们并不总是需要使用所有的这些 Profiler 模块。事实上，通常在分析应用性能时只需要观察一个或者两个 Profiler。例如，当游戏应用运行得比较慢时，我们可能一开始先查看 CPU Usage Profiler，如图 13-7 所示。

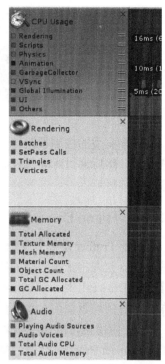

▲图 13-6 Profiler 中的各类 Profilers

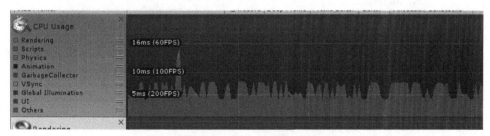

▲图 13-7 CPU Usage Profiler

CPU Usage Profiler 给我们提供了设备 CPU 使用情况总览，可以观察到应用各部分占用 CPU 时间的情况。可以只显示特定应用部分对 CPU 的占用，通过单击 CPU Usage Profiler 窗口右侧的任务组右侧颜色图标可以打开或关闭对应任务组的显示。针对各部分的 CPU 占用情况，可以查看对应部分的 Profiler 获取更详尽的信息，例如发现渲染占用了很长时间，那么可以查看 Rendering Profiler 模块去获取更多的详细信息。

也可以关闭一些我们不关心的 Profiler，通过单击 Profiler 模块右上角的×按钮就可以关闭该模块，在需要时也可以随时通过单击 Profiler 窗口左上角的 Add Profiler 按钮添加想要的 Profiler 模块。添加删除操作不会清除从设备获取到的性能数据，仅显示或者隐藏相应模块而已。

Profiler 窗口的顶部包含一组控制按钮，可以使用这些按钮控制性能分析的开始、停止和浏览收集的数据，如图 13-8 所示。

▲图 13-8　Profiler 控制按钮

一个典型的控制按钮的使用过程如下，开始分析应用进程，当应用出现性能问题时，暂停分析，然后通过时间线控制，逐帧地找到显示性能问题的帧，这帧的详细信息会在下半部窗口详细显示。

13.1.4　Frame Debugger

Unity Profiler 是一个强大的性能分析工具，Unity 还有一个强大的帧调试器（Frame Debugger），帧调试器允许将正在运行的应用在特定的帧冻结回放，并查看用于渲染该帧的单次绘制调用。除列出 Drawcall 外，调试器还允许逐个地遍历它们，一个一个地渲染，这样我们就可以非常详细地看到场景如何一步一步绘制出来。

AR 应用也可以使用帧调试器，除了在 Build Settings 对话框中将 Development Build 和 Autoconnect Profiler 后面的复选框都选上外，使用帧调试器还需要开启多线程，在 Unity 菜单中依次选择 Edit➤Project Settings➤Player，在 Inspector 窗口，依次选择 Android➤Other Settings，将 Multithreaded Rendering 复选框选上，开启多线程渲染，如图 13-9 所示。

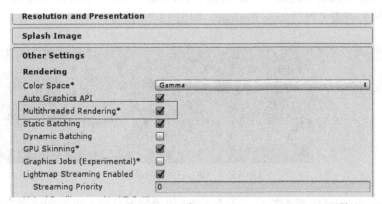

▲图 13-9　Frame Debugger 需要打开 Multithreaded Rendering 开关

（1）打开 Debugger 窗口。在 Unity 菜单中，依次选择 Window➤Analysis➤Frame Debugger，打开 Frame Debugger 窗口，将该窗口也拖到 Game 选项卡旁边，使其停靠在 Game 选项卡右侧。

（2）选择调试设备。在 Build Setting 对话框中，生成应用时选择"Build And Run"，将应用下载到真机上启动运行，在 Frame Debugger 窗口中的 Editor 下拉菜单中选择真机设备，然后按下"Enable"按钮（单击"Enable"按钮时会暂停应用），如图 13-10 所示。

这时 Frame Debug 窗口中将会加载应用程序在渲染该帧时的相关信息，如图 13-11 所示。

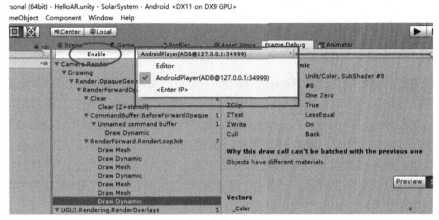

▲图 13-10 启动 Frame Debug

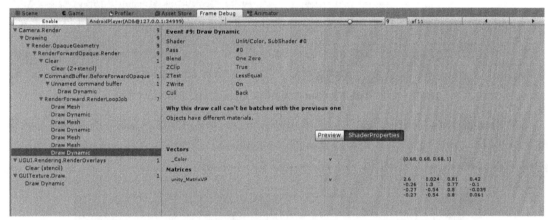

▲图 13-11 Frame Debug 信息窗口

Frame Debug 窗口左侧主列表以树形层次结构的形式显示了 Drawcall 序列（以及其他事件，如 framebuffer clear），该层次结构标识了调用的起源。列表右侧的面板提供了关于 Drawcall 的更多详细信息，例如用于渲染的几何细节和着色器。

单击左侧列表中的一个项目将在右侧显示该项目的详细 Drawcall 信息，包括 Shader 中的参数信息（对每个属性都会显示值，以及它在哪个着色器阶段"顶点、片元、几何、hull、domain"中被使用）。

工具栏中的左右箭头按钮表示向前或向后移动一帧，也可以通过使用键盘箭头键达到同样的效果。此外，窗口顶部的滑块允许在 Drawcall 调用中快速"擦除"，从而使用户快速找到感兴趣的点。

Frame Debug 窗口顶部是一个工具栏，分别显示红、绿、蓝和 alpha 通道信息，以方便查看应用的当前状态。类似地，可以使用这些通道按钮右侧的 levels 滑块，根据亮度级别隔离视图的区域，但这个功能只有在渲染纹理时才能启用。

13.2 Unity Profiler 使用

Unity Profiler 是非常强大的性能分析工具，在上节中，我们对 Profiler 进行了简单的介绍，

Unity Profiler 能对 CPU 使用、GPU 使用、渲染、内存使用、UI、网络通信、音频、视频、物理分析、全局光照进行实时查看，非常有助于发现性能瓶颈，为分析问题提供协助。

13.2.1 CPU 使用情况分析器

CPU 使用情况分析器（CPU Usage Profiler）是对应用运行时设备上的 CPU 使用情况进行实时统计的分析器。CPU 使用情况分析器以分组的形式对各项任务建立逻辑组，即左侧中的 Rendering、Scripts、Physics、Animation 等，如图 13-12 所示。这里的"Others"部分记录了不属于渲染的脚本、物理、垃圾回收及 VSync 的总数，还包括动画、AI、音频、粒子、网络、加载和 PlayerLoop 数据（以下分析器与此一致）。CPU 使用情况分析器采用分组的形式可以对属于该组的信息进行独立统计计算，更直观地显示出各任务组对 CPU 的占用比，也可以方便地勾选或者不勾选任务组，以便简化分析曲线。

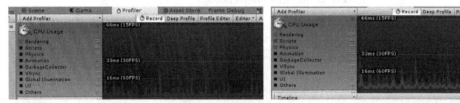

▲图 13-12 可以选择 Profiler 左侧的任务组显示特定任务组的统计曲线

在 Profiler 窗口左侧选择 CPU 使用情况分析器后，如图 13-13，窗口下方窗格将显示详细的分层时间数据。显示方式可以是时间线（Timeline）、层次结构（Hierarchy）、原始层次结构（Raw Hierarchy），如图 13-14、图 13-15、图 13-16 所示。

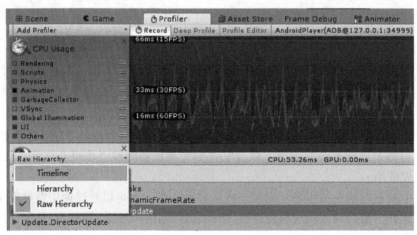

▲图 13-13 CPU Profiler 详细信息可以以 Timeline、Hierarchy、Raw Hierarchy 方式显示

Hierarchy、Raw Hierarchy 显示时，各列属性含义如下。

（1）Self 列指的是在特定函数中花费的时间量，不包括调用子函数所花费的时间。

（2）Time ms 和 Self ms 列显示相同的信息，以毫秒为单位。

（3）Calls 则是指 Drawcall 调用次数。

（4）GC Alloc 列显示当前帧占用的将要在后面被垃圾收集器回收的存储器，此值最好保持为 0。

13.2 Unity Profiler 使用

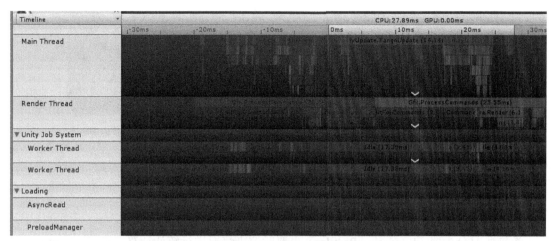

▲图 13-14　Timeline 显示方式

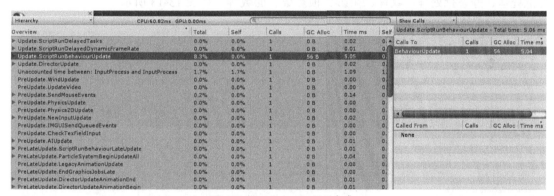

▲图 13-15　Hierarchy 显示方式

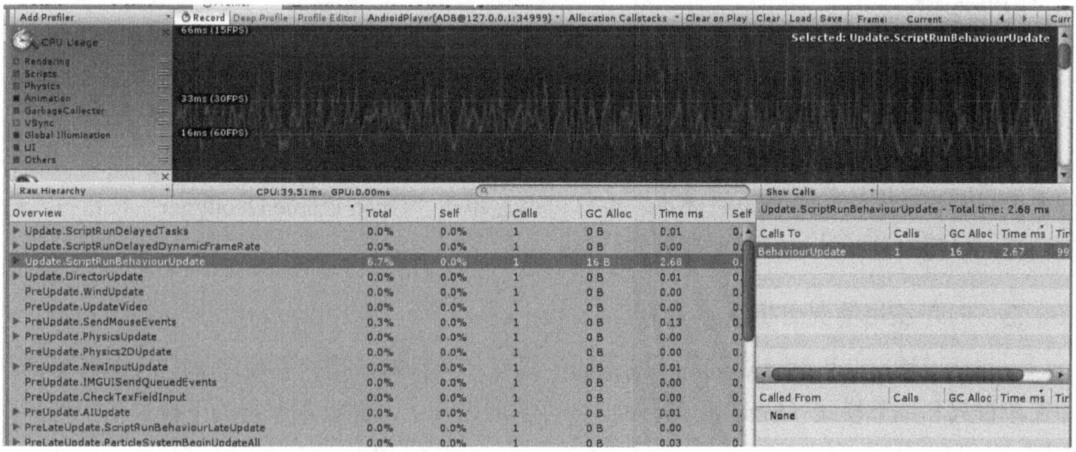

▲图 13-16　Raw Hierarchy 显示方式

以 Hierarchy、Raw Hierarchy 显示时，在窗口下方右侧的下拉菜单中，还可以选择 No Details、Show Related Objects、Show Calls 以便进行更加深入的细节检查，如图 13-17 所示。

CPU 使用情况分析器还可以进行物理标记、性能问题检测警告、内存性能分析、时间轴高亮显示细节等功能，具体请读者参阅 Unity 使用文档。

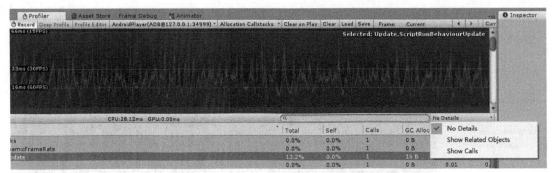

▲图 13-17　Hierarchy、Raw Hierarchy 还可以选择 No Details、Show Related Objects、Show Calls

13.2.2　渲染情况分析器

渲染情况分析器（Rendering Profiler）主要对渲染情况进行统计计算，包括 Drawcall、动态批处理、静态批处理、纹理、阴影、顶点数、面数等，如图 13-18 所示。

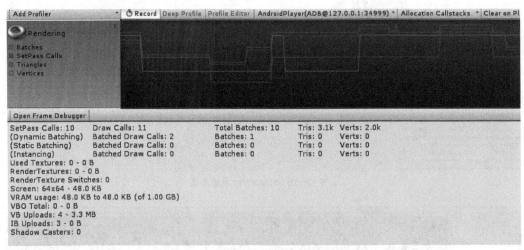

▲图 13-18　Rendering Profiler 窗口

一些统计信息与 GameView 渲染统计信息窗口中显示的统计信息非常接近。使用渲染分析器进行分析时，在某个特定时间点，也可以通过单击"Open Frame Debugger"按钮打开帧调试器，以便对某一帧进行更加深入的分析。

13.2.3　内存使用情况分析器

内存使用情况分析器（Memory Profiler）提供了两种对应用内存使用情况的查看模式，即简单模式和细节模式（Simple、Details），可以通过在下方面板左上角的下拉菜单中选择，如图 13-19 所示。

简单查看模式，如图 13-19 所示，只简单显示应用程序在真实设备上每帧所占用的内存情况，包括纹理、网格、动画、材质等对内存占用大小。从图 13-19 中我们也可以看到，Unity 保留了一个预分配的内存池，以避免频繁地向操作系统申请内存。内存使用情况包括为 Unity 代码中分配的内存量、Mono 托管代码内存量（主要是垃圾回收器）、GfxDriver 驱动程序（纹理、渲染目标、着色器）、FMOD 音频驱动程序的内存量、Profiler 分析器内存量等。

13.2 Unity Profiler 使用

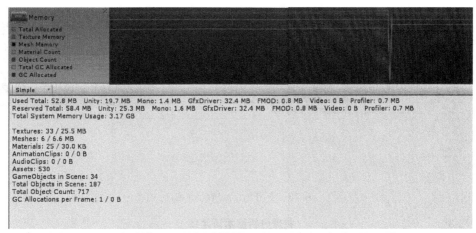

▲图 13-19 简单模式查看 Memory Profiler

详细查看模式，如图 13-20 所示，在该模式下允许采集当前设备使用内存情况的快照。单击"Take Sample"按钮捕获详细的内存使用情况（获取此数据需要一些时间，因此获取到的详细信息数据并不是实时的）。在获取快照后，将使用树形层次结构的形式更新 Profiler 窗口，更方便对内存使用情况进行深入分析。

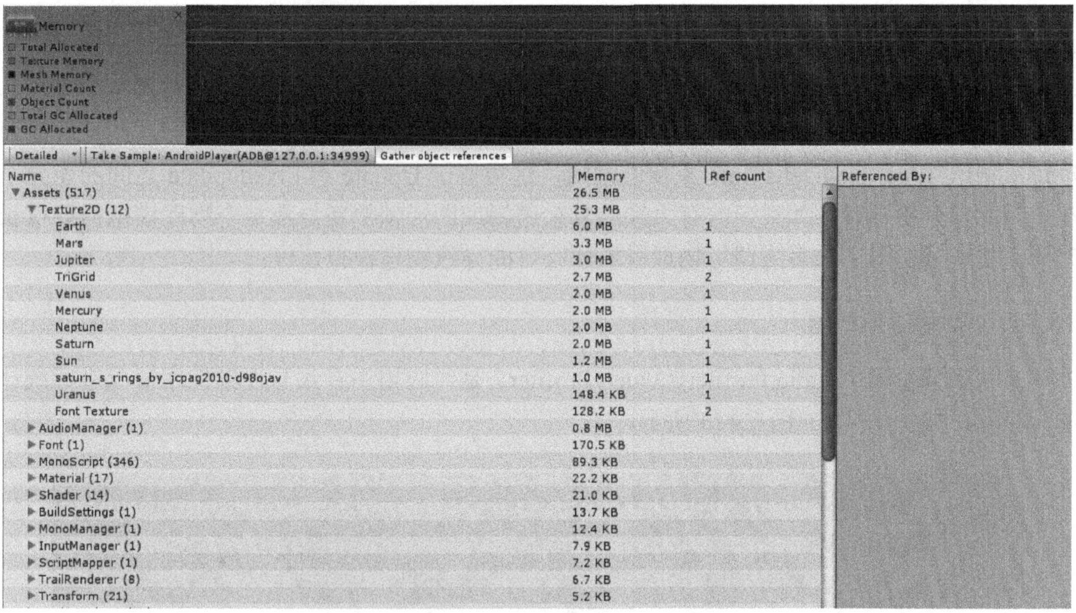

▲图 13-20 Details 方式查看 Memory Profiler

树形层次结构对 Assets、内置资源、场景、其他类型资源都进行了内存占用情况分析，非常直观。

13.2.4 物理分析器

物理分析器（Physics Profiler）显示场景中物理引擎已处理过的物理统计数据，这些信息有助于诊断和解决与场景中物理相关的性能问题，如图 13-21 所示，使用物理分析器时显示的术语含义如表 13-3 所示。

▲图 13-21　Physics Profiler 窗口

表 13-3　　　　　　　　　　物理分析器术语含义

术语	描述
Active Dynamic	活动状态的非运动学刚体组件
Active Kinematic	活动状态的运动学刚体组件，带关节的运动学刚体组件可能会在同一帧出现多次
Static Colliders	没有刚体组件的静态碰撞体
Rigidbody	由物理引擎处理的活动状态刚体组件
Trigger Overlaps	重叠的触发器
Active Constraints	由物理引擎处理的原始约束数量
Contacts	场景中所有碰撞体的接触对总数

Unity 中，物理模拟运行在与主逻辑更新循环不同的固定频率更新周期上，并且只能通过每次调用 Time.fixedDeltaTime 来步进时间，这类似于 Update 和 Fixedupdate 之间的差异。在使用物理分析器时，如果当前有大量的复杂逻辑或图形帧更新导致这个物理模拟需要很长时间，物理分析器必须多次调用物理引擎才有可能导致物理模拟暂停。

13.2.5　音视频分析器

音视频分析器（Audio Profiler、Video Profiler）是对应用中音频与视频使用情况进行统计的分析器，如图 13-22、图 13-23 所示。

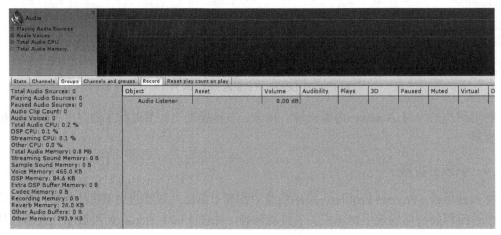

▲图 13-22　Audio Profiler 窗口

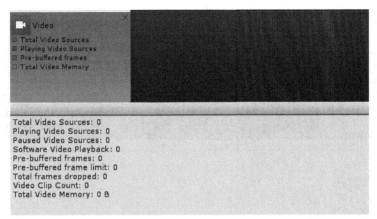

▲图 13-23　Video Profiler 窗口

音频分析器窗口中有监视音频系统的重要性能数据，如总负载和语音计数。窗口的下部展示了有关未被图表面板覆盖的音频系统各个部分的详细信息。视频分析器与音频分析器差不多，使用起来也很直观。

13.2.6　UI 分析器

UI 分析器（UI Profiler）是一个专门用于分析应用中 UI 性能情况的分析器模块，使用该分析器可以帮助理解 UI 批处理、对象批处理的原因和方式，了解导致延时的 UI 问题，如图 13-24 所示。

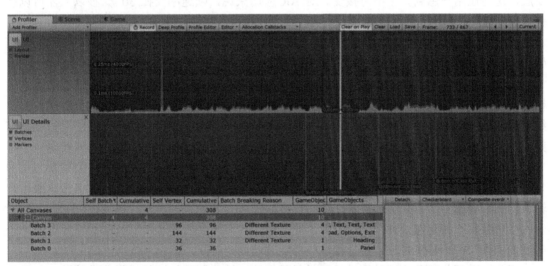

▲图 13-24　UI Profiler 窗口

13.2.7　全局光照分析器

全局光照分析器（Global Illumination Profiler）显示光照统计信息以及实时全局照明（GI）子系统在所有工作线程中消耗的 CPU 时间，如图 13-25 所示。在 Unity 中，GI 由名为 Enlighten 的中间件统一管理。

Profiler 是进行性能分析的利器，能提供大量深入的各类信息供开发者参考，除了上面所述分析器，Unity 还提供了 GPU Profiler，不过暂时不提供对移动平台的支持，关于更多 Profiler

的使用说明，请参阅 Unity 使用文档。

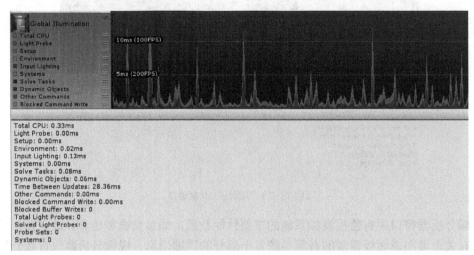

▲图 13-25　Global Illumination Profiler 窗口

13.3　性能优化的一般步骤

AR 应用不同于一般桌面应用，用户对桌面应用的耐受性比较高，如执行一个复杂统计，用户有足够的耐心等待 3 秒，但 AR 应用卡顿 3 秒是不可忍受的，AR 应用卡顿 3 秒或者没反应，这会让用户感到完全不可接受。对 AR 应用来说，帧速率要在 30 帧/秒以上才可以接受，低于这个值就会让人感觉有延时、卡顿、操作反应迟钝。

AR 应用与游戏一样，对性能要求高，特别是对单帧执行时间有严格限制，按最低 30 帧/秒计算，每帧的执行时间必须要限制在 33.3 毫秒内，若超出必将导致掉帧。

既然帧速率这么重要，那我们详细了解一下这个概念。帧速率是衡量 AR 性能的基本指标，一帧类似于动画中的一个画面，一帧图像就是 AR 应用绘制到屏幕上的一个静止画面，绘制到屏幕上一帧叫做渲染一帧。帧速率，通常用帧/秒衡量。提高帧速率就要降低每帧的渲染代价，即渲染每帧画面所需要的毫秒数，这个毫秒数有助于指导我们优化性能表现。

要渲染一帧图像，AR 应用需要执行很多不同的任务。简单地说，Unity 必须更新应用的状态，获取应用的快照并且把快照绘制到屏幕上。有些任务需要每帧都执行，包括读取用户输入、执行脚本、运行光照计算等，还有许多操作需要每帧执行多次，如物理运算。当所有这些任务都执行得足够快时，AR 应用才能有稳定且可接受的帧速率，当这些任务中的一个或者多个执行得不够快时，渲染一帧将花费超过预期的时间，帧速率就会因此下降。

因此知道哪些任务执行时间过长，对于我们解决性能瓶颈问题就显得非常关键。一旦知道了哪些任务降低了帧速率，就可以有针对性地去优化应用的这一部分，而获取这些任务执行时的性能表现这就是性能分析器的工作。

AR 应用非常类似于移动端游戏应用，因此，移动端游戏应用中的那些优化策略和技巧完全适用于 AR 应用，通常来说，进行 AR 应用的性能分析与性能优化遵循以下步骤。

13.3.1　收集运行数据

收集 AR 运行时的数据主要使用 Unity Profiler 和 Frame debugger 工具，Unity Profiler 和

Frame debugger 工具的使用在前节已做简单介绍，如图 13-26 所示。收集 AR 应用实时运行数据的步骤如下。

（1）在目标设备上生成 development build，实时采集 AR 应用运行时数据。

（2）对采集的运行数据进行观察，特别是那些性能消耗过高的节点，寻找导致帧速降低的关键点，录制运行时数据以便后续分析。

（3）在录制性能问题的样本数据后，单击 Profiler 窗口上部的任意位置暂停应用，并且选择一帧。

（4）在 Profiler 窗口上半部分，选择展示有性能问题的应用帧。这可以是使帧速率突然降低的帧，也可能是持续性的低帧。通过使用键盘的左右箭头键或者 Profiler 窗口上部控制栏的前后按钮选择帧，直到选择到需要进行分析的目标帧。

（5）对选定的帧还可以启动帧调试器（Frame Debug）进行更加深入的数据采集工作。

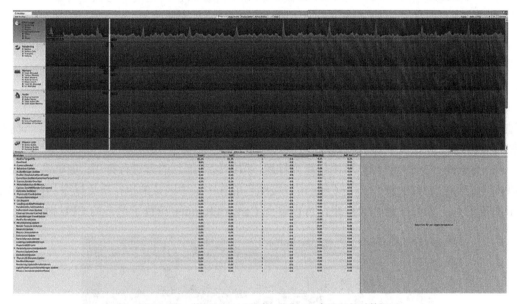

▲图 13-26　使用 Unity Profiler 收集 AR 应用运行时数据

13.3.2　分析运行数据

采集到 AR 应用运行时数据是基础，在采集到这些信息后对这些数据进行分析并找到引起性能问题的原因才是修复问题的关键。这里以 CPU Usage 为例，讲解如何分析采集到的数据，其他 Profiler 分析器类似。

在出现性能问题时，CPU Usage 是使用得最多的分析器。在 CPU Usage 窗口上部，可以很清晰地看到为完成一帧画面各任务组花费的时间，如图 13-27 所示。

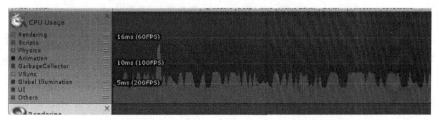

▲图 13-27　打开 CPU Usage 窗口分析各任务组执行数据

第 13 章　性能优化

对各任务组，分析器以不同颜色进行了标识分类，我们可以选择一个或几个任务组进行查看。不同的颜色分别代表了在渲染、脚本执行、物理运算等方面的任务组，如图 13-27 所示，Profiler 左侧显示了哪种颜色代表哪类任务组。

在图 13-28 所示的截图中，在窗口底部显示了这帧中所有任务组 CPU 耗时共计 85.95 毫秒。

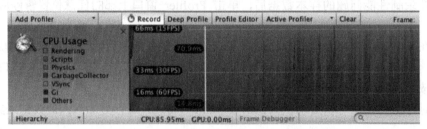

▲图 13-28　CPU Usage 窗口显示了 CPU 总执行时间

对照颜色查看各任务组，发现大部分时间消耗在渲染上，由此我们可以知道，是渲染性能问题造成了掉帧，那么对渲染优化就成了当前最主要的优化方向。

CPU 使用情况分析器还提供了不同的显示模式，可以是 Timeline、Hierarchy、Raw Hierarchy。在发现是渲染问题导致掉帧后，可以选择使用层次结构模式去挖掘更深入的信息，通过在 Profiler 左下窗口的下拉菜单中选择 Hierarchy 可以查看 CPU 任务的详细信息，查看在这帧中是哪些任务花费了最多的 CPU 时间。

在 Hierarchy 视图中，可以单击任意列标题，按照这列信息的值进行排序。如单击 Time ms 可以按照函数花费时间排序，单击 Calls 可以按照当前选中帧中函数的执行次数排序。在图 13-29 所示的截图中，我们按照时间排序，可以看到 Camera.Render 花费了最多的 CPU 时间。

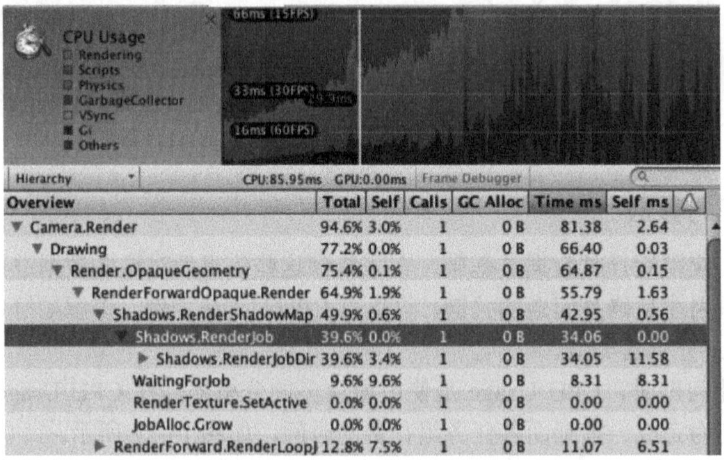

▲图 13-29　通过 Hierarchy 查看性能消耗情况

在 Hierarchy 视图中，如果行标题名字左边有箭头，则可以单击展开，进一步查看这个函数调用了哪些其他函数，并且这些函数是怎样影响性能的。在这个例子中，Camera.Render 中消耗 CPU 时间最多是 Shadows.RenderJob 函数，即使我们现在对这个函数还不太了解，也已经对影响性能的问题有了大致的印象，知道了性能问题与渲染相关，并且最耗时的任务是处理阴影。

切换到 Timeline 模式，如图 13-30 所示，时间线视图展示两个重要的事项：CPU 任务执行顺序和各线程负责的任务。

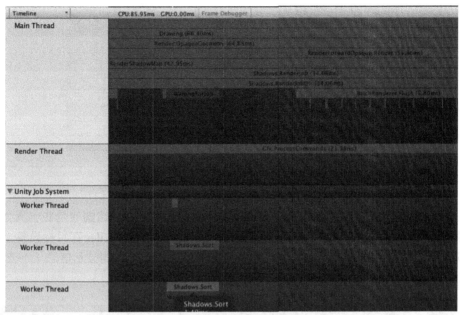

▲图 13-30　各线程执行情况

通过查看 Timeline 任务执行图，可以找到执行最慢的线程，这也是我们下步需要优化的线程。在图 13-30 中，我们看到 Shadows.RenderJob 调用的函数发生在主线程，主线程的一个任务 WaitingForJob 指示出主线程正在等待工人线程完成任务。因此，可以推断出和阴影相关的渲染操作在主线程和工人线程同步上消耗了大量时间。

> **提示**　线程允许不同的任务同时执行。当一个线程执行一个任务时，另外的线程可以执行另一个完全不同的任务。和 Unity 渲染过程相关的线程有 3 种：主线程、渲染线程和工人线程（worker threads），多线程就意味着需要同步，很多时候性能问题就出在同步上。

13.3.3　确定问题原因

找到问题是解决问题的第一步。为查找引起性能问题的原因，首先，我们要排除垂直同步的影响（垂直同步（VSync）用于同步应用的帧率和屏幕的刷新率，打开垂直同步会影响 AR 应用的帧率，在 Profiler 窗口中可以看到影响）。垂直同步的影响可能看起来像性能问题，会影响我们判断排错，所以在继续查找问题之前应该先关闭垂直同步。在 Unity 菜单中，依次选择 Edit➤Project Settings，打开 Project Settings 对话框，切换到 Quality 选项卡，在 Other 中设置 V Sync Count 为 Don't Sync，如图 13-31 所示，但垂直同步不是在所有的平台都可以关闭，有的平台（例如 iOS 平台）是强制开启的。

渲染是常见的引起性能问题的原因，当我们尝试修复一个渲染性能问题之前，最重要的是确认 AR 应用是受限于 CPU 还是受限于 GPU，因为不同的问题需要用不同的方法去解决。简单地说，CPU 负责决定什么东西需要被渲染，而 GPU 负责渲染它。当渲染性能问题是因为 CPU 花费了太长时间渲染一帧时，则原因是 CPU 受限；当渲染性能问题是因为 GPU 花费了太长时间渲染一帧时，则原因是 GPU 受限。

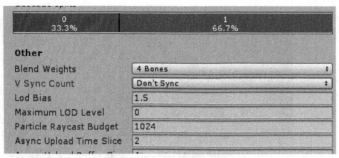

▲图 13-31　关闭垂直同步

1. GPU 受限

识别是否 GPU 受限的最快方法是使用 GPU Usage Profiler，但遗憾的是并非所有的设备和驱动都支持 GPU Usage Profiler，因此需要先检查 GPU Usage Profiler 在目标设备上是否可用。打开 GPU Usage Profiler，如果目标设备不支持，可以看到右侧显示信息"不支持 GPU 分析（GPU profiling is not supported）"字样，如图 13-32 所示。

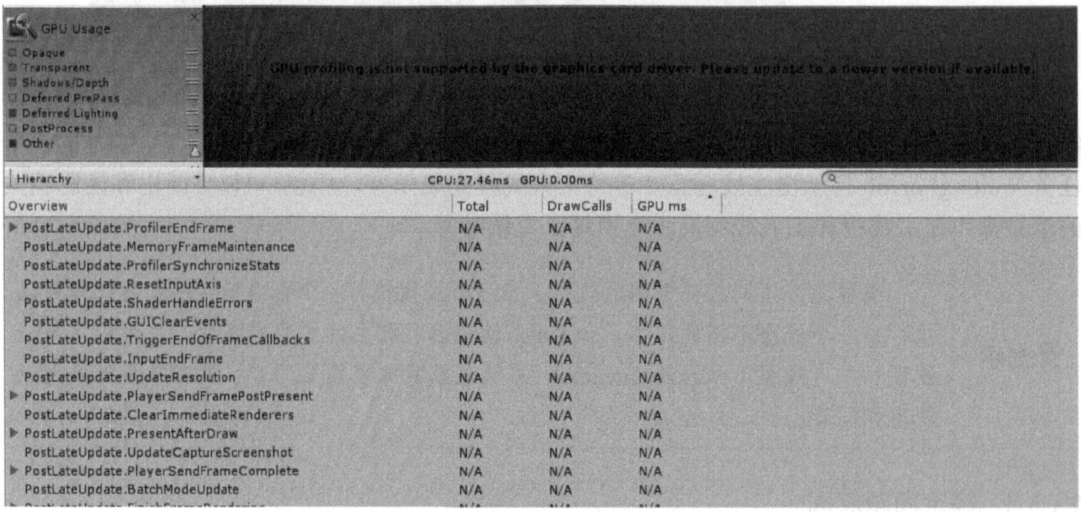

▲图 13-32　设备不支持 GPU 分析

如果支持 GPU 分析，只需要查看 GPU Usage 窗口下方中间部分的 CPU 时间和 GPU 时间，如果 GPU 时间大于 CPU 时间，就可以确定 AR 应用是 GPU 受限。如果 GPU Usage 不可用，我们仍然有办法确认 AR 应用是否是 GPU 受限——打开 CPU 使用分析器，如果看到 CPU 在等待 GPU 完成任务，即意味着 GPU 受限，步骤如下。

（1）选择 CPU Usage。
（2）在窗口下部查看选择帧的详细信息。
（3）选择层次结构视图。
（4）选择按 Time ms 列排序。

如图 13-33 所示，函数 Gfx.WaitForPresent 在 CPU Usage 中消耗的时间最长，这表明 CPU

在等待 GPU，也就是 GPU 受限。如果是 GPU 受限，下一步就应该主要对 GPU 图形渲染进行优化。

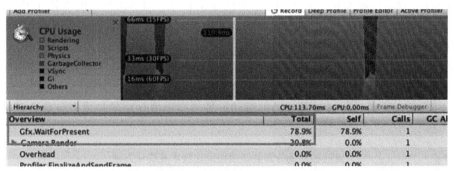

▲图 13-33　设备不支持 GPU 分析时通过 CPU Usage 判断是否是 GPU 受限

2. CPU 受限

如果 AR 应用不是受限于 GPU，那么我们就需要检查 CPU 相关的渲染问题。打开 CPU Usage，在窗口的上部，检查代表渲染任务组颜色的数据，在有性能问题的帧中，如果大部分时间都消耗在渲染上，那么表示是渲染引起了问题，按照以下步骤进一步查找性能问题信息。

（1）选择 CPU Usage。
（2）检查窗口下方选中帧的详细信息。
（3）选择层次结构视图。
（4）单击 Time ms 列，按函数消耗时间排序。
（5）单击列表中最上方的函数（即消耗时间最多的函数）。

如果选中的函数是一个渲染函数，那么 CPU Usage 会高亮显示渲染部分。如果是这个原因，即意味着是渲染相关的操作引起性能问题，并且在这一帧中是 CPU 受限，同时需要注意函数名和函数是在哪个线程执行，这些信息在我们尝试修复问题时十分有用。如果是 CPU 受限，下一步就应该主要对 CPU 图形渲染进行优化。

3. 其他引起性能问题的主要原因

通常垃圾回收、物理计算、脚本运行也是引起性能问题的主要原因，可以通过 CPU Usage、Memory Usage 等分析器联合进行分析。如果函数 GC.Collect 出现在窗口最上方，并且花费了过多的 CPU 时间，那么我们可以确定垃圾回收导致了应用性能问题；如果在窗口上方高亮显示物理计算，说明 AR 应用的性能问题与物理引擎运算相关；如果在窗口上方高亮显示的是用户脚本函数，说明 AR 应用的性能问题与用户脚本相关。

尽管我们讨论了垃圾回收、物理计算、脚本运行 3 种最常见的引起性能问题的原因，但 AR 应用在运行时可能会遇到各种各样的性能问题。万变不离其宗，遵循上述解决问题的方法，先收集数据，使用 CPU Usage Profiler 检查应用运行信息，找到引起问题的原因。一旦知道了引起问题的函数名，我们就可以在 Unity Manual、Unity Forums、Unity Answers 中查找函数的相关信息，最终解决问题。

13.4 移动设备性能优化

Unity 对游戏开发应用的优化策略与技巧完全适用于 AR 应用开发，如静态批处理、动态批处理、LOD、阴影与实时光照等优化技术全部都可以套用到 AR 应用开发中。但 AR 应用运行的移动设备端，是比 PC 或者专用游戏机更苛刻和复杂的运行环境，而且移动设备的各硬件性能与 PC 或专用游戏机相比还有很大的差距，因此，对 AR 应用的优化比 PC 游戏要求更高。对移动设备性能进行优化也是一个广泛而庞大的主题，下面只取其中的几个具有代表性的方面进行一般性的阐述。

在 AR 应用开发中，我们应当充分认识移动设备的局限性，了解 Unity 的图形渲染管线，使用一些替代性策略来缓解计算压力，如将一些动画或预烘焙用物理数学计算的形式模拟、采用纹理来模拟光照效果等，当前移动设备需要谨慎使用的技术及优化方法如表 13-4 所示。

表 13-4　　　　　当前移动设备需要谨慎使用的技术及优化方法

谨慎使用	技术及优化方法
全屏特效，如发光和景深	在对象上混合 Sprite 代替发光效果
动态的逐像素光照	只在主要角色上使用真正的凹凸贴图（Bump mapping）；尽可能多地将对比度和细节烘焙进漫反射纹理贴图，将来自凹凸贴图的光照信息烘焙进纹理贴图
全局光照	尽量采用 Lightmaps 贴图，而不是直接使用真实的阴影；在角色上使用 Lightprobes，而不是真正的动态灯光照明；在角色上采用唯一的动态逐像素照明
实时阴影	降低阴影质量
光线追踪	使用纹理烘焙代替雾效；采用淡入淡出代替雾效
高密度粒子特效	使用 UV 纹理动画代替密集粒子特效
高精度模型	降低模型顶点数与面数；使用纹理来模拟细节
复杂特效	使用纹理 UV 动画替代，降低 Shader 复杂度

性能优化不是最后一道工序而是应该贯穿于 AR 应用开发的整个过程，并且优化也不仅是程序员的工作，它也是美工、策划的工作任务之一，如烘焙灯光时，美工应该制作烘焙内容而不是实时渲染。

13.5 渲染优化

13.5.1 渲染流程

渲染性能受 AR 应用中很多因素影响并且高度依赖运行该应用程序的硬件和操作系统平台，优化渲染性能最重要的是通过调试实验，精确分析性能检测结果针对性解决问题。深入理解 Unity 渲染事件流有助于研究和分析，计算机图像处理与 CPU 渲染的工作流程图如图 13-34 所示。

首先需要清楚的是，在渲染一帧时 CPU 和 GPU 需要协作并完成各自任务，它们中的任何一个花费时间超过预期都会造成渲染延迟。因此渲染性能出现问题有两个基本的原因：一是 CPU 计算能力引起的，如果 CPU 处理数据时间过长（往往是因为复杂的计算或大量的数据准备），打断了平滑的数据流时 CPU 成为渲染瓶颈；二是 GPU 渲染管线引起的，当渲染管线中一步或者多步花费时间过长（往往是渲染管线需要处理的数据太多，如模型顶点多、纹理尺寸大等），打断了平滑的数据流时 GPU 成为渲染瓶颈。简而言之，如果 CPU 与 GPU 负载分布不平衡，就会导致其中一个过载而另一个空载，一方等待另一方。在给定硬件条件下，

13.5 渲染优化

对渲染优化就是为了寻求一个平衡点，使 CPU 和 GPU 都处于忙碌但又不过载的状态。如果 CPU 与 GPU 硬件性能确实过低不能满足要求只能选择降低效果或放弃。

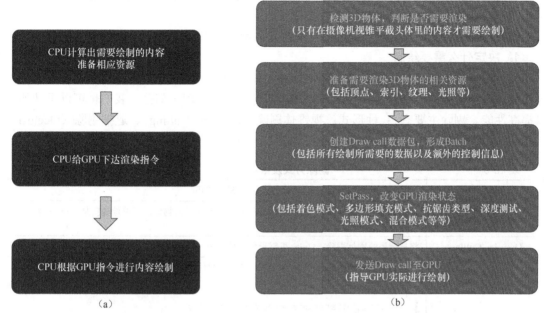

▲图 13-34　左图（a）是计算机渲染流程图，图（b）是 CPU 渲染工作流程图

13.5.2　CPU 瓶颈

在渲染一帧画面时，CPU 主要完成 3 类工作：决定什么需要绘制、为 GPU 准备命令、发送命令到 GPU。这 3 类工作包含很多独立的任务，这些任务可以通过多线程协同完成。

Unity 渲染过程与 3 类线程相关：主线程（Main thread）、渲染线程（Render thread）和工人线程（Worker threads）。主线程用于完成 AR 应用主要 CPU 任务，包括一些渲染任务；渲染线程专门用于发送命令给 GPU；每个工人线程执行一个单独的任务，如剔除或网格蒙皮。哪些任务在哪个线程执行取决于 AR 应用运行的硬件和应用设置，通常 CPU 核心数量越多，生成的工人线程数也越多。

> **提示**　多线程（Multithreading）是指从软件或者硬件上实现多个线程并发执行的技术。多线程允许不同的任务同时执行，当一个线程执行一个任务时，另一个线程可以同时执行完全不同的任务，这意味着工作能够并发地处理，因此可以更快地完成。当渲染任务被分发到不同的线程时，称为多线程渲染。并不是所有的平台都支持多线程渲染，如 WebGL 就不支持该功能。在不支持多线程渲染的平台上，所有的任务都在相同的线程中执行。

由于多线程渲染非常复杂并且依赖硬件，在我们尝试改进性能时，首先必须了解是哪些任务导致了 CPU 瓶颈，如果 AR 应用运行缓慢是因为在一个线程上的剔除操作花费了太长的时间，那么尝试在另一个线程上降低网格蒙皮的时间不会有任何帮助。

Player Settings 对话框中的 Graphics Jobs 选项（在 Player Setting➤Player➤Other Settings

选项卡下）决定了 Unity 是否使用工人线程去执行一些原本需要在主线程或者渲染线程中执行的任务，在支持这个功能的平台上启用该选项能够提供可观的性能提升效果。如果希望使用这个功能，应该分别对开启和关闭此功能进行性能分析，观察该功能对性能的影响，看是否有助于性能的提升。

解决 CPU 瓶颈问题可以从 CPU 的 3 类工作入手逐个分析。

1. 决定什么需要绘制

在 AR 场景中，视锥平截头体外的物体及物体背面、尺寸过小、距离过大的物体都不需要渲染，因此需要提前剔除，底层图形处理接口可以帮助处理一部分，我们也可以手动处理以提高性能。剔除主要有 3 种形式：视锥体剔除（Frustum Culling）、遮挡剔除（Occlusion Culling）、远近剔除(LayerCullDistances)，如表 13-5 所示。

表 13-5　　　　　　　　　　　　　　剔除方式及常用技巧

剔除方式	常用技巧
Frustum Culling	使用 Camera 的 Frustum Matrix 属性剔除不需要显示的物体，简单地说就是 Camera 看不到的物体不需要显示，Unity 默认开启
Occusion Culling	将被遮挡的物体剔除，Unity 里需设置遮挡标识（Occluder Flag）
LayerCullDistances	将超过一定距离的物体剔除，使用该方法时需要提前设置需要剔除物体所属的 Layer，如设置为 "grass"，则剔除方法如下： ```\nfloat[] distances = new float[32];\ndistances[LayerMask.NameToLayer("grass")] = 50;\ncamera.layerCullSpherical = true;\ncamera.layerCullDistances = distances;\n``` 当物体与摄像机距离超过 50 米后，物体将被剔除不再渲染，该方法一般用于处理多且小的虚拟物体

2. 为 GPU 准备命令

为 GPU 准备命令包括加载渲染所需数据到显存、设置渲染状态。在准备渲染时，CPU 需要将所有渲染所需数据从硬盘加载到内存，模型顶点、索引、纹理等数据又被从内存加载到显存中，这些数据量在复杂场景中会非常大。在将渲染数据加载到显存后，CPU 还需要设置 GPU 渲染状态，如网格的顶点、片元、着色器、光照模型、抗锯齿模式等。不仅如此，还需要设置 GPU 的管线状态，如 RasterizerState、BlendState、DepthStencilState、InputLayout 和其它数据，这个过程需要 CPU 与 GPU 同步，也是一个耗时的过程。在这个阶段优化的重点就是减少 Drawcall，能一次性渲染的内容不要分阶段、分区域多次渲染，能合并的模型、纹理、材质尽量合并。

3. 发送命令到 GPU

发送命令到 GPU 消耗时间过长是引起 CPU 性能问题的最常见原因。在大多数平台上，发送命令到 GPU 任务由渲染线程执行，个别平台由工人线程执行（如 PS4），在发送命令到 GPU 时，最耗时的操作是 SetPass call。如果 CPU 受限是由发送命令到 GPU 引起的，那么降低 SetPass call 的数量通常是最好的改善性能的办法。在 Rendering Profiler 中，可以直观地看到有多少 SetPass call 和 Batches 被发送。

不同硬件处理 SetPass call 的能力差异很大，在高端 PC 上可以发送的 SetPass call 数量要远远大于移动平台。通常在优化时为了减少 SetPass call 和 Batches 数量，需要减少渲染对象数量、减少每个渲染对象的渲染次数、合并渲染对象数据，如果读者学习过 DirectX 或者

OpenGL，对图形渲染管线很了解的话应该很容易理解。

❑ 减少渲染对象数量

减少渲染对象数量是最简单的降低 SetPass call 和 Batches 的方法，减少渲染对象数量的常见方法如表 13-6 所示。

表 13-6　　　　　　　　　　减少渲染对象数量的常见方法

序号	常用方法
1	减少场景中可见对象数量。如渲染很多"僵尸"时，可以尝试减少"僵尸"数量，如果看起效果仍然不错，那这就是一个简单且高效的优化方法
2	设置摄像机裁剪平面的远平面来降低摄像机的绘制范围。这个属性表示距离摄像机多远后的物体将不再被渲染，并通常使用雾效来掩盖远处物体从不渲染到渲染的突变
3	如果需要基于距离的更细粒度的控制物体渲染，可以使用摄像机的 Layer Cull Distances 属性，它可以给不同的 Layer 设置单独的裁剪距离，如果场景中有很多前景装饰细节，这个方法很有用
4	可以使用遮挡剔除功能关闭被遮挡物体的渲染。如场景中有一个很大的建筑，可以使用遮挡剔除功能，关闭该建筑后面被遮挡物体的渲染。需要注意的是 Unity 的遮挡剔除功能并不是所有场景都适用，它会导致额外的 CPU 消耗，并且相关设置比较复杂，但在某些场景中可以极大地改善性能
5	手动关闭物体渲染。可以手动关闭用户看不见的物体渲染，如场景包含一些过场的物体，那么在它们出现之前或者移出之后，应该手动关闭它们的渲染。手动剔除往往比 Unity 动态遮挡剔除有效得多

❑ 减少每个渲染对象的渲染次数

实时光照、阴影和反射可以大大提升 AR 应用的真实感，但是这些操作也非常昂贵，使用这些功能可能导致物体被渲染多次，从而对性能造成影响。通常来讲，这些功能对性能的影响程度依赖于场景选择的渲染路径，减少每个渲染对象渲染次数的常见方法如表 13-7 所示。

表 13-7　　　　　　　　　　减少每个渲染对象渲染次数的常见方法

序号	常见方法
1	深入理解 Unity 中动态光照，尽量少使用动态光照
2	使用烘焙技术预计算场景的光照
3	控制实时阴影使用，设置阴影距离，确保只有近处的物体投射阴影
4	尽量少使用反射探头
5	Shader 中尽量不使用多 pass 渲染

> **提示**　渲染路径即在绘制场景时渲染计算的执行顺序。不同渲染路径最大的不同是处理实时光照、阴影和反射的方法。通常来说如果 AR 应用运行在比较高端的设备上，并且应用了较多实时光照、阴影和反射时，延迟渲染是比较好的选择。前向渲染适用于当前的移动设备，它只支持较少的逐顶点光照。

❑ 合并物体

合并小的渲染物体可以大大减少 Drawcall，一个 Batch 可以包含多个物体的数据，如果要合并物体，则这些物体必须共享相同材质的相同实例、相同的渲染设置（纹理、Shader、Shader 参数等）。合并渲染物体的常见方法如表 13-8 所示。

表 13-8　　合并渲染物体的常见方法

序号	常见方法
1	静态 Batching，允许 Unity 合并相邻的不移动的物体。如一堆相似的静态石头就可以合并
2	动态 Batching，不论物体是运动的还是静止的都可以进行动态合并，但对能够使用这种技术合并的物体有一些要求限制
3	合并 Unity 的 UI 元素
4	GPU Instancing，允许大量一样的物体十分高效地合并处理，现在有些手机 GPU 不支持
5	纹理图集，把大量小纹理图合并为一张大的纹理图，通常在 2D 渲染和 UI 系统中使用，但也可以在 3D 渲染中使用
6	手动合并共享相同材质和纹理的网格，不论是在 Unity 编辑器中还是在运行时使用代码手动合并
7	在脚本中，谨慎使用 Renderer.material，因为这会复制材质并且返回一个新副本的引用，导致 Renderer 不再持有相同的材质引用，从而破坏 Batching。如果需要访问一个在合并中的物体的材质，应该使用 Renderer.sharedMaterial

13.5.3　GPU 瓶颈

GPU 瓶颈中最常见的问题是填充率、显存带宽、顶点处理。

1. 填充率

填充率是指 GPU 每秒可以在屏幕上渲染的像素数量。如果 AR 应用是受填充率限制，即应用每帧尝试绘制的像素数量超过了 GPU 的处理能力就会出现卡顿，解决填充率问题最有效的方式是降低显示分辨率。填充率优化的常见方法如表 13-9 所示。

表 13-9　　填充率优化的常见方法

序号	常见方法
1	片元 Shader 处理像素绘制，GPU 需要对每一个需要绘制的像素进行计算，如果片元 Shader 代码效率低，就很容易发生性能问题，片元 Shader 过于复杂是很常见的引起填充率问题的原因。在移动平台应使用最简单和最优化的 Shader。Mobile Shaders 是 Unity 针对移动平台高度优化的 Shader，在不影响视觉效果的前提下尽量使用 Mobile Shader 可以改善性能
2	Overdraw 是指相同的像素被绘制的次数，Overdraw 过高也容易引起填充率问题。最常见引起 Overdraw 的原因是透明材质、未优化的粒子、重叠的 UI 元素，优化它们可以改善 Overdraw 问题
3	屏幕后处理技术也会极大地影响填充率，尤其是在联合使用多种屏幕后处理时。如果在使用屏幕后处理时遇到了填充率问题，应该尝试不同的解决方案或者使用更加优化的屏幕后处理版本，如使用 Bloom（Optimized）替换 Bloom。如果在优化屏幕后处理效果后，仍然有填充率问题，应当考虑关闭屏幕后处理，尤其是在移动设备上

2. 显存带宽

显存带宽是指 GPU 读写显存的速度。如果 AR 应用受限于显存带宽，通常意味着使用的纹理过多或者纹理尺寸过大，以至于 GPU 无法快速处理，这时需要降低纹理的内存占用，降低纹理使用的常见方法如表 13-10 所示。

表 13-10　　降低纹理使用的常见方法

技术	常见方法
纹理压缩技术	纹理压缩技术可以同时降低纹理在磁盘和内存中的大小。如果是显存带宽的问题，那么使用纹理压缩减小纹理在内存中的大小可以帮助改善性能。Unity 内置有很多可用的纹理压缩格式和设置，同时需要注意，不同移动平台支持的压缩格式不尽相同。通常来说，纹理压缩格式只要可用就应该尽可能使用，尽管如此，通过实践找到针对每个纹理最合适的设置是最好的

续表

技术	常见方法
多级渐远纹理	多级渐远纹理是指 Unity 对远近不同的物体使用不同的纹理分辨率版本的技术，如果场景中包含距离摄像机很远的物体或者物体与摄像机距离变化较大时，可以通过使用多级渐远纹理来缓解显存带宽的问题，但 MipMap 会增加显存占用率约 33%

3. 顶点处理

顶点处理是指 GPU 处理渲染网格中的每一个顶点的工作。顶点处理主要由需要处理的顶点数量及在每个顶点上的操作两部分组成。减少渲染的顶点，简化在顶点上的操作可以降低顶点处理压力。降低顶点处理的常见方法如表 13-11 所示。

表 13-11　　　　　　　　　　降低顶点处理的常见方法

技术	常见方法
减少顶点数量	最直接的减少顶点数量的方法就是在 3D 建模软件中创建模型时使用更少数量的顶点，另外，场景中渲染的物体越少越有利于减少需要渲染的顶点数量
法线贴图	法线贴图技术可以用来模拟更高几何复杂度的网格而不用增加模型的顶点数，尽管使用这种技术有一些 GPU 消耗，但在多数情况下可以获得性能提升
关闭切线操作	如果模型没有使用法线贴图技术，在模型的导入设置中可以关闭顶点的切线，这将降低在顶点上的操作复杂度
LOD	LOD（Level Of Detail）是一种当物体远离摄像机时降低物体网格复杂度的技术。LOD 可以有效地减少 GPU 需要渲染的顶点数量，并且不影响视觉表现
优化顶点 Shader	顶点 Shader 处理绘制的每个顶点，优化顶点 Shader 可以减少在顶点上的操作，有助于性能提升
优化 Shader	特别是自定义的 Shader，应该尽可能地优化

13.6　代码优化

代码优化问题就像 C 语言一样"古老"，从编程语言诞生之日起，对代码进行优化就一直伴随着编程语言的发展，有关代码优化的方法、实践、指导原则也非常多，这里我们只着重学习与 AR 开发密切相关的垃圾回收和对象池。

13.6.1　内存管理

在 AR 应用运行时，应用会从内存中读数据，也会往内存中写数据。在运行一段时间后，某些写到内存中的数据可能会过期并不再被使用（如从硬盘中加载到内存中的一只狐狸模型在狐狸被子弹击中并不再显示后），这些不再被使用的数据就像垃圾一样，存储这些数据的内存就应该被释放以便重新利用，如果垃圾数据不被清理将会一直占用内存从而导致内存泄露，进而造成应用卡顿或崩溃。

我们也通常把存储了垃圾数据的内存叫做垃圾，把重新使得这些存储垃圾数据的内存变得可用的过程叫做垃圾回收（Garbage Collection，GC），垃圾回收是 Unity 内存管理的一部分。在应用运行过程中，如果垃圾回收执行得太频繁或者垃圾太多，就会导致应用卡顿甚至"假死"。

Unity 管理内存的方法叫做自动内存管理，Unity 会替开发人员做很多如堆栈管理、分配、内存回收之类的工作，在应用开发中开发人员不用操心这些细节。在本质上，Unity 中的自动内存管理大致如下。

（1）Unity 在栈内存和堆内存两种内存池中存取数据，栈用于存储短期和小块的数据，堆用于存储长期和大块的数据。

（2）当一个变量创建时，Unity 在栈或堆上申请一块内存。

（3）只要变量在作用域内（仍然能够被脚本代码访问），分配给它的内存就处于使用中状态，称这块内存已经被分配。一个变量被分配到栈内存称为栈上对象，被分配到堆内存称为堆上对象。

（4）当变量离开作用域后，其所占的内存即成为垃圾，这时就可以被释放回其申请的内存池。当内存被返回到内存池时，我们称之为内存释放。当栈上对象不在作用域内时，栈上的内存会立刻被释放，堆上对象不在作用域时，堆上的内存并不会马上被释放，并且此时内存状态仍然是已分配状态。

（5）垃圾回收器周期性地清理已分配的堆内存，识别并释放无用的堆内存。

Unity 在栈上分配释放内存和在堆上分配释放内存存在很大的区别，如下。

（1）栈上分配和释放内存很快并且很简单，分配和释放内存总是按照预期的顺序和预期的内存大小执行。栈上的数据均是简单数据元素集合（在这里是一些内存块），元素按照严格的顺序添加或者移除，当一个变量存储在栈上时，内存简单地在栈的"末尾"被分配，当栈上的变量不在作用域时，存储它的内存马上被返还回栈中以便重用。

（2）堆上分配内存要复杂得多，堆上会存储各种大小和类型的数据，堆上内存的分配和释放并不总是有预期的顺序，并且需要不同大小的内存块。当一个堆对象被创建时 Unity 会执行以下步骤。

（1）首先检查堆上是否有足够的空闲内存，如果堆上空闲内存足够，那么为变量分配内存。

（2）如果堆上内存不足，Unity 触发垃圾回收器尝试释放堆上无用的内存。如果垃圾回收后空闲内存足够，那么为变量分配内存。

（3）如果执行垃圾回收后，堆上空闲内存仍然不足，Unity 会向操作系统申请增加堆内存容量。如果申请到足够内存空间，那么为变量分配内存。

（4）如果申请失败，应用会出现内存不足错误。

因此，堆上分配内存可能会很慢，尤其是在需要执行垃圾回收和扩展堆内存时。

> **提示** Unity 中所有值类型存储在栈上，引用类型则存储在堆上。在 C#中，值类型包括基本数据类型、结构体、枚举；引用类型包括 Class、Interface、Delegate、Dynamic、Object、String 等。

13.6.2 垃圾回收

Unity 在执行垃圾回收时，垃圾回收器会检查堆上的每个对象，查找所有当前对象的引用，确认堆上对象是否还在作用域，将不在作用域的对象标记为待删除并随后删除这些对象，将这些对象所占内存返还到堆中。

当下面情况发生时将触发垃圾回收。

（1）当需要在堆上分配内存且空闲内存不足时。

（2）周期性的垃圾回收，自动触发（频率由平台决定）。

（3）手动强制执行垃圾回收。

垃圾回收是昂贵的操作，堆上的对象越多它需要做的工作就越多，对象的引用越多它需要做的工作就越多，并且垃圾回收还可能会在不恰当的时间执行和导致内存空间碎片化，严重时这将带来应用的卡顿或假死。

降低垃圾生成和减少垃圾回收的几个技术如下。

1. 字符串使用

在 C#中，字符串是引用类型，创建和丢弃字符串会产生垃圾，而且由于字符串被广泛使用，这些垃圾可能会积少成多，特别是在 Unity Update()函数中使用字符串时需要更加谨慎。

C#中的字符串是不可变的，这意味着字符串值在它被创建后不能被改变。我们每次操作字符串（例如连接两个字符串），Unity 都会创建一个新的字符串并保存结果值，然后丢弃旧的字符串，从而产生垃圾。

在使用字符串时，应当遵循一些简单的规则使得使用字符串生成的垃圾最少，如表 13-12 所示。

表 13-12　　　　　　　　　　优化字符串使用的常见方法

序号	常见方法
1	减少不必要的字符串创建。如果使用同样的字符串多过一次，应该只创建一次字符串然后缓存它
2	减少不必要的字符串操作。如果需要频繁地更新一个文本组件的值，并且其中包含一个连接字符串操作，应该考虑把它分成两个独立的文本组件
3	使用 StringBuilder 类。在需要运行时频繁操作字符串时，应该使用 StringBuilder 类，该类设计用于做动态字符串处理，并且不产生堆内存频繁分配问题，在连接复杂字符串时，这将减少很多垃圾的产生
4	移除 Debug.Log()。在 AR 应用的正式版本中 Debug.Log()虽然不会输出任何东西，但是仍然会被执行。调用一次 Debug.Log()至少创建和释放一次字符串，所以如果应用包含了很多调用，则会产生大量垃圾

例 1：在 Update()函数中合并字符串，设计意图是在 Text 组件上显示当前时间，但产生了很多垃圾，如代码清单 13-1 所示。

代码清单 13-1

```
1.  public Text titleText;
2.  private float timer;
3.  void Update()
4.  {
5.      timer += Time.deltaTime;
6.      titleText.text = "当前时间：" + timer.ToString();
7.  }
```

优化方案是将显示当前时间的字符串分成两个部分，一个部分显示"当前时间："字样，另一部分显示时间值，这样不用字符串合并也能达到想要的效果，如代码清单 13-2 所示。

代码清单 13-2

```
1.  public Text HeaderText;
2.  public Text ValueText;
3.  private float timer;
4.  void Start()
5.  {
6.      HeaderText.text = "当前时间：";
7.  }
8.  void Update()
```

```
 9.  {
10.      ValueText.text = timer.toString();
11.  }
```

2. 共用集合

创建新集合会在堆上分配内存且是一个比较复杂的操作，在代码中可以共用一些集合对象，缓存集合引用，使用 Clear() 函数清空内容复用代替耗时的集合操作并减少垃圾。

例 2：频繁的集合创建，每次使用 New()，都会在堆上分配内存，如代码清单 13-3 所示。

代码清单 13-3

```
1.  void Update()
2.  {
3.      List mList = new List();
4.      Pop(mList);
5.  }
```

优化方案是缓存共用集合，只在集合创建或者在底层集合必须调整大小的时候才分配堆内存，如代码清单 13-4 所示。

代码清单 13-4

```
1.  private List mList = new List();
2.  void Update()
3.  {
4.      mList.Clear();
5.      Pop(mList);
6.  }
```

3. 降低堆内存分配频度

在 Unity 中，最糟糕的设计是在那些频繁调用的函数中分配堆内存，例如在 Update() 和 LateUpdate() 函数中，这些函数每帧调用一次，所以如果在这里生成垃圾，垃圾将会快速累积。良好的设计应该考虑在 Start() 或 Awake() 中缓存引用，或者确保引起的分配堆内存的代码只有在需要的时候才运行。

例 3：频繁调用会生成垃圾的代码，如代码清单 13-5 所示。

代码清单 13-5

```
1.  void Update()
2.  {
3.      ShowPostion("当前位置："+transform.position.x);
4.  }
```

优化方案是只在 transform.position.x 改变时才调用生成垃圾的代码，并且对字符串使用进行处理，如代码清单 13-6 所示。

代码清单 13-6

```
1.  private float previousPositionX;
2.  void Update()
3.  {
4.      float PositionX = transform.position.x;
5.      if (PositionX != previousPositionX)
6.      {
7.          ShowPostion(PositionX);
8.          previousPositionX = PositionX;
9.      }
10. }
```

4. 缓存

重复调用会造成堆内存重复分配，生成不必要的垃圾。改进方案是应该保存结果的引用并复用它们，这项技术成为缓存。

例4：重复调用，因为有新的数组创建，函数每次被调用时都会造成堆内存分配，如代码清单13-7所示。

代码清单 13-7

```
1.  void OnTriggerEnter(Collider other)
2.  {
3.      Renderer[] allRenderers = FindObjectsOfType<Renderer>();
4.      ExampleFunction(allRenderers);
5.  }
```

优化方案是缓存结果，缓存数组可以复用而不产成更多垃圾，如代码清单13-8所示。

代码清单 13-8

```
1.  private Renderer[] allRenderers;
2.  void Start()
3.  {
4.      allRenderers = FindObjectsOfType<Renderer>();
5.  }
6.
7.  void OnTriggerEnter(Collider other)
8.  {
9.      ExampleFunction(allRenderers);
10. }
```

5. 装拆箱

C#中所有的数据类型都是从基类System.Object继承而来，所以值类型和引用类型的值可以通过显式（或隐式）操作相互转换，而这转换过程也就是装箱（Boxing）和拆箱（UnBoxing）。

装箱操作，通常发生在将值类型的变量，如int或者float类型的变量，传递给需要object参数的函数时，如Object.Equals()。

例5：装箱，String.Format()函数接收一个字符串和一个object参数。当传递参数为一个字符串和一个int时，int会被装箱，如代码清单13-9所示。

代码清单 13-9

```
1.  void ShowPrice()
2.  {
3.      int cost = 5;
4.      string displayString = String.Format("商品价格：{0}元", cost);
5.  }
```

当一个值类型变量被装箱时，Unity会在堆上创建一个临时的System.Object，去包装值类型变量，所以当这个临时对象被创建和销毁时会产生垃圾。

装箱拆箱会产生垃圾，而且十分常见，即使我们在代码中没有直接的装箱操作，使用的插件或者其他间接调用的函数也可能在幕后进行了装箱操作。避免装箱操作最好的方式是尽可能少地使用导致装箱操作的函数，以及避免使用直接的装箱操作。

13.6.3 对象池

对象池（Object Pool），顾名思义就是一个包含一定数量已经创建好的对象集合。对象池技术在对性能要求较高的应用开发中使用得非常广泛，尤其在内存管理方面，在AR应用中可以通过重新使用对象池中的对象来提高性能和内存使用，而不是单独分配和释放对象。如在游戏开发中，通常构建一个子弹对象池，通过重用而不是临时分配和释放子弹对象，在发射子弹时从子弹池中取一个未用的子弹，在子弹与其它物体碰撞或者达到一定距离消失后将该子弹回收到子弹池中。通过这种方式可更快速创建子弹，更重要的是确保了使用这些子弹不会导致内存垃圾。

1. 使用对象池的好处

复用池中对象没有分配内存和创建堆中对象的开销，没有释放内存和销毁堆中对象的开销，从而可以减少垃圾回收器的负担，避免内存抖动，也不必重复初始化对象状态，对于比较耗时的构造函数 constructor 和释构函数（finalize）来说非常合适，使用对象池可以避免实例化和销毁对象带来的常见性能问题和内存垃圾问题。

在 Unity 中，实例化预制体时，需要将预制体内容加载到内存中然后再将所需的纹理和网格加载到 GPU 显存。从硬盘或者网络中加载预制体到内存是非常耗时的操作，如果将对象预先加载到对象池中则可以避免频繁地加载和卸载。

对象池技术在以下情况下使用能有效地提升性能并减少垃圾产生。

（1）需要频繁创建和销毁的对象。
（2）性能响应要求高的场合。
（3）数量受限的资源，比如数据库连接。
（4）创建成本高昂的对象，比较常见的有线程池、字节数组池等。

2. 使用对象池的不足

使用对象池对性能提升有比较大的帮助，但并不意味着任何场合任何时机都应该使用对象池，创建对象池会占用内存，减少可用于其他目的的堆内存量。

对象池大小设置不合理会带来问题，如分配的对象池过小，如果需要继续在池上分配内存，则可能会更频繁地触发垃圾回收，不仅如此，还会导致每次回收操作都变慢，因为回收所用的时间会随着活动对象的数量增加而增加；如果分配的池太大，或者在一段时间内不需要其所包含的对象时保持它们的状态，那么性能也将受到影响。此外，许多类型的对象不适合对象池，如应用中包括的持续时间很长的魔法效果，或者需要显示大量敌人而这些敌人随着游戏的进行只能逐渐被杀死，在这类情况下，对象池的性能开销超过收益。

对象池使用不当也会出现如下问题。

（1）并发环境中，多个线程可能需要同时存取池中对象，因此需要在堆数据结构上进行同步或者因为锁竞争而产生阻塞，这种开销要比创建销毁对象的开销高数百倍。
（2）由于池中对象的数量有限，势必造成可伸缩性瓶颈。
（3）很难正确地设定对象池的大小。
（4）设计和使用对象池容易出错，设计上出现状态不同步，使用上出现忘记归还或者重复归还、归还后仍旧使用对象的问题等。

13.7 UI 优化

在 UI 元素复杂的情况下，UI 也可能成为性能瓶颈，优化 UI 最关键的是平衡 Drawcall 与批处理成本。了解 Unity 对 UI 元素进行合并的流程有助于更好地优化，Unity 对 UI 进行合并的流程如图 13-35 所示。

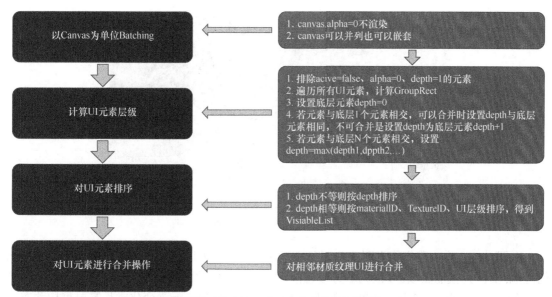

▲图 13-35　Unity 对 UI 元素进行合并的流程

13.7.1　UI Drawcall 优化

UI 中 Mask 组件对 Drawcall 的影响是所有组件里最大的，每存在一个 Mask 就会将 UI 分割成两个部分，导致 UI 不能一次渲染；Layout 组件的性能开销也相当大，每次被标记为 dirty 时，该组件都必须对所有子节点的坐标和尺寸进行重新计算。因此，在使用中可以使用带 Alpha 通道的图片代替 Mask、用 RectTransform-based layout 代替 Layout 布局。

在 UI 中，使用图集（Altas）能有效降低 Drawcall。在界面中默认一张图片一个 Drawcall，同一张图片多次显示仍然为一个 Drawcall，因此将多张小图合在一起形成图集可以减少 Drawcall。另外，由于影响 Drawcall 数量的是批处理数（Batch），而 Batch 以图集为单位进行处理，所以在处理图集时，通常做法是将常用图片放在一个公共图集，独立界面图片放在另一个图集，一个 AR 应用 UI 图集数建议为 3～4 个。

UI 层级的深度也对 Drawcall 有很大影响，在使用中，应当尽量减小 UI 层级的深度，在 Hierarchy 窗口中 UGUI 节点的深度表现的就是 UI 层级的深度，当深度越深，不处在同一层级的 UI 元素就越多，Drawcall 数就会越大。

13.7.2　动静分离

动态 UI 是指上下左右移动、放大缩小、属性（Vertex、Rect、Color、Material、Texture）变化频率比较高的 UI 元素，静是指静止不动、属性不发生变化的 UI 元素。在应用中，动态 UI 元素使用得很多，但也有些 UI 元素不发生变化。动态 UI 元素可能会引起 Canvas 数据更新和 Batch 更新计算，从而需要重新合并，导致大量耗时且无效的操作。

因此可以将动态 UI 元素和静态 UI 元素分离开，缩小合并计算的范围，只合并那些动态的 UI 元素，而那些基本不动的 UI 元素就不再需要重新合并。

在制作 UI 时，应该考虑整个 UI 哪些部分处于经常变化中，哪个部分属于不常变化，把经常变化的归到动态区域，把不常变化的归到静态区域，如图 13-36 所示。

▲图 13-36　UI 元素的动静划分

在图 13-36 中，我们将界面简单划分成了 3 个区域，1 区为左方按钮区域，是不常变化的区域；2 区为技能区域；3 区为右方按钮区域，属于变化的区域。因此在布局时可以考虑将 1 区放在一个节点下，2 区、3 区放在另一个节点下。动态 UI 元素变化时只需要重构动态部分，而不会重构静态部分，从而减少 CPU 在重绘和合并时的消耗，达到动静分离的效果。

动静分离可以减少 UIMesh 动态更新，当界面 UI 元素比较复杂时，采用动静分离能较大提升 UI 渲染性能，但在界面简单时或者划分区域过多时反而会因为不必要的节点造成 Drawcall 增加。

13.7.3　图片优化

Unity 为了在运行时提高加载资源的速度，所有的图片资源都会被自动转换成 Unity 自己的 Texture2D 格式，因此 Unity 最后打包出来的图片资源可能会超出原图大小，这与以下几个方面有关：图片尺寸长宽大小、图片尺寸是否是 2 的 n 次幂、图片是否是正方形、图片的压缩格式等。因此在使用中最好只使用合适大小的、尺寸是 2 的 n 次幂的图片，并且针对不同的平台，设置不同的压缩格式，如 iOS 平台设置成 PVRTC4，Android 平台设置成 ETC 等，如图 13-37 所示。

▲图 13-37　Unity 在发布应用时可以选择图片压缩格式

需要注意的是，各类手机硬件支持的图片压缩格式并不相同，选择合适的压缩格式很重要。详细压缩格式如表 13-13 所示。

表 13-13　　　　　　　　　　　Unity 常见图片压缩格式

压缩格式	描述
ETC	大部分移动 GPU 都会支持的纹理压缩标准，不支持 Alpha 通道
ETC2	增强支持 Alpha 通道，支持更高质量的 RGBA(RGB+Alpha)压缩
ASTC	ASTC 是一种较新的格式，ASTC 的 sRGB 格式在 Adreno 硬件上的处理效率高于 RGBA 格式。2017 年之后的安卓手机基本支持这种压缩格式
DXT	Tegra 架构 GPU 压缩格式，分为 DXT1-DXT5 5 个级别，Terga 支持的实际上是 DXT1、DXT3 和 DXT5，支持包含 4 位或者 8 位 Alpha 通道的 RGB 纹理
PVRTC	Tegra 架构 GPU 压缩格式，不失真压缩率最高的压缩格式。特别是在 TBDR 架构，不渲染被遮挡的部分，能有效节省计算资源和带宽。该纹理压缩格式在许多设备上都支持，该格式支持每个像素 2 位或者 4 位的纹理，包含或者不包含 Alpha 通道

在 UI 中，其他优化还包括在组件不需要射线检测时尽可能地把射线检测去掉、清除不可见的 UI 元素、简化 UI 结构、禁用不可见的相机输出、重建画布等，需要时读者可以查阅相关资料。

参 考 文 献

[1] Lanham M.Learn ARCore-Fundamentals of Google ARCore[M].Packt Publishing，2018.
[2] D Frank L.Introduction to 3D Game Programming with DirectX 12[M].Mercury Learning and Information,2016.